畜牧兽医专业中高职衔接系列教材

动物临床诊疗技术

胡永灵　主编

中国林业出版社

内 容 简 介

本教材内容主要包括临床诊断技术、实验室诊断技术、兽医临床常用治疗技术(包括外科手术基本操作技术)、兽医临床常见症状的诊断与处理共4个模块。新增加宠物疾病诊疗技术(输液疗法 、氧气疗法、危症急救方法、安乐死方法等)。本教材结构采用模块、项目、技能方式，每个技能采用理论加实操来进行编写。

本教材内容紧贴兽医临床实践，既介绍了常见动物疾病诊断技术与治疗技术，又较大幅度增加了宠物疾病诊疗技术。本教材可作为高等职业教育畜牧兽医及宠物相关专业教材，也可作为执业兽医资格考试考前培训教材及动物生产与动物疫病防治人员、养殖专业户、宠物诊疗技术人员的参考书。

图书在版编目(CIP)数据

动物临床诊疗技术/胡永灵主编.—北京：中国林业出版社，2019.12(2024.3重印)
畜牧兽医专业中高职衔接系列教材
ISBN 978-7-5219-0383-6

Ⅰ.①动… Ⅱ.①胡… Ⅲ.①动物疾病—诊疗—职业教育—教材 Ⅳ.①S85

中国版本图书馆CIP数据核字(2019)第270212号

中国林业出版社教育分社

策划、责任编辑：高红岩　　**责任校对：**苏　梅
电话：(010)83143554　　**传真：**(010)83143516

出版发行 中国林业出版社(100009　北京市西城区德内大街刘海胡同7号)
E-mail:jiaocaipublic@163.com　电话:(010)83143500
http://www.forestry.gov.cn/lycb.html
经　销 新华书店
印　刷 北京中科印刷有限公司
版　次 2019年12月第1版
印　次 2024年3月第3次印刷
开　本 787mm×1092mm　1/16
印　张 20.25
字　数 500千字
定　价 56.00元

《动物临床诊疗技术》编写人员

主　编　胡永灵

副主编　梁开珠　王　挺　谢铁牛

编　者　（按姓氏拼音排序）

董　莹（湖南省安化县职业中专）

高传珍（湖南省中方县职业中等专业技术学校）

胡永灵（湖南环境生物职业技术学院）

蒋维维（湖南环境生物职业技术学院）

李大春（湖南省武冈市职业中专）

梁开珠（湖南省中方县职业中等专业技术学校）

罗梦荣（湖南省安化县职业中专）

王　波（湖南省湘潭生物机电学校）

王　挺（湖南环境生物职业技术学院）

谢铁牛（湖南省安化县职业中专）

熊小钦（湖南省武冈市职业中专）

序

FOREWORD

国务院《关于加快发展现代职业教育的决定》明确提出，要推进中等和高等职业教育紧密衔接，要加快构建现代职业教育体系。中高职衔接就是落实国家部署要求，推动中等和高等职业教育协调发展，系统培养适应经济社会发展需要的技术技能人才的关键环节。2015 年，湖南省教育厅公布了一批职业教育省级重点建设项目，确定湖南环境生物职业技术学院作为高职牵头单位，联合省内两所以“农林牧渔大类”为重点建设专业类的中等职业学校（安化县职业中专、湘潭生物机电学校），共同开展湖南省畜牧兽医专业中高职衔接试点。

2015 年 10 月，湖南环境生物职业技术学院召集省内外 11 所开设有畜牧兽医专业的职业院校和 6 家行业龙头企业的专家代表，对建设项目进行研究论证，提出了专业课程衔接、教学资源共享等实施方案。同时，考虑到教材作为教学模式和教学方法的基本载体，是所有教学改革的落脚点，对中高职衔接及中高职衔接一体化人才培养改革的成败起着关键的作用。因此，项目试点启动之初，即研究形成了畜牧兽医专业中高职衔接系列教材建设方案。历经三年多时间，项目组形成了“畜牧兽医专业中高职衔接人才培养方案”“畜牧兽医专业中高职衔接一体化教学标准”“畜牧兽医专业中高职衔接 9 门专业课程教学标准”“畜牧兽医专业中高职衔接 5 门核心专业课程建设标准与编写方案”等建设成果，并组织编写了《动物临床诊疗技术》《家畜生产技术》《家禽生产技术》《动物普通病》《动物传染病防治技术》5 本系列丛书。

在本系列教材编写中，项目主持人胡永灵教授组织项目组主要成员深入职业院校、行业协会、生产企业，对畜牧兽医的职业岗位、工作任务与职业能力进行了分析，按照一般技能人才和高级技能人才的培养规格要求，系统构建中高职衔接课程体系，确定中高职不同层次课程教学内容。依据职业岗位活动规律，以工作过程为主导，以项目为载体，以任务为驱动，以学生为主体，适应“理实一体、教学做合一”理念组织教学素材，体现职业教育特色。在内容编写上中等职业教育以“必需、够用”为度，着重突出“实践性、应用性和职业性”，高等职业教育以能力拓展为主，突出“高素质、技能型、应用复合型”人才培养的需要，既体现了中高职衔接的特点，又做到了中高职教学知识内容的连贯性。重要的是避免了中、高职教材很多内容的重复。

相信本系列教材出版，对畜牧兽医专业中高职衔接一体化人才培养能发挥一定作用，对其他专业中高职衔接课程改革和教材开发也有一定的参考价值。

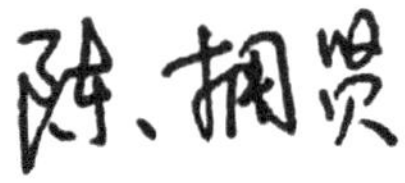

2019年12月

前言

Preface

随着我国畜牧兽医事业的不断发展，我国的兽医定位也在不断发生变化，由最初的服务役用动物为主转到以服务食用动物为主。而目前及未来兽医要解决的问题除了继续保障畜牧业的健康，更重要的是保证动物性食物链的质量与安全；此外，野生动物的保护、特种经济动物的大量养殖、城市伴侣动物的饲养量显著增加，以及未来竞技动物的职业化，都将是兽医服务内容的延伸，为兽医包括城市兽医开辟了一个较大的临床服务领域。因此，必须及时更新《动物临床诊疗技术》课程的教学内容，以适应当前畜牧兽医发展的形势。

本教材的编写是在参考同类教材的基础上，为适应现代畜牧业的发展和宠物行业发展的需要，增加了犬、猫、禽等动物疾病诊断与治疗技术。本教材紧跟生产实际，注重实用价值与新技术，增加了宠物治疗新技术的内容，如宠物急救技术、安乐死技术、外科手术基本操作等。为配合当前高等职业院校学生参加全国执业兽医资格考试的需要，教材在编辑过程中除按现行教学大纲要求外，还参考了当前全国执业兽医资格考试大纲。另外，在编写范围与深浅度方面充分征求了同行及部分学生的意见，力求符合当前及未来动物临床诊疗技术课程教学的实际需要。

本教材由胡永灵主编，梁开珠、王挺、谢铁牛担任副主编。胡永灵负责编写绪论，项目一～五，项目十五～十七，项目十九～二十四，模块四；梁开珠负责编写项目八、项目十三；高传珍负责编写项目十四；王挺负责编写项目六、项目七；蒋维维负责编写项目九、项目十；罗梦荣负责编写项目十一；董莹负责编写项目十二；王波负责编写项目十八。全书由胡永灵进行统稿，王挺、蒋维维、谢铁牛、李大春、熊小钦参与全书的校稿工作。

本教材在编写过程中参考了曾元根教授、徐公义教授主编的《兽医临床诊疗技术》部分章节的内容及同行部分相关资料，在此向参考文献中所列作者一并表示诚挚的谢意。由于编写时间仓促，编者水平有限，书中难免存在不妥之处，恳请专家同仁赐教指正，并欢迎广大读者提出宝贵意见。

编　者

2019 年 11 月

目录
Contents

模块二　实验室诊断技术

模块三　兽医临床常用治疗技术

绪论

一、基本概念

1. 兽医(veterinarian 或 animal doctor)

给动物进行疾病预防、诊断并治疗的医生。狭义兽医工作对象：人工饲养的哺乳动物和禽类。广义兽医工作对象：所有的动物。主要职责：维护动物健康，保证畜牧安全，指导畜牧生产，保障食品安全，控制人畜共患病，建立人类疾病的动物模型等。

2. 兽医学

支持兽医行业的学科是兽医学。该学科主要研究动物疾病的病原、流行病学、病理、诊断、治疗和预防等专业内容，实施畜产品卫生检验、有关人畜(禽)共患疾病防治的理论和实践。兽医学涉及的分支学科有兽医解剖学、生理学、病理学、药理学、毒理学、内科学、外科学、传染病学、寄生虫病学等。随着社会的进步和兽医科学的发展，这门科学除直接保障畜牧业生产外，已扩大到公共卫生、环境保护、比较医学和医药工业等领域。

3. 兽医临床诊疗技术

兽医临床诊疗技术是兽医临床诊断技术和兽医临床治疗技术整合而成的一门兽医基础与兽医临床衔接的桥梁课程。

二、兽医学的发展历史

1. 从兽医称呼的变迁看兽医学的发展

据有关资料记载，最早的兽医主要来自两部分，一部分是皇宫里专门给哑人看病的太医(哑医)，另一部分是军队里给马看病的马医生；后来南方农耕文化兴起，给耕牛看病的牛郎中，这三部分人统称兽医；近代兽医又称动物医生，随着宠物行业的兴起，兽医又分出宠物医生或者小动物医生。

2. 从动物诊疗对象的变化看兽医学的发展

过去很长一段时期兽医的主要职责是给军、役用动物疫病进行诊疗与预防；20 世纪兽医的主要职责是给食用动物与经济动物疫病进行诊疗与预防；现代兽医的主要职责是给食用动物与经济动物、伴侣动物疫病进行诊疗与预防。

3. 有关资料记载

最早有关兽医学的记载是周代的《周礼》，后来有北魏的《齐民要术》，隋唐时代的《伯乐疗马经》，明代的《元亨疗马集》，清代的《马经大全》。

4. 兽医教育的发展史

于船教授是我国现代中兽医学奠基人、著名中国兽医史专家。原名孙裕川，1924 年 11 月生，陕西三原县。1946 年毕业于陆军兽医学校，随后任种马场一等技佐；先后在华北大学农学院、北京农业大学(即今中国农业大学)，历任教研室主任、兽医系主任等职。曾任中国畜牧兽医学会副理事长、名誉理事长，兼任《中国兽药典》副主任及中药组组长、《中国兽医杂志》主编，是世界兽医学会会员、中国农业历史学会顾问。于船教授是动物医学界的泰斗，整理出版了《元亨疗马集校注》，对《牛经切要》《疗马集》《新编集成马医方牛医方》《世济牛马经》《猪经大全》等中兽医古籍的出版做了大量的工作，并且还原我国在世界兽医学的历史功劳。

(1)他在 20 世纪 50 年代就无可辩驳地证明了家畜阉割术在中国商代(公元前 1600—前 1046)就已出现并得到了应用，而非古希腊学者亚里士多德(公元前 384—前 322)首先提出。

(2)针灸起源于中国，而非印度。

(3)直肠检查术早在汉代就有记载，是中国人的发明，而非有些人认为的是近代欧美人发明传入中国的。

我国的现代兽医教育始于 1904 年，其中兽医诊断学的奠基人是崔步瀛(1888—1964)。他 1919 年到日本学习兽医学，1921 年归国，在陆军兽医学校开始系统从事家畜内科诊断学和家畜内科学教学工作，他创建兽医临床化验室，首开血、粪、尿实用化验技术。贾清汉(1898—1971)也是本学科的奠基人之一，他 1922 年毕业于陆军兽医学校，1936 年后一直在陆军兽医学校从事《家畜内科诊断学》教学工作。

中华人民共和国成立以来，我国的兽医教育有了很大的发展，兽医诊断水平逐步提高。特别是改革开放以来，为配合全国兽医专业统编教材《兽医临床诊断学》的使用，由史言(东北农业大学)、迮文琳(南京农业大学)等先生于 1979 年夏天在江苏农学院举办了全国师资培训班，为以后相当一段时间内，全国农业院校兽医临床诊断学的教学起到了良好的指导示范作用，并为大家探索和完善各种新的诊断方法开了一个好头。1982 年，中国农业大学的陈兆英老师又举办了一期兽医超声诊断培训班，为兽医诊断开辟了一个新的领域。

新近发展的分子生物学诊断技术即基因和核酸诊断技术，在疾病的诊断中显示了高度的敏感性和特异性，同时具有早期诊断和确定现症感染等优点。本项技术主要包括 DNA 探针(DNA probe)、聚合酶链式反应(polymerase chain reaction，PCR)和 DNA 增量技术、电泳、免疫学诊断等。

模块一

临床诊断技术

项目一 临床诊断基本方法

【知识目标】

通过本项目的学习，了解家畜的保定方法和临床诊断的基本方法；重点掌握临床诊断问、视、触、叩、听、嗅诊的基本方法及注意事项，为临床诊断奠定基础。

【技能目标】

1. 能正确保定各种家畜。

2. 通过问、视、触、叩、听、嗅诊的基本方法进行临床诊断。

★理论知识

一、动物的保定

1. 基本概念

接近：兽医工作者在临床诊治动物疾病时，向动物靠拢的方式。

保定：为方便诊治工作正常进行，保障人与动物的安全而采取的限制动物行为的方法。

2. 保定方法

详见技能操作部分。

3. 保定目的

保定目的主要在于防止动物骚动，便于检查和处置；并保障人、畜的安全。保定的方法有物理保定法和化学保定法。一般兽医临床对畜禽的保定大多是物理保定法，如简易保定法、绳索保定法、柱栏保定法等；对野生动物和非常凶猛的动物可采用化学保定法。

二、临床检查的基本方法

(一)基本概念

症状：动物患病之后，机体或某一部位、器官、组织的形态改变或机能扰乱，反映在临床上的病理变化称为症状或征候。疾病不同，病畜呈现的征候与症状也各异，就成为临床上诊断疾病的主要依据。

诊断：运用各种特定的方法对病畜进行客观的观察，并对其整体、某一部位与器官系统进行详细的诊查，加以分析判断疾病的过程，即为诊断。

诊断主要包括：临床检查、实验室检查、特殊检查等，其中临床检查的基本方法又包括问、视、触、叩、听、嗅诊。

(二)问诊

向病畜的所有者或饲养、管理等有关人员调查，了解畜群或病畜有关发病情况。

1. 问诊内容

(1)病史　病畜既往的患病情况。

(2)发病情况　病畜发病的时间、地点及发病当时的具体环境(如饲前或饲后，使役中或休息时等)。

(3)疾病表现　主要了解病畜饮食、粪、尿、咳嗽、起卧、反刍、跛行及接触病畜的人员所见到的其他症状和表现等。

(4)病畜管理　对病畜平时饲养制度，饲料种类、保管、质量及调配饲喂时间和方法，使役情况以及环境、气候的变化等进行了解，以探索发病的可能原因。

(5)诊治情况　包括是否治疗过，治疗时的用药情况，如药物的产地、商品名和成分、药物的使用剂量、配伍情况和效果；饲料中添加的药物与处方用药有无影响等。

(6)流行病学调查　特别是在有传染可疑或群发现象时，应从以下方面入手：

①发病动物种类、发病率、死亡情况和死亡率；邻舍及附近场、站最近一段时间有无疾病流行；发病场的预防接种情况，如疫苗来源、保管、接种方法及在预防接种时添加药物的情况；重点疫病监测情况等。

②发病场畜群的饲料质量、饲喂方法和制度，饲料的仓储(放置场所是否靠窗、是否被雨水淋湿、板结发霉的情况)和饲料添加药物(重点了解配伍禁忌等)情况；附近有无排放有毒气体及废水的工矿；气候条件及生产、使役情况等。对放牧牲畜，则应了解牧场及牧草的组成情况。这些对推断病因，分析中毒、代谢病、地方病等均有实际意义。

③动物流动情况，了解畜群的来源，是自繁自养还是从外面购回，购回的时间，其来源地及其疫情情况。

④养殖场的建筑情况，了解养殖场饮水水源、饮水管道铺设(夏天注意管道的暴晒、冬天是否有保暖防冻措施)、饮水情况；养殖场朝向、通风、降温、保暖措施以及临时设施的搭建情况。这些情况对分析动物发热，消化道、呼吸道疾病和不明原因突然死亡等有重要的意义。

2. 注意事项

(1)问诊语言要通俗，态度要和蔼，要取得饲养、管理人员的很好配合。

(2)在问诊内容上既要有重点，又要全面搜集情况。一般可采取启发的方式进行询问。

(3)对问诊所得到的材料，不要简单地肯定或否定，应结合病症和实验室检查结果，进行综合分析，更不要单纯依靠问诊而草率做出诊断或立即给予处方、用药。

(三)视诊

视诊通常是用肉眼直接观察被检动物的状态。通过视诊一般可以发现很多有意义的症状，特别在做群体检查时，视诊更是发现病畜(禽)的重要方法。因此，对视诊必须予以足够的重视。

1. 视诊内容

(1)观察病畜外貌(体格、发育、营养及躯体结构等)。群体检查要注意畜群均匀度。

(2)观察病畜精神状态、姿势、运动与行为。群体动物要重点观察离群动物的状态和行为。

(3)观察病畜被毛、皮肤及体表病变，禽类羽毛的光泽度、肉冠和肉髯的颜色。

(4)观察病畜可视黏膜、与外界相通的体腔及体腔周围的状态。

(5)观察病畜的生理活动情况，如鸣叫、呼吸、采食、咀嚼、吞咽、反刍与嗳气活动，排尿与排粪动作及禽类有无啄癖现象等。

(6)观察病畜所排出的分泌物、排泄物及其他病理产物的数量、性状与混有物等。

2. 注意事项

(1)要在不惊扰被检动物的情况下进行观察，运动、惊恐的动物要让其稍经休息、呼吸平稳后再行检查。

(2)最好在天然光照的场所进行。

(3)收集症状要客观而全面，不要单纯根据视诊所见的症状就确立诊断，要结合其他方法检查的结果进行综合分析与判断。

(4)必须了解、熟悉健康动物的生理行为。

(四)触诊

触诊分直接触诊和间接触诊。直接触诊是利用检查者的手指、手掌、手背或握拳对畜体某部进行触摸或触压检查，以判定病变部位的位置、形状、温度、湿度、硬度等性状及敏感性的方法。间接触诊是借助器械进行触诊，如使用胃导管进行食管探诊。

1. 触诊内容

(1)检查体表的温度、湿度时，应以手掌或手背接触皮肤进行感知。

(2)感知某些器官的活动情况(如心搏动、瘤胃蠕动、动脉脉搏等)时，应用手指接触器官活动的部位进行感知。

(3)检查局部与肿物的硬度时，应以手指进行加压或揉捏，根据手感及压后的现象来判断。

(4)以刺激为目的判断动物的敏感性时，应在触诊的同时注意动物的反应及头部、肢体的动作，如动物表现回视、躲闪或反抗，常是敏感、疼痛的表现。

(5)对内脏器官的诊断宜采用深部触诊，以检查腹腔器官的位置、大小、形状及其内容物等。对大动物还可通过直肠进行内部触诊。

2. 触诊感觉

(1)捏粉状　有压面团的感觉，稍柔软，指压后凹陷形成压痕，去除压力后缓慢恢复。见于豆谷类饲料引起的瘤胃积食、前胃弛缓、皮下水肿等。

(2)波动　柔软，稍有弹性，指压波及周围，有移动感，见于器官内液体潴留，如局部血肿、脓肿、胸水、腹水等。

(3)硬固　坚实，类似骨的硬度，触摸结石时的感觉，见于膀胱结石等。

(4)弹性　指动物体被触或叩的部位在外力作用下发生形变，当外力撤销后能恢复原来大小和形状的性质。反刍兽瘤胃臌气时左肷部的弹性加强，皮下气肿时被触部位柔软而有弹性，压迫时有气体向四周逸散的感觉。

3. 注意事项

(1)应先了解被检动物的习性及有无恶癖，并在必要时进行相应保定。如对犬进行触诊时，先要给犬戴上口罩或系上口绳；给大型鸟类如鸵鸟进行检查时，应先给其带上头套；当需触诊马、牛的四肢及腹下等部位时，要一手放在畜体的适宜部位做支点，以另一只手进行检查，并应从前往后、自上而下地边抚摸边接近欲检部位，切忌直接突然接触。

(2)检查某部位的敏感性时，宜先健区后病部，先远后近，先轻后重，并注意与对应部位或健区进行对比；注意不要使用能引起病畜疼痛或妨碍病畜表现反应动作的保定方法。

(五)叩诊

叩诊是敲打动物体表的某一部位，根据所产生的音响的性质来推断内部病理变化的一种方法。

1. 叩诊音种类

动物体的叩诊音是依据被叩器官的含气情况决定的。基本音调为清音和浊音。广义的清音包括正常肺部叩诊音、鼓音和过清音 3 种，而狭义的清音仅指正常的肺叩诊音。

(1)清音　正常的肺叩诊音。正常的肺组织的肺泡含气量多，弹性好，叩诊时发清音。

(2)鼓音　叩击含气量多且有组织弹性的空腔，则发鼓音。正常马的盲肠基部、牛的瘤胃上 1/3 的地方，叩击发出鼓音。

(3)浊音　是一种音调高、音响弱和振动时间短的音调，如叩诊厚层肌肉发出的声音。

(4)过清音　是介于清音与鼓音之间的一种声音，如肺气肿时叩击肺组织的边缘可以听到过清音。

(5)半浊音　在清音和浊音之间，可有程度不同的过渡声音，如叩诊肺部边缘所产生的声音。

2. 叩诊内容

(1)检查动物体腔(如胸腔、腹腔、鼻窦、副鼻窦)时，以判断其内容物的性状(气体、液体或固体)。

(2)检查含气器官(肺脏、胃、肠等)的含气量。

(3)检查肝、脾的大小和位置。

(4)叩诊可作为一种刺激源，判断其被叩击部位的敏感性。

3. 注意事项

(1)叩诊时用力的强度不仅可影响声音的强弱和性质，同时也决定振动向周围与深部的传播程度。因此，用力的大小应根据检查的目的和被检器官的解剖特点来决定。对深在的器官、部位及较大的病灶宜用强叩诊，反之宜用轻叩诊。

(2)叩诊应在安静的地方进行。

(3)每一叩诊部位应进行 2～3 次时间间隔均等的同样叩击。叩诊出现异常声音时，应与相对应的健康部位做对照，以免发生误诊。在相应部位进行对比叩诊时，应尽量做到叩击的力量、叩诊板的压力以及动物的体位等都相同。

(4)叩诊板应紧密地贴于动物体壁的相应部位上，对瘦小动物应注意勿将其横放于两条肋骨上，对毛用羊只应将其被毛拨开。

(5)叩诊锤或用作锤的手指应垂直地叩在叩诊板上，叩击后应很快地离开。

(6)叩诊用力的强度要均匀，应以腕力叩击而不应强加臂力。

(7)叩诊时易发生锤板的特殊碰击音，叩诊锤的橡胶皮头要注意及时更换。

(六)听诊

听诊是听取病畜某些器官在活动过程中所发生的声音，借以判断其病理变化的方法。

1. 听诊内容

(1)听取心音。

(2)听取喉、气管及肺呼吸音以及胸膜的病理性音响。

(3)听取胃肠的蠕动音。

(4)听取母畜怀孕后期胎儿的心音。

2. 注意事项

(1)为了排除外界音响的干扰，应保持听诊场地安静。

(2)听诊器两耳塞与外耳道相接要松紧适当，过紧或过松都影响听诊的效果。听诊器胸端要紧密地放在动物体表的检查部位，并要防止滑动。听诊器的胶管无阻塞和破损，听诊时胶管不应交叉，也不要与手臂、衣服、动物被毛等接触、摩擦，以免发生杂音。

(3)听诊时要聚精会神，并同时要注意观察动物的活动与动作，如听诊呼吸音时要注意呼吸动作；听诊心音时要注意心脏搏动等。同时要注意与传导来的其他器官的声音相区别。

(4)听诊胆小易惊或性情暴躁的动物时，要由远而近地逐渐将听诊器胸端移至听诊区，以免引起动物反抗。听诊过程中注意防止被动物踢咬。

(七)嗅诊

嗅诊是用嗅觉发现、辨别动物的呼出气、口腔气味、分泌物气味、排泄物气味的一种检查方法。嗅诊只对某些疾病具有诊断意义，如呼出气及鼻液有特殊的腐败臭味时，提示呼吸道及肺部有坏疽性病变；全身有大蒜臭味时，提示可能有酮病；皮肤和汗液发生尿臭味时，常提示有尿毒症的可能等。

＊技能操作

熟练掌握各种动物的简易保定、柱栏保定、绳索保定方法，熟练掌握临床诊断问、视、触、叩、听、嗅诊的基本检查方法。

一、材料与设备

牛鼻钳，鼻捻棒与绳套，柱栏，保定绳，网架，化学保定药物(氯胺酮、保定灵、新保灵等)，长柄注射器，麻醉枪，听诊器，叩诊锤、叩诊板。

二、操作内容与方法

(一)简易保定法

1. 牛的简易保定

(1)方法

①徒手握牛鼻保定：其方法是用一手拉提鼻绳、鼻环或用一手的拇指与食指、中指捏住牛的鼻中隔加以保定[图 1-1(a)]。

②牛鼻钳保定：将鼻钳的两钳嘴夹入两鼻孔，并迅速夹紧鼻中隔，用手握持钳柄，也可用绳系紧钳柄固定到桩柱上。

③其他：可参照图 1-1(b)和(c)保定牛只。

(a)　(b)　(c)

图 1-1　牛鼻保定

(2)应用　适用于一般检查。

2. 马的简易保定

(1)方法

①鼻捻保定法：将鼻捻子的绳套套于左手上并夹于指间，右手抓住笼头，持有绳套的手自鼻梁向下轻轻抚摸至上唇时，迅速有力地抓住马的上唇，此时右手离开笼头，将绳套套于唇上，并迅速向一方捻转把柄，直至拧紧为止(图 1-2)。

②耳夹子保定法：先将一手放于马的耳后颈侧，然后迅速抓住马耳，以持夹子的手迅即将夹子放于耳根部并用力夹紧，此时应握紧耳夹，避免因骚动、挣扎而使夹子脱手甩出而伤人等。

③唇绳保定法：用长绳(被检马的缰绳即可，但不宜过粗过硬)一端系于笼头颊环上；一手握住上唇，另一手持绳游离端自下而上绕过上唇并穿过绳的内面，然后用力牵引绳端(图 1-3)。

图 1-2　马的鼻捻保定法

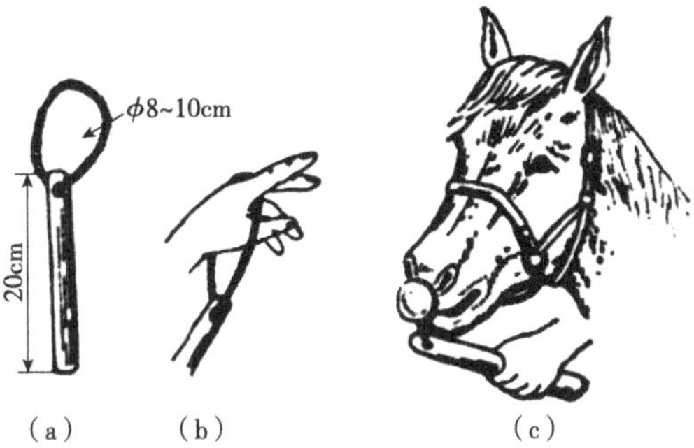

图 1-3　唇绳保定法

(a)鼻捻棒及绳套　(b)绳套夹于指间的姿势　(c)拧紧上唇

(2)应用　适用于一般的临床检查或简单的处置。

3. 猪的简易保定

(1)方法

①站立保定法：在猪群中，可将其赶至猪栏的一角，使其相互拥挤而不便骚动，然后进行检查、处置。

欲捉住猪群中某一猪只进行检查时，可迅速抓提猪尾、猪耳或后肢，并将其拖出猪群，然后做进一步的保定。

②绳套保定法：在绳的一端绑一活套，使绳套自猪的鼻端滑下，当猪只张口时迅速使之套入上腮，并勒紧，然后由一人拉紧保定绳的一端，或将绳拴于木桩上，此时，猪只多呈用力后退姿势，从而可保持安定的站立状态。套绳的材质可用麻绳或金属制的柔丝绳(图 1-4)。

③提举保定法：抓住猪的两后肢飞节并将其后躯提起，用腿夹住其背部；也可抓住猪的两耳，迅速提举，使猪腹面朝前，并以膝部夹住其颈胸部而固定之(图 1-5)。

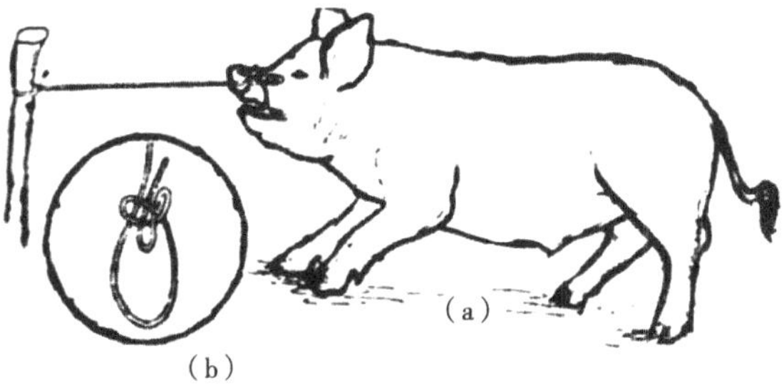

图 1-4　猪的绳套保定法

(a)猪只保定后的姿势　(b)绳套的结法图

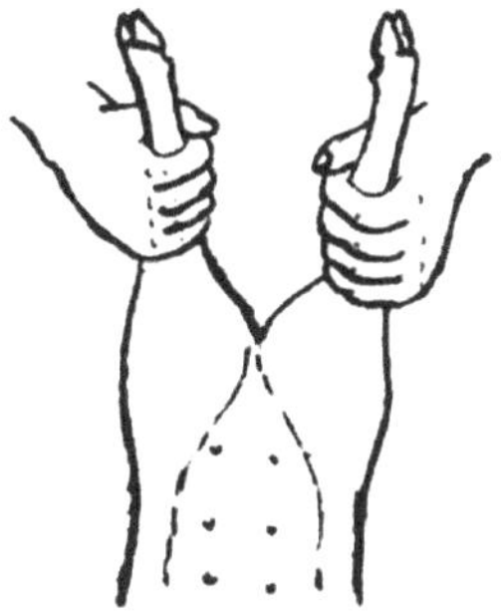

图 1-5　提举后肢保定法

(2)应用　站立保定法适于检查体温、臀部的肌肉注射及一般的临床检查；绳套保定法适于体格较大的猪只、带仔母猪或大公猪的保定，可用于投药、注射等；提举保定法适用于一般检查、腹腔注射、阴囊赫尔尼亚手术及小公猪的阉割。

(3)注意事项

①避免剧烈追赶，以免影响检查结果。

②心血管系统、呼吸系统异常的猪不宜强行保定。

③依检查、处置或手术的需要，可采取相应的保定方法。

4. 犬的简易保定

(1)方法

①口笼或口网保定法：给犬戴上口笼或口网即可。

②绷带保定法：将绷带放入犬齿后，绕至上颌后再绕至下颌缠系紧，然后绕系至耳后颈部。

③四肢捆绑保定法：给犬戴上口罩或口网后，将左右、前后肢分别用绷带进行固定。

④保定台架保定法：用木头或金属制成保定台，把犬用皮带固定在保定台上或者用绷带将四肢分别固定在保定台上。

(2)应用　口笼或口网保定法适于检查体温、注射及一般的临床检查；绷带保定法、四肢捆绑保定法适于体格较大的犬只的保定，尚可用于投药、注射等；保定台架保定法适用于大型犬保定或犬腹腔手术时。

(二)柱栏内保定法

1. 单柱颈绳保定

将待保定动物的颈部紧贴于单柱或树桩上，以单绳或双绳做颈部活结固定(图 1-6)。

2. 二柱栏保定

将牛或马牵至二柱栏前柱旁，先做颈部活结使颈部固定在前柱一侧。再用一条长绳在前柱至后柱做水平环绕，将保定动物围在前后柱之间，然后用绳在胸部或腹部做上下、左右固定，最后分别在鬐甲和腰上打结。必要时可用一根长竹竿或木棒从右前方向左后方斜过腹部，前端在前柱前外侧着地，两端加以固定，如图 1-7 所示。

图 1-6　牛单柱颈绳保定

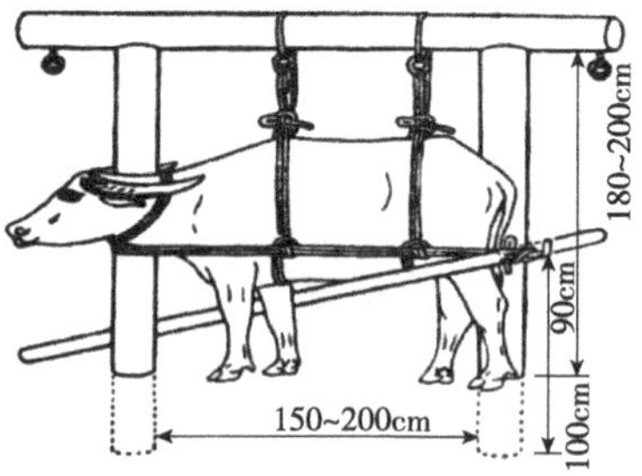

图 1-7　牛二柱栏保定

3. 四柱或六柱栏保定

(1)方法　先牵畜入四(六)柱栏，上好前后保定绳即可保定。必要时可加上背带和腹带。柱栏可用钢管制成，管直径为 8～10cm，可参照图 1-8 制作。

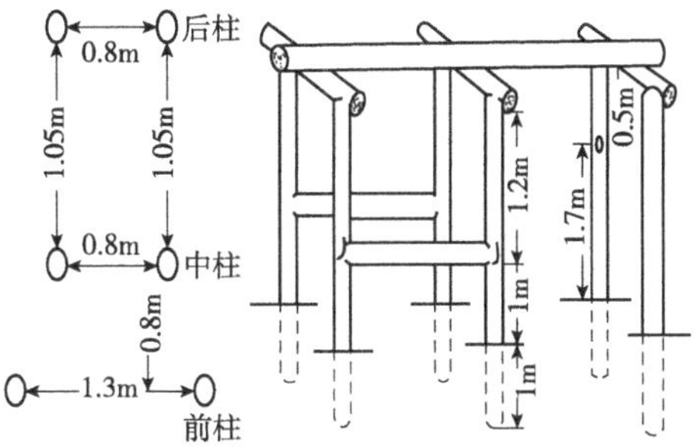

图 1-8　六柱栏及其结构示意图

(2)应用　柱栏保定法适用于大动物的临床检查和治疗。单柱颈绳保定适用于野外临床一般检查或治疗时保定；二柱栏保定适用于灌药或投胃管、马的检蹄及装蹄等；四柱或六柱栏保定适用于一般临床检查、直肠检查、外科处置及手术等。

(三)保定绳保定法

1. 牛的倒卧保定

(1)方法　由三人倒牛、保定，一人保定头部(握鼻绳或笼头)。取约 10m 长的圆绳一条，折成长、短两段，于折转处做一套结并套于左前肢系部；将短绳一端经胸下至右侧并绕过背部再返回左侧，由一人拉绳保定；另将长绳引至左髋结节前方并经腰部返回绕一周，打半结，再引向后方，由二人牵引。令牛向前走一步，正当其抬举左前肢的瞬间，三人同时用力拉紧绳索，牛即先跪下而后倒卧，一人迅速固定牛头，一人固定牛的后躯，一人速将缠在腰部的绳套向后拉并使之滑到两后肢的跖部而拉紧之，最后将两后肢与左前肢捆扎在一起(图 1-9)。

(2)应用　常用于去势及腹部、会阴部外科手术等。

2. 单绳倒马法

(1)方法　用长约 12m 的绳，其一端系一铁环(内径 8～10cm)。先将系有铁环的一端

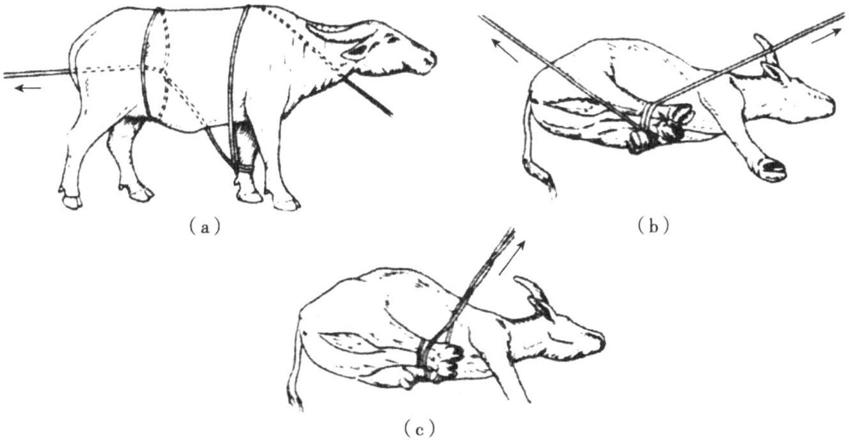

图 1-9　提拉前肢倒牛法

(a)倒牛绳的套结法　(b)(c)肢蹄的捆系法

绕颈一周，在欲卧侧的对侧颈基部打结，使铁环放于马肘部后上方，铁环自然下垂；将绳另一游离端通过腹下，再行至卧侧后肢系部，从系部的内侧向后、外侧绕行，再将游离端从铁环的下方(靠马体部)插入环内，从环穿过、经背腰部，将绳端引向卧侧后方，用右手拉紧，使卧侧后肢悬起，再用左手握紧缰绳，把马头转向卧地的对侧，加大回头的姿势。同时用两肘强压马的背腰部，马体失去平衡而随即卧倒地上。当马卧倒之后，应仍使头部保持倒卧的回头姿势，并迅速用绳的游离端固定另一后肢，之后将马头放于平地上，加以固定。

(2)应用　公马的去势及直肠检查等。

(3)注意事项

①在所有的保定过程中，固定绳均应打活结，以便于解开，防止发生意外事故。

②保定用的绳索必须结实可靠，以防断裂。

③保定的动物不宜过饱。

④倒卧的地面不宜太坚硬，应选择平坦的土质地面，头部应铺上软垫，在固定四肢时，术者应站于适当的位置，注意安全，在整个放倒过程中，应尽量避免保定动物损伤及骨折等。

(四)化学保定法

化学保定是使用化学药物对野生动物和非常凶猛的动物进行的一种保定方法。一般使用在动物园、野生动物驯养场等地方。

1. 化学保定用药物

用于动物化学保定的药物很多，在临床用得较多的有以下几种。

(1)氯胺酮　适用于肉食动物、灵长类动物以及除草食动物以外的大多数哺乳动物。一般与阿托品同时使用。

(2)保定灵　原产于英国公司，适用于大多数草食动物。

(3)新保灵　主要成分为噻芬太尼。其系列产品有新保灵注射液、保定Ⅰ号、保定Ⅱ号，并配有保定后促使苏醒的回苏灵Ⅰ号(二甲弗林)。这是动物园保定动物时的主要药物。

2. 保定方法

(1)用特殊注射器注射给药　常用的有吹管注射器和长柄注射器。市面上有售。

(2)利用麻醉枪给药　麻醉枪有近距离麻醉枪(射程15～20m)和远距离麻醉枪(射程50～150m)。市面上已有商品供应。

三、问诊

方法：采取个别访问或开调查会的方式进行。要客观地听取各种意见，然后加以综合分析，特别是在发生疑似中毒的情况下，调查时更要细致与谨慎。

四、视诊

方法：在不惊扰动物的前提下先站在离病畜(禽)适当距离处，首先观察其全貌，然后由前往后、从左到右、边走边看，观察病畜的头、颈、胸、腹、脊柱、四肢。当至正后方时，应注意尾、肛门及会阴部，并对照观察两侧胸、腹部的对称性和是否异常。为了观察运动过程及步态，可进行牵遛。最后再接近动物，进行细小部位的检查。群体检查时，要注意观察畜(禽)的均匀度、行动的一致性，特别要观察离群独居的个体状态。

五、触诊

1. 浅部触诊法

浅部触诊法是用手平放在被检部位而不施加压力，在体表轻轻滑动进行检查。

2. 深部触诊法

深部触诊法是根据被检器官部位的不同，采用不同的方式和压力进行检查。以手掌(或握拳)平放于被检部位，并轻施压力，称为按压触诊法；用手掌(或握拳)在被检部位连续进行 2～3 次有力冲击，以感知腹腔器官的状态，称为冲击触诊法。

六、叩诊

1. 直接叩诊法

直接叩诊法为用手指或叩诊锤直接向动物体表的一定部位叩击的方法。

2. 间接叩诊法

间接叩诊法为又分指指叩诊法与锤板叩诊法。

(1)指指叩诊法　主要用于中、小动物的叩诊。通常以左手的中指紧密地贴在检查部位上(用作叩诊板)，用第二指节关节处屈曲 90°的右手食指或中指做叩诊锤，并以右腕做轴而上、下摆动，用适当的力量垂直地向左手中指的第二指节处进行叩击。

(2)板叩诊法　即用叩诊锤和叩诊板进行叩诊，通常适用大家畜。一般以左手持叩诊板，将其紧密地放于欲检查的部位上；用右手持叩诊锤，将锤垂直地向叩诊板上连续叩击 2～3 次，以听取其音响。叩诊板有角质、骨质和金属制之分，也可选用材质致密的小木板；叩诊锤多为金属制，锤的前端有一橡皮头。叩诊锤、叩诊板根据不同动物的个体选择不同的型号。

七、听诊

1. 直接听诊法

先于动物体表上放一听诊布，然后用耳直接贴于动物体表的欲检部位进行听诊。检查者可根据检查的目的采取适宜的姿势。直接听诊方法简单，听取的声音真实。

2. 间接听诊法

应用听诊器在欲检器官相应的体表部位进行听诊，在诊断实践中普遍采用。听诊器由耳塞、金属三通、传导胶管、胸端组成，胸端分膜型和钟型两种。

八、嗅诊

用嗅觉发现、辨别动物的呼出气、口腔气味、分泌物、排泄物的气味。

项目小结

动物保定是兽医临床诊疗最重要的基础工作，其目的是为了防止动物骚动，便于检查和处置，保障人畜安全。诊断疾病的基本方法是兽医工作者一项入门基本技能。本项目重点介绍了兽医临床上动物保定常用的简易保定法、柱栏保定法、绳索保定法和化学保定法等；详细叙述了临床诊断基本方法(问、视、触、叩、听、嗅诊)及其应用范围、基本内容、操作方法和注意事项。

目标检测题

一、选择题

1. 犬输液治疗时，可以用的保定器械是(　　)。

A. 鼻钳　　B. 耳夹子　　C. V 形槽　　D. 颈圈　　E. 侧杆

2. 马属动物前肢单绳提举保定时，将绳的一端拴在(　　)。

A. 颈部　　B. 鬐甲部　　C. 胸段脊柱上　　D. 系部　　E. 掌区

3. 下列叙述中属于对既往史调查内容的是(　　)。

A. 某发病猪场最近流行发生猪流感

B. 某发病猪场 3 年来零星散发猪喘气病

C. 某猪场最近改用国内某著名专家所研究的配方进行自配饲料饲喂

D. 某发病猪场猪舍通风不良，室内温度较高，湿度较大，粪便清扫不彻底

E. 某发病猪场病猪主要表现咳嗽、呼吸困难及食欲下降等症状

4. 下列叙述中不属于视诊观察内容的是(　　)。

A. 动物皮下脂肪的蓄积程度，肌肉的丰满程度

B. 动物的精神状态及活动情况

C. 动物体表皮肤及被毛的状态

D. 动物粪便及尿液的多少、性状和混有物的情况

E. 动物体温的高低情况

5. 下列叙述中不属于触诊检查内容的是(　　)。

A. 家畜鼻部皮肤干湿度情况的检查

B. 家畜胃内容物的多少、性状的检查

C. 反刍兽网胃敏感性的检查

D. 反刍兽反刍活动的检查

E. 母畜妊娠情况的检查

6. 用叩诊法检查健康牛肺中部，可得到的叩诊音是(　　)。

A. 浊音　　B. 半浊音　　C. 清音　　D. 过清音　　E. 鼓音

7. 进行指指叩诊操作时，叩击的正确方法是(　　)。

A. 叩诊的手应以指间关节做轴　　B. 叩诊的手应以掌指关节做轴
C. 叩诊的手应以腕关节做轴　　D. 叩诊的手应以肘关节做轴
E. 叩诊的手应以肩关节做轴

8. 下列叙述中不属于听诊检查内容的是(　　)。
A. 动物心音状态的检查　　B. 动物支气管呼吸音情况的检查
C. 动物肺泡呼吸音情况的检查　　D. 动物胃肠蠕动情况的检查
E. 动物膈肌痉挛音的检查

9. 下列关于叩诊的叙述，不正确的是(　　)。
A. 叩诊板须紧贴动物体表，其间不得留有空隙
B. 应使叩诊槌或用作槌的手指，垂直地向叩诊板上叩击，在叩打后应很快地离开，叩打应该是短促、断续、快速而富有弹性
C. 应在每部位连续进行 5～6 次时间间隔均等的同样叩打
D. 叩诊的手应以腕关节做轴，轻松地摆动与叩击，不要强加臂力
E. 叩诊检查宜在室内进行，以防其他声音的干扰

10. 触诊对全身哪个部位的检查更重要(　　)。
A. 胸部　　B. 腹部　　C. 皮肤　　D. 神经系统　　E. 颈部

二、简答题

1. 简述动物保定的目的。
2. 常用的动物保定方法有哪些?
3. 简述临床检查的基本方法。
4. 简述临床上触诊感觉的种类及其常见的疾病。

项目二 一般检查

【知识目标】

通过本项目的学习，掌握动物全身状态观察，被毛及皮肤、眼结合膜及体表淋巴结的检查方法及其临床意义，判断其正常状态、病理变化。熟练掌握动物体温的测定。

【技能目标】

1. 可熟练对动物全身状态、被毛、皮肤、眼结合膜、体表淋巴结进行检查。
2. 能正确测定动物体温并进行临床诊断。

技能一　全身状态的观察

★理论知识

全身状态的观察：主要是运用视诊的方法对患病动物进行精神状态、营养状态、体格发育、姿势与步态四个方面的检查。

★技能操作

一、精神状态

(一)检查方法

精神状态是动物的中枢神经机能活动的反应，主要是用视诊进行观察。根据其耳的活动、眼的表情及各种反应、举动而判定。

(二)正常状态

健康畜禽表现为头耳灵活、眼睛明亮、反应迅速、行动敏捷，毛、羽平顺并富有光泽。幼畜则显得活泼好动。

(三)病理变化

精神异常可表现为抑制或兴奋。

1. 抑制状态

一般表现为耳耷拉、头低下、眼半闭、行动迟缓或呆然站立，对周围漠然而反应迟钝；重则可见嗜睡甚至昏迷。鸡则表现为羽毛蓬松、垂头缩颈、两翅下垂、闭眼呆立。

主要见于热性病、重症病畜及某些脑病与中毒。禽类还见于大肠杆菌、巴氏杆菌引起的疾病及禽流感等。

2. 兴奋状态

轻者惊恐不安、左顾右盼、竖耳刨地；重则不顾障碍地前冲、后退，狂躁不驯或挣扎脱缰。牛不断哞叫或摇头乱跑；猪则表现为有时沿圈舍不停地转圈，或呈现痉挛与癫痫样动作或呈侧卧、四肢前盾划动或呈角弓反张样症状。严重时可见攀登饲槽、跳越障碍，甚至攻击人、畜。

一般多见于脑病、中毒(如氟乙酰胺中毒)或传染病(如猪伪狂犬病)等。犬见有啃咬自身或物体甚至有攻击行为时，应注意狂犬病。

二、营养状态检查

(一)检查方法

主要根据肌肉的丰满度、皮下脂肪的蓄积量及被毛状态而判定。一般用视诊的方法进行检查，精确测定应称量体重。临床上可分为营养良好(八九成膘)、营养中等(六七成膘)和营养不良(五成膘以下)。

(二)正常状态

健康动物营养良好，肌肉丰满，骨骼棱角不显露，被毛光顺。

(三)病理变化

1. 营养不良

病畜消瘦，骨骼表露明显，肋骨可数，全身棱角突出，被毛粗乱无光，皮肤缺乏弹性，常伴有精神不振、躯体乏力。营养不良在临床上分3种情况。

(1)瘦削　见于轻度营养不良，也与品种有关。表现为体重减轻，体型瘦削，但生理正常。

(2)消瘦　见于中度营养不良。动物表现被毛松乱，缺乏光泽，皮肤弹性降低，肌肉松弛，骨骼外露，体重较正常明显降低，体力明显减退。

(3)恶病质　见于高度营养不良。长期严重消瘦，贫血，精神高度沉郁，全身各部骨骼显露，腹部抽缩，眼窝、肋间、腹胁窝和肛门均下陷，常是预后不良的指征。

营养状态与动物机体的代谢机能和饲养、管理条件有密切关系。营养不良可见于营养缺乏及代谢扰乱性疾病，长期的消化障碍(如慢性胃肠卡他)及慢性消耗性疾病(如猪附红细胞体病、弓形体病、慢性肺炎或胸膜肺炎，某些传染病如慢性猪瘟、圆环病毒病，寄生虫病如牛羊焦虫病)等。

2. 过肥

主要评定于各种种畜。过肥常可影响其繁殖能力，应注意是否为运动不足和饲料没有定量的原因所引起。

三、体格发育检查

(一)发育状态

1. 检查方法

体格主要根据骨骼的发育程度及躯体的大小而确定，可分为上、中、下 3 种；发育状态可分为发育良好、发育中等和发育不良。必要时应测量体长、体高、胸围等体尺。

2. 正常状态

健康动物发育良好，体躯发育与年龄相称，体躯高大，结构匀称，四肢粗壮，肌肉结实而丰满，体格健壮有力。

3. 病理变化

发育不良的病畜，多表现为躯体矮小，肢体纤细，瘦弱无力，发育程度与年龄不相称；在幼畜多呈发育迟缓甚至发育停滞。

发育不良多由于营养缺乏、代谢扰乱(如矿物质、维生素缺乏症)、慢性消耗性或慢性传染性病所引起。如仔猪患慢性病时，则发育不良或形成僵猪。

(二)躯体结构

1. 检查方法

主要注意病畜的头、颈、躯干及四肢、关节各部位的发育情况及其形态、比例关系。

2. 正常状态

健康动物的躯体结构紧凑而匀称，各部位的比例适当。

3. 病理变化

(1)单侧的耳、眼睑、鼻、唇松弛下垂而致头面歪斜，是面神经麻痹的表现。

(2)头大颈短、面骨膨隆、胸廓扁平、腰背凸凹、四肢弯曲、关节粗大，多为骨软症或幼畜佝偻病的特征。猪出现眼睑肿胀，可见于水肿病。

(3)动物的咽喉部出现肿胀，可见于巴氏杆菌病，如猪肺疫等。

(4)腹围极度膨大、肷部胀满，可见于反刍动物的瘤胃臌气或马骡的肠臌气，猪可见于梭菌性肠炎。

(5)猪的鼻面部歪曲、变形，可见于传染性萎缩性鼻炎等。

四、姿势与步态

(一)检查方法

姿势是指动物在相对静止或运动过程中的空间位置和呈现的姿态，主要观察病畜表现的姿态特征。

(二)正常姿势

健康动物姿态自然且不同种类动物通常各有特点。

马多站立，两后蹄常交替负重，偶尔卧下，遇人接近或闻吆喝即自行起立；牛食后常前胸着地、四肢集于腹下伏卧，进行反刍，遇人走近时，则后躯先起立再缓慢站立；羊、猪于食后好躺卧，生人接近时迅即起立、逃避。

(三)异常姿势

1. 全身僵直

表现为头颈挺伸，肢体僵硬，四肢关节不能屈曲，尾根挺起，典型的木马样姿势，可见于破伤风。猪出现侧卧，头颈伸直，角弓反张，四肢划动，可见于链球菌病、伪狂犬病或氟乙酰胺中毒等。

2. 异常站立姿势

(1)病马两前肢交叉站立而长时间不改换，可见于脑室积水；鸡呈两腿前后叉开，可见于马立克氏病、B族维生素缺乏症和传染性脑脊髓炎等。

(2)病畜单肢悬空或不敢负重，可见于肢蹄疼痛，如猪的关节型链球菌病、副嗜血杆菌病等；两前肢后踏、两后肢前伸或四肢集向腹下，均为多肢疼痛的表现，典型病例应注意蹄叶炎，牛要注意前胃病引起的腹痛症。

(3)躯体歪斜或四肢叉开、倚墙而立，可见于病后体弱或出现共济失调和躯体失去平衡的病例，也可见于脑病，如猪的伪狂犬病或中毒。

(4)扭头曲颈，甚至躯体滚转，鸡应考虑新城疫、脑脊髓炎和呋喃类药物中毒，在育雏阶段出现多见于复合维生素B缺乏症，鸭则要考虑鸭疫巴氏杆菌病和鸭传染性肝炎。

(5)马、骡疝痛可表现为骚动不安，前肢刨地，后肢踢腹，回视腹部，伸腰摇摆，时起时卧，起卧滚转或呈犬坐姿势或仰腹朝天等；牛、羊腹痛可见后肢踢腹动作。

3. 异常躺卧姿势

(1)病畜躺卧而不能起立，常见于多肢的瘫痪或疼痛性疾病以及重度骨软症。

(2)病畜呈犬坐姿势而后躯轻瘫，主要考虑脊髓损伤性疾病、产前截瘫、产后瘫痪，猪还应注意气喘病。

(3)猪出现伏卧、犬坐式、腹式呼吸，可见于胸腔脏器的病变，如胸膜肺炎、支原体肺炎等。

4. 异常运步姿势

(1)病畜于运动与行进间呈现跛行乃四肢病的特征性表现。猪常见于链球菌病、副嗜血杆菌病等。

(2)步态不稳、四肢运步不协调或呈蹒跚、跄踉、摇摆、跌晃而似醉酒状时，多为中枢神经系统疾病或中毒，也可见于重病后期的垂危病畜。

技能二　被毛和皮肤的检查

★理论知识

一、斑疹

斑疹为皮肤充血和出血所致，表现为皮肤局部发红，不隆起，用手指压迫红色即褪。

二、丘疹

皮肤乳头层发生浆液性浸润，形成界限分明的粟粒到豌豆大小的隆起，呈圆形，突出于皮肤表面。

三、痘疹

痘疹是由动物痘病毒侵害皮肤的上皮细胞而形成的结节状肿物。

四、荨麻疹

荨麻疹是速发型过敏反应性疾病，表现为界限明显的皮肤浅层处出现许多圆形或椭圆、蚕豆大至核桃大、表面平坦的水肿性隆起，俗称“风团”。

★技能操作

一、鼻盘、鼻镜及鸡冠的检查

1. 检查方法

检查牛、猪、鸡时，要特别注意观察鼻盘、鼻镜、鸡冠及肉髯。

2. 正常状态

健康牛、猪的鼻镜或鼻盘均湿润，并附有少许水珠，触之有凉感。

3. 病理变化

牛鼻镜干燥、增温时多为热性病或前胃疾病的表现，严重者可出现龟裂，可见于瓣胃阻塞；猪鼻盘干燥、有热感，一般为病态，多见于热性病。在治疗过程中，鼻镜或鼻盘由干变湿常为病情好转的象征。在观察白猪的鼻盘时，还应注意其颜色，当血液循环障碍、肺炎及蓝耳病、缺氧或亚硝酸盐中毒时，常可见到鼻盘发绀的现象。

鸡冠和肉髯正常为鲜红色，当患鸡瘟、禽流感、组织滴虫病、巴氏杆菌病等疾病时可呈蓝紫色；颜色变淡乃至苍白多为营养不良、贫血和淋巴性白血病的表现；如出现疱疹，则常见于鸡痘。

二、被毛的检查

1. 检查方法

检查时应注意观察毛、羽的牢固性、清洁及光泽度、长度和分布情况。

2. 正常状态

健康动物的被毛平顺而富有光泽，每年春、秋两季脱换新毛。健康家禽羽毛排列整齐，富有光泽而美观，多在每年秋季换羽。

3. 病理变化

被毛蓬松粗乱、失去光泽、易脱落或换毛季节推迟，多是营养不良和慢性消耗性疾病，如鼻疽、马传染性贫血、寄生虫病等。

局部被毛脱落，多见于湿疹或毛癣、疥螨等皮肤病。犬在换毛季节换毛不一致或不换毛或非换毛季节被毛脱落，多由犬疥螨、蠕形螨引起。

检查被毛时，还要注意被毛的污染情况。当病畜(禽)下痢时，肛门附近、尾部及后肢等可被粪便污染。

在鸡群中，要注意肛门周围的羽毛状况，肛门周围羽毛脱落要注意啄肛症；肛门周围的羽毛黏附在肛门部位，要注意鸡白痢和大肠杆菌病等。

三、皮肤的检查

皮肤检查主要通过视诊和触诊进行，应注意其颜色、温度、湿度、弹性及疱疹等病变。

(一)颜色

1. 检查方法

皮肤颜色的检查一般能反映出动物血液循环系统的机能状态及血液成分的变化。主要检查白色皮肤的动物，其他颜色的皮肤因有色素而不易观察，但可视黏膜的颜色可作为皮肤颜色变化的依据。

2. 病理变化

猪皮肤上出现小点状出血(指压不褪色)多见于败血性疾病，如猪瘟；面出现较大的红色充血性疹块(指压而褪色)，常见于猪丹毒；皮肤发绀，多见于心脏衰弱、呼吸困难及某些中毒(如猪亚硝酸盐中毒)；猪耳朵发绀、全身发红继而变紫常见于蓝耳病；仔猪耳尖、鼻盘发绀，常见于慢性副伤寒；白猪皮肤发黄，常见于钩体和肝胆有病；雏鸡胸腹或腿侧、翼部皮下呈淡绿色，见于雏鸡硒及维生素 E 缺乏症；鸡大腿或胸肌出血，多见于法氏囊病。

(二)温度

1. 检查方法

检查皮温，用手触诊为宜。影响皮温高低的主要因素是动物皮肤血管网的分布状况和皮肤的散热机能，在确定检查部位时应以此作为出发点。对马可触摸耳根、颈部及四肢；牛、羊可检查鼻镜(正常时发凉)、角根(正常时有温感)、胸侧及四肢；猪可检查耳及鼻端；禽类可检查肉髯和股内侧。

2. 病理变化

(1)皮温增高　是皮肤血管扩张及血流加快的结果。全身皮温增高常见于热性病、心机能亢进、过度兴奋等；局限性皮温增高是局部发炎，如皮炎、蜂窝织炎、咽喉炎等。

(2)皮温降低　是由于血液循环障碍、皮肤血管中血液灌注不足所致。全身皮温降低可见于衰竭症、大失血、循环虚脱、中枢神经系统抑制及牛的生产瘫痪等；局部皮温降低可见于该部位的水肿或外周神经麻痹等。

(3)皮温不整　是由皮肤血液循环不良或神经支配异常而引起的局部血管痉挛所致。一种表现是身体对称部位的皮肤温度冷热不均，如一耳冷、一耳热；另一种表现是末梢部位的温度低于躯干部位，见于心力衰竭、虚脱。

(三)湿度

1. 检查方法

主要通过视诊和触诊。皮肤的湿度主要与动物的种类有关，马属动物的汗腺发达，牛、羊、猪、犬次之，禽类无汗腺。健康动物在安静的状态下，一般汗液随时分泌随时蒸发，皮肤表面有黏滑感。

2. 病理变化

(1)出汗增多　生理性泌汗增多，见于外界气温过高、动物在使疫及运动时。病理性出汗增多，则被毛及皮肤湿润甚至出现汗珠，常见于热性病(如中暑)、剧痛性疾病(如骨折、疝痛)、发热病的退热期等。如果汗多而有黏腻感，同时皮温低、四肢发凉，则称为冷汗，见于各种原因引起的心力衰竭、虚脱、休克、胃肠或其他内脏破裂及濒死期时，多属预后不良。

(2)出汗减少　表现被毛粗乱无光，皮肤干燥、皱缩，缺乏黏腻感，见于脱水，如剧烈腹泻、呕吐、发热期、多尿症、慢性营养不良、饮水不足等。老龄动物皮肤湿度往往降低。

反刍动物的鼻镜、猪的鼻盘及狗、猫的鼻端由于有腺体分泌物，经常保持湿润并有光泽。在热性病及重度消化障碍，如牛的重瓣胃阻塞时，则鼻部干燥甚至龟裂。

(四)弹性

1. 检查方法

皮肤的弹性与动物的品种、年龄、营养状态等有关。皮肤的液体含量、弹力纤维和肌纤维的特性及神经组织的紧张度是决定皮肤弹性高低的重要因素。健康且营养状态良好的动物，其皮肤均有一定的弹性。老龄动物弹性下降是正常现象。检查动物皮肤弹性的部位，马在颈侧，牛在最后肋骨后部，小动物可在背部。检查方法是将该处皮肤做一皱襞后再放开，观察其恢复原态的情况。

2. 正常状态

健康动物放手后立即恢复原状。

3. 病理变化

皮肤弹性降低，可见于营养不良、失水及皮肤病，如螨病、湿疹等。

四、皮肤疱疹的检查

皮肤发疹常是许多疾病的早期症状，多由传染病、寄生虫、中毒病及过敏反应引起。

1. 斑疹

斑疹主要见于猪丹毒。密集的针尖状出血点，指压红色不褪，见于猪瘟或出血性疾病。

(1)湿疹样病变　皮肤上有粟粒大小的红色斑疹，见于湿疹、过敏反应及砷中毒病。

(2)感光过敏　采食了含感光物质的饲料(如荞麦、三叶草等)，经暴晒后充血、潮红而形成水泡，如鸭的光过敏会在上喙背侧、蹼背侧出现水泡。

2. 丘疹和结节

在丘疹的顶端含有浆液的为浆液性丘疹；不含浆液的为实性丘疹。在马传染性口炎时，丘疹常出现于唇、颊部及鼻孔周围。结节是较丘疹大而位置深的皮肤损害，呈半球状隆起。

3. 痘疹

痘疮的共同特征是一般都经过红斑、丘疹、水泡、脓疱、结痂的过程。

4. 水泡

水泡多为豌豆大，内含透明浆液性液体的小泡，颜色以内容物而定，有淡黄色、淡红色。在鼻镜、唇、舌、口腔、趾间隙和蹄冠等处中的一处或几处发生水泡，且具有流性，是水泡性疱疹的特点。应特别注意于口蹄疫、猪传染性水泡病。

5. 荨麻疹

荨麻疹特点是突然发生，此起彼伏，迅速消退，并常伴有皮肤瘙痒。动物被吸血昆虫刺螫、有毒植物或饲料中毒、过敏性体质、消化道疾病(如胃肠炎)、传染病(如猪丹毒、痘疮)及寄生虫病(如马媾疫)都会发生荨麻疹。

五、皮下组织的检查

1. 检查方法

检查皮肤及皮下组织肿胀时，应注意依据肿胀部位的大小、形态，用触诊的方法判定其内容物性状、硬度、温度、移动性及敏感性。

2. 病理变化

常见的肿胀有炎性肿胀、水肿、气肿、血肿、脓肿、淋巴外渗、疝及肿瘤等。

(1)炎性肿胀　可以局部或大面积出现，伴有病变部位的红、热、痛和机能障碍，严重病例还可出现明显的全身反应，如原发性蜂窝织炎。

(2)皮下水肿　是由于机体水盐代谢紊乱，在皮下组织的细胞和组织间隙内液体积聚过多所致。水肿部位表面扁平，与周围组织界限明显，压之如生面团状，留有指压痕且较长时间不易恢复，触之无热、痛。

水肿可因感染性疾病、重度营养不良、心脏疾病、肾脏疾病、局部静脉或淋巴液回流受阻及微血管损伤等原因引起。鸡皮下淡绿色水肿见于硒及维生素 E 缺乏症。

(3)皮下气肿　是由于空气或其他气体在皮下组织内积聚所致。其特点是边缘界限不明显，触诊时可感觉到由于气泡破裂和气体移动产生的捻发音，压之有向周围皮下组织窜动的感觉。颈侧、胸侧、肘后的皮下气肿，多为窜入性且局部无热、痛反应，压之有微小的噼啪声，如黑斑病、烂红薯中毒；当气肿疽(牛、羊)、恶性水肿(马)等厌气性感染时，气肿局部并有热痛反应，且局部切开后可流出混有泡沫的腐臭臭味的液体。

(4)脓肿、血肿及淋巴外渗　其共同特点是皮下组织的非开放性损伤，外形多呈圆形突起，触之有波动感，多因局部创伤或感染而引起，可行穿刺进行鉴别。

(5)疝　系肠管同腹膜一道从腹腔脱垂到皮下或其他生理腔穴内而形成的凸出的肿物。可通过查到病疝环及整复试验而与其他肿胀相鉴别。猪常发生阴囊疝及脐疝；大动物多发腹壁疝，常因创伤而继发。

(6)肿瘤　是在动物机体上发生异常生长的新生细胞群，形状多种多样，有结节状、乳头状、息肉状及囊状等。

六、皮肤完整性的检查

1. 溃疡

由于机械压迫、化学制剂的腐蚀溶解、循环障碍、炎症等因素，先引起组织坏死，进一步剥离或溶解而形成组织的缺损状态。特征是溃疡边缘界限清楚，表面污秽不洁，并伴有恶臭，见于创伤、皮肤病、某些传染病，如马鼻疽等。

2. 褥疮

在体表突出部位，因长期躺卧而受压迫造成血液循环障碍，使这些部位的皮肤和皮下组织坏死溃烂，称为褥疮。

3. 瘢痕

皮肤的深层组织因创伤或炎症受到损害，经结缔组织增生修复后留下的痕迹，称为瘢痕。一般表面平滑，大小不等，隆起或凹陷。瘢痕面的特征是其覆盖上皮较正常薄，没有乳头结构，缺乏被毛、皮脂腺和汗腺。

4. 鳞屑

鳞屑是已剥离或脱落的表皮组织。正常情况下，表皮角质层由于新陈代谢作用而不断脱落，但量少不易被察觉。在病理状态下，表皮角质化过程失调，角化过度或角化不全，可形成大片鳞屑，其形态、大小、数量、黏着度和色泽都不一致。

(1)糠疹　在皮肤表面特别是长毛处积聚多量鳞屑，呈糠麸状。

(2)猪玫瑰糠疹　病变主要见于腹部、大腿，偶见全身。小的红斑性肿胀，边缘隆起，可融合成大片，表面附有糠麸状鳞屑，无瘙痒，可自愈。

(3)钱癣　皮肤上呈现轮状秃毛斑，有多量鳞屑，多发于颜面、耳和颈部，是毛癣菌感染的一种表现型。

(4)皮脂溢性　湿疹皮肤表面有大量糠麸状皮屑，在头、颈和躯干部形成脂肪样光泽的圆形痂。

技能三　体温的测定

*理论知识

一、体温测量部位

体温测量可选择口腔温度、腋下温度与直肠温度，通常动物以直肠温度为准。

二、各种动物正常体温(℃)

马 37.5～38.5　　骡 38.0～39.0　　牛 38.0～39.5
水牛 36.5～38.5　　猪 38.0～39.5　　犬 38.5～39.5
猫 38.0～39.5　　兔 38.5～39.5　　山羊 38.0～40.5
绵羊 38.0～40.0　　鸡 40.0～42.0　　鸭 41.0～43.0
骆驼 36.5～38.5

三、正常情况下的影响因素

(1)健康动物的体温可受某些生理因素的影响而发生一定程度的变动。例如，一般幼畜的体温比成年动物高；妊娠母畜分娩前的体温稍高；不同品种及个体的营养状态也对体温略有影响。另外，动物的兴奋、紧张，运动与使役，剧烈的肌肉活动(如采食、咀嚼等)也可使体温暂时轻度升高。

(2) 外界温度的变化对体温有一定影响，水牛、绵羊等尤为明显。昼夜温度变动也会影响动物体温，通常早晨体温稍低，而午后的体温稍高。这种变化叫温差，但一天的温差通常不超过 1℃。如果体温上午高、下午低，叫作温差逆转，马传染性贫血时经常出现。

四、病理性的影响因素

1. 体温升高

体温高于正常值，一是由于产热增加、散热正常；二是由于产热正常、散热减少。动物除体温升高外，尚有精神沉郁、食欲减退、呼吸及脉搏加快、消化不良、渴欲增强、多汗等一系列变化，称为发热综合征。

引起发热的因素主要有两个方面：一是物理、化学因素的作用，如环境温度过高、湿度过大、运动过速等造成产热和散热失去平衡而引起的积热；二是由于致热原物质的作用，如细菌、真菌、病毒、原虫和非感染性炎症、恶性肿瘤、过敏反应等。前者属非感染性致热原物质，后者为感染性致热原物质。

发热在临床中有以下 3 种分类方式：

(1)根据体温升高的程度，发热可分为以下几种

①最高热：体温升高 3℃以上，见于急性传染病、日射病及热射病等。

②高热：体温升高 3℃，见于急性感染性疾病及广泛的炎症。

③中热：体温升高 2～3℃，见于消化道、呼吸道的一般炎症及某些亚急性、慢性传染病。

④微热：体温升高 1～2℃，见于局部感染或慢性病。

(2)根据病情的长短，发热可分为以下几种

①急性发热：发热期延续一周至半月，见于急性传染病。

②亚急性发热：发热期为半月至一个月，见于亚急性传染病。

③慢性发热：发热期为一个月以上，见于慢性传染病。

④一过性热或暂时性热：体温的暂时升高，见于注射疫苗、血清后的一时性反应或疾病的前驱期。

(3)根据发热的热型可分为以下几种

①稽留热：高热持续数天或更长时间，并且昼夜温差在 1℃以内，见于大叶性肺炎、猪瘟、猪丹毒、流感、牛肺疫、血液原虫病等。

②弛张热：体温升高后不恢复正常，昼夜温差在 1℃以上，见于化脓性疾病、败血性传染病、小叶性肺炎及结核病等。

③间歇热：有热期与无热期交替出现，见于马传染性贫血、血孢子虫病等。

④回归热：体温升高后又恢复到正常，经过一段时间后又升高，间隙时间不定，见于焦虫病、锥虫病。

⑤不规则热：体温升高无规律性，如马鼻疽、牛结核病等。

2. 体温下降

由于产热减少或散热增加，而使体温低于正常，见于脑及脊髓疾病、慢性消耗性疾病、代谢病、中毒、大失血、某些疾病发热期用药不规范(如胸膜性肺炎时单一使用退热药)及濒死期等。

★技能操作

一、测定方法

测温时，应甩动体温计使水银柱降至 35℃以下；用酒精棉球擦拭体温计消毒并涂以润滑剂后再使用。被检动物应进行适当的保定。

给马属动物测温时，检查者通常位于动物的左侧后方；给牛测温时，检查者可站在正后方，以左手提起其尾根部并稍推向对侧；给猪测温时，检查者站在其左侧或右侧，右手持体温计经肛门徐徐捻转插入直肠中，再将附带的夹子夹于猪尾毛或荐部的毛上。经 3～5min 后取出，读取度数。用后再甩下水银柱并放于消毒瓶内备用。

二、操作注意事项

(1)选择兽用体温计，用前应统一进行检查、验定，以防有过大的误差。

(2)对于门诊病畜，应使其适当休息并安静后再测定。

(3)对于住院病畜，应每日定时进行测温，并逐日记录，绘成体温曲线表。

(4)体温计的玻棒插入深度要适宜(一般大动物可插入其全长的 2/3，小动物则不宜过深)。

(5)注意因测温方法不当而发生的误差，如用前应甩下体温计的水银柱；测温时间不可短于温度计所要求的时间(如 3min 计则不得少于 3min)；须进行灌肠、直检的病畜应在处置前测温；直肠有多量宿粪的病畜，勿将体温计插入宿粪中，而应排除积粪后测定等。

(6)遇有直肠发炎、频繁下痢或肛门松弛的病畜，为避免直肠温的差异，对母畜宜测阴道温度，但应注意，母畜阴道的温度通常较直肠温度低 0.2～0.5℃。

技能四 眼结合膜和眼球凹陷度的检查

*理论知识

一、眼结合膜的检查

(一)健康动物眼结合膜颜色

马眼结合膜呈淡红色，牛的颜色较马稍淡，水牛则较深，猪呈粉红色，犬、猫等呈浅红色。

(二)眼结合膜常见病理变化

临床常见有 3 种：眼结合膜颜色的变化、肿胀、分泌物。

1. 结合膜颜色的变化

(1)潮红 眼结合膜下毛细血管充血即称潮红。单眼的潮红可能系局部的炎症所致；两侧弥漫性潮红是由于血管运动中枢机能紊乱或外周血管扩张，多标志全身的循环障碍。常见于热性病、呼吸困难、中毒病等；树枝状充血，多由伴有血液循环障碍的一些疾病引起，如心脏病、脑炎等。

(2)苍白 乃贫血的象征，是由于全身或头部血液循环量减少，以致组织器官和血液供应不足。苍白可见于各种类型的贫血，如马传染性贫血、仔猪贫血、血孢子虫病、锥虫病、猪的附红细胞体病、大失血及内出血、牛的血红蛋白尿病、慢性营养不良或消耗性疾病。

(3)黄染 主要是胆色素代谢障碍的结果。黄染可见于肝脏病(如肝炎)、胆道阻塞(如胆结石、肿瘤、蛔虫、肝片吸虫病)及溶血性病(如新生幼畜溶血病、血孢子虫病等)。

(4)发绀 呈不同程度的蓝紫色。一是由于血液二氧化碳分压增高的结果，可见于肺呼吸面积减少、呼吸障碍和全身性淤血的疾病，如肺水肿、各种肺炎、中毒病等；二是由于血液中异常的血红蛋白(如高铁血红蛋白)增多，在临床上见于亚硝酸盐中毒等。

(5)出血 眼结合膜上出现出血点或出血斑，是出血性素质的特征，见于败血性传染病、出血性素质的疾病。

2. 肿胀

肿胀主要由眼睛发炎引起，多见于眼炎或结合膜炎，也见于流感、猪瘟和水肿病等。

3. 分泌物

分泌物也是由于发炎引起，见于某些热性传染病，如感冒等呼吸道疾病、恶病质等。

二、眼球凹陷度的检查

（一）健康状态

动物正常时眼球嵌在眼结膜眶内，活动自如，两眼炯炯有神，对周围的环境反应敏锐。

（二）病理变化

1. 眼球突出

表现为眼眶周围肿胀，眼球突出。主要见于头部水肿性疾病，如仔猪水肿病、眼底充血病等。

2. 眼球下陷

眼球下陷是机体脱水的指征，表明体内水和电解质摄入不足或丧失过多。表现为皮肤干燥，皮肤弹性降低，眼眶下陷，打开眼睑时，眼球与眼结膜眶间隙增宽，大动物脱水严重的病例可容纳一小指。主要原因有以下几点：

(1)急性腹泻　由于传染性和非传染性因子引起的重剧腹泻，导致体内水分大量丧失。

(2)急性咽下障碍　咽炎、食道阻塞、破伤风等疾病，由于不能饮水或水的咽下发生困难而脱水。

(3)呕吐、出汗　由于急性呕吐和大汗淋漓，均可引起急性严重脱水。

(4)唾液分泌过多　如唾液腺炎、有机磷中毒等疾病，因唾液分泌过多，导致大量体液丧失，引起脱水。

(5)管理因素　在我国南方的夏季，气温高达 40℃以上，且晚上散热慢，动物饮水管道在高温下暴晒，水温可达 80～90℃，圈内的动物连续多日不能饮水而引起热应激和脱水。

(6)其他原因　眼球萎缩、慢性消耗性疾病及老龄消瘦动物眼眶内脂肪减少也会造成眼球下陷。

＊技能操作

一、眼结合膜的检查

（一）检查方法

检查眼结合膜，主要是观察其颜色变化、肿胀、分泌物等病理变化。顺序是首先观察眼睑有无肿胀、外伤及眼分泌物的数量、性状，然后再打开眼睑检查其颜色。

检查马的眼结合膜时，通常检查者立于马头一侧，一手持缰，另一手食指第一指节置于上眼睑中央的边缘处，拇指放于下眼睑，其余三指屈曲并放于眼眶上面作为支点，食指向眼窝略加压力，拇指则同时拨下眼睑，即可使结膜露出而检视之。

检查牛时，主要观察其巩膜颜色及其血管情况，检查时可一手握牛角，另一手握住其鼻中隔并用力扭转其头部，即可使巩膜露出；也可用两手握牛角并向一侧扭转，使牛头偏向侧方。欲检查牛眼结合膜时，可用大拇指将下眼睑拨开观察。

检查羊、猪等小动物时，可用两手拇指打开其上、下眼睑。

(二)操作注意事项

(1)检查眼结合膜，最好在自然光线下进行，灯光下对黄色则不易识别。

(2)眼结合膜受压迫或摩擦易引起充血，因此不宜反复进行检查。

(3)要对两侧眼结合膜进行对照检查，并注意区别是眼的局限性疾病，还是因全身性或其他疾病所引起。

二、眼球凹陷度的检查

(1)用视诊进行观察眼球的活动情况，两眼是否有神，对周围的环境反应情况。

(2)观察眼球的凹陷度。

技能五　体表淋巴结的检查

＊理论知识

淋巴结是淋巴系统重要组成部分，淋巴系统是机体的防卫系统之一，能反应机体相应区域的机能状态。体表淋巴结的检查，在诊断疾病上(特别是传染病)有很大的意义。

淋巴结常见病理变化有以下 3 种：

(1)急性肿胀　淋巴结体积增大，表面光滑，触之有热感并敏感，质地坚实，活动性受限。多见于局部感染和一些传染病(如流感、链球菌病、马腺疫等)。

(2)慢性肿胀　多无热、痛反应，较坚硬，表面不平，且不易向周围移动。常见于马鼻疽、副鼻窦炎、结核病及牛淋巴细胞性白血病等。

(3)化脓　表现为淋巴结肿大，有波动感，见于感染和炎症的后期。

＊技能操作

进行触诊检查时，应注意其大小、形状、温度、硬度、敏感性及在皮下的移动情况。

1. 马

马常检查其下颌淋巴结(位于下颌间隙；正常时呈扁平分叶状，较小，不坚实，可向周围滑动)。检查时，一手持笼头，另一手伸于下颌间揉捏或按压之。

2. 牛

牛常检查颌下、肩前、膝襞、乳房上淋巴结等。

3. 猪

猪可检查腹股沟淋巴结等。

*项目小结

一般检查就是从动物的外貌体征、精神状态、行为姿势等方面对患病情况进行整体评估的一种标准和方法。动物的一般检查通常为动物全身状态检查、被毛和皮肤检查、眼结合膜和眼球凹陷度检查、体表淋巴结检查等。通过上述项目的检查可判断动物的正常状态或主要病理变化，进而指导临床诊疗。

*目标检测题

一、选择题

1. 不会引起体温测量误差的操作是(　　)。

A. 测量前未将体温计的水银柱甩至35℃以下

B. 没有让动物充分地休息

C. 频繁下痢、肛门松弛、冷水灌肠后或体温表插入直肠的粪便中

D. 测量时间在3min内

E. 测量时间在3min以上

2. 皮下局限性、波动性的肿胀，穿刺时流出淡黄色的清亮液体，提示可能是(　　)。

A. 血肿　　B. 脓肿　　C. 淋巴肿　　D. 炎性肿胀　E. 肿瘤

3. 皮下局部肿胀表现为红、肿、热、痛及机能障碍，再无其他症状，提示可能是(　　)。

A. 炎性肿胀　B. 气肿　　C. 血肿　　D. 脓肿　　E. 淋巴外渗

4. 临床中对发病群畜的检查程序一般为(　　)。

A. 畜群及个体的临床检查、病理剖检、实验室及特殊检查、病史调查、饲养管理情况调查

B. 病史调查、畜群及个体的临床检查、实验室及特殊检查、病理剖检、饲养管理情况调查

C. 畜群及个体的临床检查、病理剖检、实验室及特殊检查、饲养管理情况调查、病史调查

D. 病史调查、环境检查、饲料管理情况调查、畜群及个体的临床检查、病理剖检、实验室及特殊检查

E. 畜群及个体的临床检查、病理剖检、实验室及特殊检查、病史调查、环境检查、饲料管理情况调查

5. 亚硝酸盐中毒时黏膜为(　　)。

A. 粉红色　　B. 潮红　　C. 苍白　　D. 发绀　　E. 黄染

6. 犬的正常体温范围是(　　)。

A. 36.5～38.0℃　　B. 36.5～38.5℃　　C. 37.0～38.0℃

D. 37.5～39.0℃　　E. 38.5～39.5℃

7. 牛的正常体温范围是(　　)。

A. 37.5～38.5℃　　B. 37.5～39.5℃　　C. 37.5～39.0℃

D. 38.0～39.5℃　　E. 38.5～39.0℃

8. 牛黑斑病甘薯中毒时出现皮下肿胀，这种肿胀类型属于(　　)。

A. 炎性肿胀　　B. 水肿　　C. 皮下气肿　　D. 脓肿　　E. 淋巴肿

9. 哺乳仔猪腹下出现一局限性肿胀，进食后及尖叫时肿胀程度加剧，触诊有波动感，则肿胀为(　　)。

A. 炎性肿胀　　B. 水肿　　C. 皮下气肿　　D. 脓肿　　E. 疝气肿

10. 眼结合膜发绀所代表的临床意义是(　　)。

A. 贫血　　B. 缺氧　　C. 胆色素代谢障碍　　D. 肝脏受损　　E. 都不是

二、简答题

1. 简述动物全身状态观察的内容、方法及主要病理变化。
2. 简述动物体温测定方法，记录各种动物的体温正常值。
3. 简述动物皮肤疱疹的识别方法和临床意义。
4. 简述动物眼结合膜颜色的主要临床病变。
5. 临床诊断中动物皮下肿胀的类型有哪些？

项目三 心血管系统的临床检查

【知识目标】

通过本项目的学习，重点掌握几种主要动物心脏的位置和心搏动、心音形成的原因及心搏动、心音、表在静脉的病理变化和临床意义；掌握其最佳听诊、叩诊的位置，表在静脉的检查方法。

【技能目标】

1. 通过掌握心脏听诊的方法，熟练找到心脏最佳听诊点。
2. 能正确区分脉搏的各种变化和颈静脉的各种搏动。

技能一　心脏的检查

★理论知识

心血管系统是由心脏和血管连接起来所形成的闭锁管道系统，其中心脏是推动血液流动的动力器官，血管是血液流动的管道。在心脏的推动下，血液沿着血管不停地灌流到全身的各器官和组织，完成血液分配、物质交换等作用，从而保证机体的正常生理活动。

一旦循环系统的机能发生障碍，一则造成 O_2 和 CO_2 的交换发生障碍；二则造成营养物质和体内代谢产物的运送发生障碍，使全身各个器官的机能发生异常。全身各个脏器的机能异常又直接或间接影响心脏的正常机能。因此，及时判定心脏和血管机能状态，在兽医临床上十分重要。

一、心搏动的检查

(一)基本概念

健康状态下紧贴于动物心脏的手感知胸壁随着心脏的跳动出现有规律的振动。心搏动是源于心室在收缩时，心脏撞击胸壁发生的振动。

(二)心搏动强度的影响因素

心搏动的强度主要受心脏的收缩力量、心脏大小和位置、胸壁的厚度、心脏与胸壁之间的介质状态等因素的影响。因此，检查心搏动必须排除正常条件下的一些因素，如营养状态、年龄、神经类型、使役与运动、兴奋与恐惧等因素的影响。心搏动的强弱与心脏收缩力量成正比，与胸壁的厚度和心脏与胸壁的传导介质成反比。

(三)病理变化

1. 心搏动减弱

心搏动减弱主要见于心脏衰竭所引起的心室收缩无力、胸壁增厚及胸腔积水等因素的疾病，如心脏的代偿障碍、纤维素性胸膜炎、胸壁浮肿、胸腔积液及肺气肿。

2. 心搏动增强

心搏动增强主要见于心机能亢进、胸壁变薄的疾病，如发热病初期、疼痛性疾病、轻度贫血、心脏病的代偿期(心肌炎、心包炎初期)及病理性的心肌肥大和瘦削体质的动物等。当心搏动过强，伴随每次心动而引起动物的体壁发生振动时，称为心悸。

3. 心搏动移位

心搏动移位是由于心脏受到邻近器官、渗出液、肿瘤等的压迫，而造成心搏动的位置发生改变，见于胃扩张、腹水、膈疝等。

二、心脏的叩诊

(一)基本概念

1. 心脏绝对浊音区

心脏前部为肩胛肌肉所掩盖，而延伸到肩胛肌肉后方的部分接近心脏的一半，直接与胸壁接触的只是心脏的一部分，在这一区域叩诊所产生的浊音为心脏绝对浊音区。

2. 心脏相对浊音区

心脏大部分被肺部掩盖，叩击这一部分产生的音响为半浊音区域。相对浊音区标志着心脏的大小。

(二)正常状态下各动物心脏浊音区

1. 马

在左侧呈近似的不等边三角形，其顶点相当于第 3 肋间距肩关节水平线向下 3～4cm 处；由该点向后下方引一弧线并止于第 6 肋骨下端，为其后上界。

2. 牛

被肺脏掩盖的部分面积比马要大，仅在左侧第 3～4 肋间能确定相对浊音区。

3. 羊

心脏的相对浊音区位于左侧第 3～5 肋间处。

4. 犬猫

心脏的绝对浊音区位于左侧第 4～5 肋间，上缘达肋骨和肋软骨结合部，大致与胸骨平行，下缘受肝浊音的影响而无明显界限。

(三)病理变化

1. 心区敏感

叩诊心区时，动物如出现躲闪、反抗等行为，则提示心区疼痛，常见于心膜炎和心包炎。

2. 心脏叩诊浊音区缩小

心脏叩诊浊音区缩小主要见于肺气肿。

3. 心脏叩诊浊音区扩大

心脏叩诊浊音区扩大可见于心肥大、肺萎陷、心扩张以及渗出性心包炎、心包积水。

三、心音的听诊

(一) 基本概念

1. 心音

心音为由心室的收缩与舒张所产生的两个有节律并不断交替出现的类似“咚-嗒”的声音。

2. 第一心音

第一心音为由心室收缩时两个房室瓣(二尖瓣、三尖瓣)关闭产生的振动及血液流动冲击动脉管壁产生的振动而形成的声音，又称心缩音。

3. 第二心音

第二心音为心室舒张时，由主动脉瓣肺动脉瓣关闭产生的振动及血液流动产生的振动而形成的声音，又称心舒音。

区别：第一心音音调低，持续时间长，音尾拖长，距离第二心音时间短，与心搏动一致；第二心音音调高，持续时间短，音尾消失快，距离下一次的第一心音时间长，和心搏动不一致。

4. 心音最佳听诊点

在胸部相应部位听取心音最清楚的那一点，通常分为第一心音与第二心音最佳听诊点。

(二)各种动物的心音

1. 马

第一心音的音调较低，持续时间较长且音尾拖长；第二心音短促、清脆且音尾突然停止。

2. 牛

黄牛一般较马的心音清晰，尤其第一心音明显，但其第一心音的持续时间较短；水牛及骆驼的心音则不如马和黄牛清晰。

3. 猪

心音较钝浊，且两个心音的间隔大致相等。

4. 犬

心音清亮，且第一心音与第二心音的音调、强度、间隔及持续时间均大致相同。

(三)各种动物心音最佳听诊点(表 3-1)

表 3-1 家畜心音最佳听诊点

区分	第一心音		第二心音	
	二尖瓣口	三尖瓣口	主动脉瓣口	肺动脉瓣口
马	左侧第 5 肋间，胸廓下 1/3 的中央水平线上	右侧第 4 肋间，胸廓下 1/3 的中央水平线上	左侧第 4 肋间，肩关节水平线下方一、二指处	左侧第 3 肋间，胸廓下 1/3 的中央水平线下方
牛	左侧第 4 肋间，主动脉口对应胸壁所在点下方	右侧第 4 肋间，胸廓下 1/3 的中央水平线上	左侧第 4 肋间，肩关节水平线下方一、二指处	左侧第 3 肋间，胸廓下 1/3 的中央水平线下方
猪	左侧第 4 肋间，主动脉口的远下方	右侧第 4 肋间，胸廓下 1/3 的中央水平线上	左侧第 4 肋间，肩关节水平线下方一、二指处	左侧第 3 肋间，胸廓下 1/3 的中央水平线下方
犬	左侧第 5 肋间，胸廓下 1/3 的中央水平线上	右侧第 4 肋间，肋骨与肋软骨结合部稍下方	左侧第 4 肋间，肩关节水平线下方一、二指处	左侧第 3 肋间，胸廓下 1/3 的中央水平线下方

(四)病理变化

1. 心率

以每分钟的心音次数(心动周期)来表示心率。心率与脉搏的次数相等。高于正常时，称为心率过速；低于正常时，称为心率过缓。

2. 心音性质改变

常表现为心音混浊，音调低沉且含混不清；主要由热性病及其他导致心肌及瓣膜变性的疾病所引起，见于心肌炎、心肌变性、心包积水及气胸等。

3. 心音强度变化

(1)两心音均增强　可见于热性病的初期、心机能亢进以及兴奋或伴有剧痛性的疾病及心脏肥大、轻度贫血或失血及应用强心剂时。健康动物在兴奋、使役后可出现两心音增强。

(2)第一心音增强　在第一心音显著增强的同时，常伴有明显的心悸而第二心音微弱甚至听取不清。主要见于心脏衰弱或大失血、失水、贫血、虚脱以及其他引起动脉血压显著下降的各种病理过程。

(3)第二心音增强　主要由于肺动脉及主动脉根部血压升高所致，可见于小循环障碍、二尖瓣闭锁不全或肾炎等。

(4)两心音均减弱　可见于心机能障碍的后期、濒死期以及渗出性胸膜炎或心包炎。

(5)第一心音减弱　见于二尖瓣关闭不全或心室肥大。

(6)第二心音减弱　是由于动脉根部压力降低所引起，见于贫血或大失血、高度脱水、休克等。

4. 心音分裂与重复

第一心音或第二心音分裂成两个音，不完全的分开叫分裂，完全的分开叫重复。分裂和重复只是程度不同，引起的原因和临床意义是一致的。

(1)第一心音分裂和重复　是由二尖瓣和三尖瓣关闭的时间不一致引起的，见于传导障碍、心肌炎、心肌营养不良和心力衰竭。

(2)第二心音分裂和重复　主要由于主动脉瓣与肺动脉瓣的不同时关闭所致，见于肾炎、肺循环障碍等。

5. 奔马调

除第一心音、第二心音外，还有第三个附带音，音像马蹄声，见于严重的心肌炎、心肌硬化和左房室口狭窄。

6. 心杂音

心杂音伴随心脏的收缩、舒张活动而产生的正常心音以外的附加音响称为心杂音。根据产生的部位和性质不同，心脏杂音可分类为以下几种。

(1)心外性杂音　主要是心包杂音，其特点是：听之距耳较近，多用听诊器的胸端压迫心区则杂音可增强。

如杂音的性质类似液体的振荡声，称为心包击水音；如杂音的性质呈断续性的、粗糙的擦过音，则称为心包摩擦音。

心包杂音是心包炎的特征，牛的创伤性心包炎尤为典型而明显。

(2)心内性杂音　依心内膜是否器质性病变而分为器质性杂音与非器质性杂音。依杂音出现的时期又分为缩期杂音及舒期杂音。

心内性非器质性杂音，其声音的性质较柔和，如吹风样，多出现于缩期，且随病情的好转、恢复或用强心剂后，杂音可减弱或消失；马常表现为贫血性杂音，尤当患慢性马传染性贫血时更为明显。

心内性器质性杂音，是慢性心内膜炎的特征。猪常继发于猪丹毒。其杂音的性质较粗糙，随动物运动或用强心剂后而增强。因瓣膜发生形态的改变，故杂音多是持续性(永久性)的。

为确定心内膜的病变部位及性质，应注意明确杂音的分期性与最佳点。

7. 心律不齐

心律不齐表现为心脏活动的快、慢不均及心音的间隔不等或强弱不一。主要见于心脏的兴奋性与传导机能的障碍或心肌损害。

⋆技能操作

一、材料与设备

听诊器，叩诊锤，叩诊板。

二、操作内容与方法

(一)心搏动的检查

检查方法：被检动物取站立姿势，使其左前肢向前伸出半步，以充分露出心区。检查者位于动物左侧方。视诊时，仔细观察左侧肘后心区被毛及胸壁的振动情况；触诊时，检查者一手(通常是右手)放于动物的髻甲部，用另一手(通常是左手)的手掌紧贴于动物的左侧后心区，注意感知胸壁的振动，主要判定其频率及强度。

(二)心脏的叩诊

检查方法：通过心脏的叩诊，判定心脏的大小、形状、在胸腔的位置及敏感性。

对大动物宜用锤板叩诊法，动物取站立姿势，使其左前肢向前伸出半步；对犬等小动物可用指指叩诊法，举提其左前肢，以充分显露心区。

(三)心音的听诊

检查方法：被检动物取站立姿势，使其左前肢向前伸出半步，以充分显露心区，用听诊器听取。

当心音过于微弱而听取不清时，可使动物做短暂的运动，并在运动之后立即听诊，可使心音加强而便于辨认。

心音听诊时主要应注意心音的频率、强度、性质及有否分裂、杂音或节律不齐等变化。

技能二　脉管和脉搏的检查

＊理论知识

一、动脉脉搏

健康动物的脉搏频率(脉搏数)，即测定每分钟脉搏的次数，以次/min 表示之。脉搏的次数与心搏动的次数相等。家禽一般以心跳次数代替。

(一) 各种动物正常脉搏次数(次/min)

马、骡 30～45　　牛 40～80　　水牛 40～60　　羊 60～80　　猪 60～80

兔 120～140　　犬 80～120　　猫 120～140　　家禽(心跳)120～200

(二)影响因素

各种动物的脉搏数，在正常情况下易受外界条件和生理因素的影响而变快，有时变动范围较大，如惊恐、兴奋、使役、过饱、外界气温过高等均可影响；而动物的个体条件中，品种、性别等因素虽略有影响，但年龄因素的影响更大。一般幼龄动物脉搏比成年动物明显地增多。

(三)脉搏性质

健康动物的脉搏性质表现为：脉管有一定的弹性、搏动的强度中等、脉管内的血量充盈适度。正常的脉搏节律为强弱一致、间隔均等。

(四)病理变化及临床意义

1. 脉搏的频率及其改变

(1)脉搏增数　是心动过速的结果。可见于多数热性病；某些心脏病，如心肌炎、心包炎；胸腔及呼吸器官疾病引起的气体交换障碍；各类贫血及脱水、失血性病；伴有剧烈疼痛性的疾病以及某些中毒病。

(2)脉搏减少　是心动徐缓的特征。主要见于某些脑病，如流行性脑脊髓炎、脑肿瘤；胆血症，如肝实质性病变等；某些中毒(有毒的植物、农药、药物)，如洋地黄中毒等。

2. 脉搏的性质及其变化

(1)大脉与小脉　根据脉搏振幅的大小而分，脉搏大小与脉压成正比。以手指感知脉搏的振幅状况来判定。脉搏搏动的振幅较大称为大脉，表示心收缩力强，每搏输出量多，收缩压高，脉压差大。见于使役、运动、兴奋时的心收缩力加强，热性病初期，左心肥大等。

脉搏搏动振幅过小称为小脉，表示心收缩力减弱，每搏输出量少，脉压差小。见于心功能不全、血压下降、心动过速及贫血、大失血、脱水等。

(2)硬脉与软脉　根据脉管的紧张性和抵抗力大小而分，取决于血压的高低。以手指感知脉搏紧张性和抵抗力来判定。脉管壁紧张性和抵抗力大的称为硬脉，表示血管紧张度高，血管紧张。见于血压升高、破伤风、剧痛性疾病、急性肾炎等。脉管壁紧张性和抵抗力小的称为软脉，表示血管紧张度降低，血管弛缓。见于血压下降、心力衰竭、贫血、营养不良、恶病质等。

(3)实脉与虚脉　根据脉管中的充盈度大小而分。以手指感知脉管的充盈状态来判定。

脉管内血液过度充盈称为实脉，表示血管内血液充盈良好，血液总量充足，心脏活动健全。见于热性病初期、心肌肥大、运动或使役等。脉管内血量充盈不足则称为虚脉，表示血管内充盈不足，血容量减少。见于心功能不全、大失血、失水。

(4)速脉与迟脉　根据脉搏波形的变化特征而分。以脉搏与手指接触时间的长短来判定。

速脉：脉搏波形急速上升而又急速下降，检脉手指在感觉到脉搏后又立刻消失。见于主动脉瓣闭锁不全。

迟脉：脉搏波形缓慢上升随后又缓慢下降，检脉的手指感觉脉搏的时间较长。见于主动脉口狭窄、心传导阻滞。

金丝脉：脉搏硬而小。

丝状脉：脉搏软而小。

3. 脉搏的节律

脉搏的节律是指每次搏动的间隔时间的均匀性及每次搏动的强弱。每次搏动的间隔时间均等且强度一致的叫有节律的搏动；间隔时间不等或强弱不一的叫脉律不齐。脉律不齐是心律不齐的反映。

二、表在静脉的检查

(一)基本概念

1. 颈静脉波动

正常情况下，某些动物(如马、牛等)于颈静脉处可见有随心脏活动而出现的自颈基部向颈上部反流的一种波动。

形成机理：当右心房收缩时，由于腔静脉血液回流入心时受阻及部分静脉血液逆流并波及前腔静脉继而颈静脉所引起，故颈静脉波动出现于心房收缩与心室舒张的时期，不超过颈下 1/3，这是生理现象。

2. 阴性波动

阴性波动即不出现颈静脉搏动，是心脏衰竭、右心淤滞的结果，又称为心房性颈静脉波动。

3. 阳性波动

阳性波动是颈静脉波动超过颈中部以上，指压颈静脉中部，近心端波动存在、远心端波动消失的一种反流波动。它是由于三尖瓣闭锁不全，随心室收缩部分血液逆流入右心房，并进一步经前腔静脉至颈静脉波动，又称为心室性波动。

特点：波动与心搏动、动脉脉搏相一致。

4. 伪性波动

伪性波动是由于颈动脉的过强搏动引起颈静脉处发生类似的波动，用手指按压其颈中部时，近心端与远心端的波动均不消失的一种颈静脉波动。多见于发热和运动时。

(二)静脉充盈状态形成及意义

1. 表在静脉的充盈

表现为静脉的高度充盈、隆起并呈绳索状。形成原因：

(1)生理性扩张　动物在健康状态下可见生理性扩张，如牛的乳静脉、劳役后的马和牛的体表、四肢大静脉等。

(2)病理性扩张　乃体循环淤滞之征。多见于使静脉血液回流受阻的疾病(如心脏衰竭、心包炎、心肌炎、心脏瓣膜病等)；导致胸内压升高的疾病(如渗出性胸膜肺炎、肺气肿、胃肠内容物过度充满时等)；局部静脉栓塞时。

(3)颈静脉沟出现肿胀、硬结伴有热反应，提示颈静脉及其周围炎症。

2. 静脉萎陷

体表静脉不显露，当压迫静脉其远心端也不膨隆。这是由于血管衰竭引起。

＊技能操作

一、动脉脉搏的检查

(一)检查方法

大动物(马属动物、牛等)多检查颌外动脉或尾根总动脉；中、小动物(猪、羊、犬等)则以检查股动脉为宜。

1. 颌外动脉

检查者位于动物头部左侧，一手握住动物笼头；检手的食指及中指放于下颌枝内侧的血管切迹处，拇指则放于下颌枝外侧。

2. 尾根总动脉

检查者位于动物臀部的后方，一手握住动物的尾梢部；检手的食指及中指放于尾根部腹面正中尾动脉处，拇指放于尾的背侧。

3. 股动脉

检查者用一手握住动物的一侧后肢的下部；检手的食指及中指放于股内侧的股动脉上，拇指放于股外侧。

(二)检查内容

主要检查脉搏的频率、脉搏的性质(主要是搏动的大小、强度、软硬及充盈状态等)及节律的变化。

(三)检查注意事项

(1)待动物安静后再行测定。

(2)一般应检测 1min；如动物不安静时宜测 2～3min 并取平均值。

(3)当动脉脉搏过于微弱而不感于手时，可依心跳次数代替。

二、表在静脉的检查

检查方法：主要观察表在静脉(如颈静脉、胸外静脉、乳房静脉等)的充盈状态及颈静脉的波动。

＊项目小结

心血管系统包括心脏和血管，是动物体进行血液分配、物质运输与交换、保证机体的正常生理活动的重要器官和系统。及时判定心脏和血管状态，在兽医临床诊疗中十分重要。本项目重点介绍了心脏和血管检查的基本方法，心搏动、心音形成的因素及心音的最佳听诊点，脉搏的频率、性质、节律的变化，颈静脉波动形成机理及临床意义。

＊目标检测题

一、选择题

1. 下列不是心搏动增强(心悸)的病因是(　　)。

A. 发热病的初期　　B. 心内膜炎　　C. 心肌炎

D. 伴有剧烈疼痛的疾病　　E. 胸腔积液

2. 下列可引起心搏动减弱的疾病是(　　)。

A. 发热病的初期　　B. 心内膜炎　　C. 心肌炎

D. 伴有剧烈疼痛的疾病　　E. 慢性肺泡气肿

3. 下列可引起心浊音区扩大的因素是(　　)。

A. 肺泡气肿　　B. 气胸　　C. 肺萎陷

D. 覆盖心脏的肺叶部分发生实变的疾病　　E. 心包积液

4. 下列关于动物心音最强听取点的叙述中，正确的是(　　)。

A. 牛二尖瓣口听取点位于左侧第 5 肋间，主动脉口的远下方

B. 牛肺动脉瓣口听取点位于右侧第 3 肋间，胸廓下 1/3 的中央水平线下方

C. 猪二尖瓣口听取点位于左侧第 4 肋间，主动脉瓣口的远下方

D. 犬主动脉瓣口听取点位于右侧第 4 肋间，肋骨结节水平线上

E. 马三尖瓣口听取点位于左侧第 5 肋间，肩关节水平线下方一、二指处

5. 听诊检查心音时，若心音与脉搏同时出现，此时的心音为(　　)。

A. 第一心音　　B. 第二心音　　C. 第三心音

D. 第四心音　　E. 缩期前杂音

6. 叩诊肺边缘发出的声音是(　　)。

A. 清音　　B. 鼓音　　C. 半浊音

D. 浊音　　E. 过清音

7. 第一心音与第二心音相比(　　)。

A. 前者音调低　　B. 后者持续时间长　　C. 后者钝浊

D. 以上都是　　E. 以上都不是

8. 犬二尖瓣最佳听诊位点在胸廓下 1/3 中央水平线上(　　)。

A. 右侧第 4 肋间　　B. 左侧第 4 肋间　　C. 左侧第 5 肋间

D. 右侧第 5 肋间　　E. 左侧第 3 肋间

9. 动物动脉检查的常用方法是(　　)。

A. 视诊　　B. 触诊　　C. 叩诊

D. 听诊　　E. 嗅诊

10. 在临诊上，检查静脉波动主要检查颈静脉波动，鉴别方法是以手指用力压住颈静脉的中部，观察波动的变化情况，如果手指按压颈静脉中部，近心端及远心端的静脉波动均不消失，则提示是(　　)。

A. 阴性静脉波动　　B. 阳性静脉波动　　C. 伪性静脉波动
D. 以上全错　　E. 以上全对

11. 动物发生肺炎初期，其心音变化表现为(　　)。
A. 第一心音增强
B. 第二心音增强
C. 第一、第二心音同时增强
D. 第四心音
E. 缩期前杂音

二、简答题

1. 心血管系统检查有何诊断意义?
2. 如何确定心脏叩诊区、听诊区?
3. 影响心搏动的因素有哪些? 简述心搏动的临床意义。
4. 何谓心音频率、强度、性质及节律? 它们在临床上的意义如何?
5. 简述心杂音的分类及临床意义。
6. 简述异常脉搏的临床意义。

项目四
呼吸系统的临床检查

【知识目标】

掌握呼吸运动的检查内容和方法，胸肺叩诊、听诊的检查方法；了解其正常状态；熟悉其病理变化和临床意义。

【技能目标】

1. 能熟练运用胸肺叩诊、听诊的检查方法诊断动物胸肺疾病。
2. 通过掌握胸廓呼吸运动的检查方法和正常的活动状态，可进行相应的临床诊断。

技能一 呼吸运动的观察

＊理论知识

动物呼吸系统主要由鼻、喉、气管、支气管、肺、胸廓及胸膜腔、膈肌等组成。肺是气体交换的器官；鼻、喉、气管、支气管是气体进出肺的通道，即呼吸道；胸廓及胸膜腔、膈肌以及胸、腹壁的呼吸肌为呼吸的辅助装置。

一、呼吸的概念

在神经、体液的调节下，机体吸收氧气，使氧透过肺泡进入血液循环；血中的二氧化碳及其他代谢产物透过肺泡壁进入肺泡腔，通过呼吸道排出体外，这种机体与环境之间进行气体交换的全过程称为呼吸。

二、呼吸数的测定

(一)呼吸数

呼吸数即动物每分钟的呼吸次数，以次/min表示。

(二)健康动物呼吸数(次/min)

马、骡 8～16　　　牛 10～25　　　水牛 10～20

羊 10～25	猪 10～20	兔 50～60
鸡 15～30	犬 10～30	猫 20～30

(三)影响因素

健康动物的呼吸数受某些生理性因素和外界条件的影响，如：幼畜比成年动物稍多；妊娠母畜可增多；运动、使役、兴奋时可增多；品种、营养情况也有影响；当外界温度过高时，某些动物(特别是水牛、绵羊等)可引起呼吸次数显著增多；此外，应注意动物的体位，如乳牛饱食后取卧位时，可见呼吸次数明显增多。

(四)病理变化

1. 呼吸数增多

呼吸数增多可见于呼吸器官特别是支气管、肺、胸膜的疾病；多数的热性病、心脏衰弱及贫血、失血性疾病；膈的运动受阻、腹压显著升高或胸壁疼痛的病理过程中；脑及脑膜充血、炎症的初期等。

2. 呼吸次数减少

呼吸次数减少主要见于颅内压的显著升高，某些中毒病与代谢紊乱。当上呼吸道高度狭窄时由于每次吸气的持续时间过长也可引起呼吸次数减少。

三、呼吸类型

(一)呼吸类型判定

观察呼吸过程中胸、腹壁的起伏活动情况，以判定呼吸类型。

(二)健康动物呼吸类型

大多数动物通常胸腹起伏活动协调一致呈现胸腹式呼吸或称混合性呼吸。但犬正常状态下为胸式呼吸。

(三)病理变化下呼吸类型

1. 胸式呼吸

胸式呼吸特征为呼吸活动中胸壁的起伏动作明显而腹壁的运动微弱，表明病变多在腹部。主要见于膈肌的活动受阻及引起腹压显著升高的疾病，如牛创伤性网胃膈肌炎、马的急性胃扩张、急性腹膜炎、重度肠臌气、腹腔积液等。

2. 腹式呼吸

腹式呼吸特征为呼吸过程中腹壁的起伏动作明显而胸壁的运动微弱，表明病变多在胸部。主要见于肺气肿、重症肺炎及伴有胸壁疼痛的疾病(如胸膜炎、胸膜肺炎、肋骨骨折等)；猪喘气病、呼吸综合征时也多呈明显的腹式呼吸。

四、呼吸节律

健康动物，每次呼吸的深度均匀、间隔时间均等。可因动物的兴奋、运动、恐惧、鸣叫、嗅闻等而发生短时间的变化。

五、病理变化

1. 吸气延长

其特征为吸气的时间显著延长，表示气流进入肺部不畅，从而出现吸气困难。主要是由于上呼吸道狭窄而引起的吸气受阻，见于鼻炎、喉炎、咽喉肿胀、支气管阻塞和霉菌性肺炎等。

2. 呼气延长

其特征为呼气的时间显著延长，表示气流呼出不畅，从而出现呼气困难。主要为肺的弹力不足、支气管腔狭窄所致。见于细支气管炎症、肺泡气肿等。

3. 间断性呼吸

其特征为在呼或吸的过程中，出现多次短促的呼气或吸气动作。此乃病畜先抑制呼吸，然后进行补偿所致。见于细支气管炎、慢性肺气肿、胸膜炎和伴有疼痛的胸腹部疾病，也见于呼吸中枢兴奋性降低时，如脑炎、中毒和濒死期。

4. 毕欧特氏呼吸

其特征为数次连续不断、深度大致相等的深呼吸和呼吸暂停交替出现。表示呼吸中枢的敏感性极度降低，是病情危重的标志。主要见于各种脑炎、某些中毒，如蕨中毒、酸中毒和尿毒症等。

5. 库斯茂尔氏呼吸

其特征是呼吸不中断、发生深而慢的大呼吸，同时呼吸次数减少，并带有明显的呼吸杂音，如啰音和鼾音。故又称深大呼吸。可见于脑及脑膜的炎症、脑水肿、酸中毒、尿毒症及昏迷状态。

6. 陈-施二氏呼吸

其特征是表现为由微弱的呼吸活动开始并逐渐加强、加深、加快，达到一定高度后又逐渐减弱、变浅、变慢，最后经短时的停息(数秒至数十秒)，然后再同样的反复。这种波浪式的呼吸方式又称潮式呼吸。这是由于血液中 CO_2增多而 O_2不足，颈动脉窦、主动脉弓的化学感受器和呼吸中枢受到刺激，使呼吸逐渐加深加快，待达到高峰以后血中的 CO_2减少而 O_2又增多，呼吸又变逐渐变浅变慢，继而呼吸暂停片刻；这种循环反复的变化是呼吸中枢敏感性降低的特殊指征，是病情危重的表现。可见于呼吸中枢的供氧不足及其兴奋性减退，如脑病、重度的肾脏疾病及某些中毒性疾病等。

7. 呼吸的对称性

健康动物呼吸时，两侧胸壁的运动强弱一致。当患病时，一侧的胸壁运动减弱或消失，称为一侧性呼吸，见于大支气管阻塞、单侧性胸膜炎和肋骨骨折等。

六、呼吸困难

1. 呼吸困难

呼吸运动加强，同时伴有呼吸频率改变和呼吸节律异常，有时呼吸类型也发生改变，并且辅助呼吸肌参与活动，呈现一种复杂的病理性呼吸障碍，称为呼吸困难。

2. 气喘

高度呼吸困难称为气喘。

3. 病理变化

(1)吸气性呼吸困难　特征为吸气时用力，吸气期显著延长，辅助吸气肌参与活动，并伴有特异的吸入性狭窄音。表现为动物头颈平伸、鼻翼开张、胸廓明显扩展、肛门内陷、吸气时间延长并常伴有吸气时的狭窄音，严重者呈张口吸气。为上呼吸道狭窄的特征。见于鼻腔狭窄、喉水肿、传染性鼻炎、传染性喉气管炎、咽喉炎及呼吸道异物等。

(2)呼气性呼吸困难　特征为呼气时用力，呼气时间显著延长，辅助呼气肌(主要是腹肌，参与活动，腹部起伏动作明显，可出现连续二次呼吸运动，称为二段呼吸。沿肋弓形成一条凹陷线称为喘线或称喘沟。同时可见全身震动、脊背弓起、肷部突出。由于腹部肌肉强力收缩，腹内压力加大，因此呼气时肛门突出，吸气时肛门下陷，称为肛门抽缩运动。临床可见于慢性肺气肿、弥漫性支气管炎、胸膜肺炎等。

(3)混合性呼吸困难　特征为吸气及呼气均发生困难，多伴有呼吸次数的增加，是临床上一种常见的呼吸困难。多由于呼吸面积减少，气体交换不全，致使血中 CO_2 浓度增高而氧缺乏，引起呼吸中枢兴奋的结果。根据其发生的原因和机理可分为以下 6 种。

肺源性呼吸困难：主要是由于肺和胸膜病变引起。多见于各种肺炎、胸膜肺炎、胸膜炎及侵害呼吸器官传染病，如猪繁殖与呼吸障碍综合征、巴氏杆菌病、支原体病、副嗜血杆菌病、链球菌病等。

心源性呼吸困难：主要是由于肺循环发生障碍所致，见于心力衰竭、心肌炎、心包炎等。

血源性呼吸困难：主要是由于红细胞和血红蛋白量下降，血氧不足导致呼吸困难。见于各种类型贫血，如缺铁性贫血、血原虫病等。

中毒性呼吸困难：内源性中毒，见于酮病、严重的胃肠炎引起的代谢性酸中毒等，造成血液中 CO_2 浓度升高、pH 降低，直接和反射性地兴奋呼吸中枢；外源性中毒，见于亚硝酸盐、氰化物、霉菌和霉菌毒素中毒等。

神经性或中枢性呼吸困难：见于颅脑损伤、颅内压增高性疾病(如脑水肿、伪狂犬病)及支配呼吸运动的神经麻痹等疾病(如中暑)等。

腹压增高性呼吸困难：见于胃扩张、瘤胃膨胀、腹腔积液和肠变位、肠臌气等。

(4)膈肌痉挛　膈神经受到刺激时产生的节律性收缩。见于某些中毒、脑病、腹痛及胃肠炎等。

*技能操作

一、材料与设备

听诊器，动物。

二、操作内容与方法

观察呼吸运动、计数呼吸次数，注意呼吸类型及呼吸节律的改变，判定有无呼吸困难及诊断其类型。

(一)呼吸数的测定

1. 测定方法

即测定动物每分钟的呼吸次数，以次/min 表示。一般可根据胸腹部的起伏动作而测定，检查者立于动物的侧方，注意观察其腹胁部的起伏，一起一伏为一次呼吸。在寒冷季节也可观察呼出气流来测数。鸡的呼吸数，可通过观察肛门下部的羽毛起伏动作来测定。

2. 注意事项

(1)应于动物休息、安静时检测。一般按 1min 或 2min 为单位计测，取平均数。

(2)观察动物鼻翼的活动或以手放于其鼻前感知气流的测定方法不够准确。

(3)必要时可依听诊气管或肺部呼吸音的次数计数呼吸次数。

(二)呼吸类型

检查方法：观察呼吸过程中胸、腹壁的起伏活动情况，以判定呼吸类型。

健康动物，除犬为胸式呼吸外，其他动物通常呈胸腹式呼吸或称混合性呼吸。

(三)呼吸节律

检查方法：注意观察每次呼吸的深度及间隔时间的均匀性，以判定呼吸节律。

健康动物，每次呼吸的深度均匀、间隔时间均等。可因动物的兴奋、运动、恐惧、鸣叫、嗅闻等而发生短时间的变化。

(四)呼吸困难

检查方法：观察动物的姿态及呼吸活动。

技能二 上呼吸道和呼出气、鼻液、咳嗽的检查

***理论知识**

一、鼻面部的检查

可能出现病理变化：鼻孔周围组织肿胀、膨隆，可见于血斑病、骨软症、异物刺伤及某些传染病，如口蹄疫、气肿疽、羊痘等。

鼻孔周围组织的水泡、脓疱及溃疡，可见于猪传染性水泡病、羊的脓疱性口炎；鼻孔周围结节见于牛的丘疹性口炎和坏死性口炎。

猪的鼻面部缩短、歪曲、变形，是传染性萎缩性鼻炎的特征。

牛和羊的鼻镜，猪的鼻盘、吻突并伴随蹄部出现水泡或创面，多见于口蹄疫。

鸭的上喙部出现水泡和短缩，可见于光过敏症。

二、鼻黏膜的检查

(一)正常状态

健康动物的鼻黏膜稍湿润，有光泽，呈淡红色。

(二)病理变化

(1)颜色　其病理变化和诊断意义与眼结膜的色泽变化大致相同。

(2)肿胀　主要见于传染性鼻炎、鼻卡他、流行性感冒、马鼻疽、牛恶性卡他热和犬瘟病。

(3)结节　鼻黏膜出现结节并伴有溃疡或瘢痕(冰花样或星芒状)，常见于鼻腔鼻疽。禽类出现鼻孔肿胀，多见于传染性鼻炎。

(4)水泡　鼻黏膜出现水泡，主要见于口蹄疫和猪传染性水泡病。

(5)溃疡　表层溃疡见于鼻炎、马腺疫、血斑病和牛恶性卡他热；深层溃疡多见于鼻疽。

(6)瘢痕　小的瘢痕一般为创伤所致，大而厚呈星芒状的瘢痕多为鼻疽引起。

三、副鼻窦的检查

病理变化：鼻面部膨隆、变形，常见于窦腔蓄脓、骨软症、肿瘤、牛恶性卡他热。牛的上颌骨肿胀可见于放线菌等。触诊窦区敏感性和温度增高，见于急性窦炎；窦区隆起、变形、触诊坚硬、疼痛不明显，常见于骨软症、肿瘤和放线菌病等。

四、喉、喉囊和气管的检查

病理变化：

(1)喉部周围组织和附近淋巴结有热感、肿胀，常由于喉部皮肤和皮下组织水肿或炎性浸润所致。主要见于喉炎、咽喉炎、马腺疫、急性猪肺疫、猪水肿病或牛出败病、炭疽、恶性水肿等。

(2)禽类喉部若出现黏膜肿胀、潮红或附有黄、白色伪膜，是各型喉炎的特征，多由病毒和细菌感染引起。

(3)喉囊区肿胀膨隆并伴有吞咽和呼吸困难，多见于喉囊炎或喉囊积脓时。鸵鸟食道炎时可发射性引起喉囊积食而出现吞咽困难等。

(4)气管触诊敏感，并发咳嗽，多为气管炎症的表现。

五、呼吸气的检查

病理变化：

(1)强度改变　检查时用手置于两鼻孔前端感觉。健康动物两侧鼻孔呼出气的强度相等。当一侧鼻孔呼出气小于对侧并伴有呼吸的狭窄音，表明该侧鼻孔可能患有鼻腔狭窄、鼻窦肿胀或鼻腔积脓等。

(2)温度改变 在正常情况下各种动物呼出气有温热感。呼出气的温度升高，见于各类热性病；呼出气温度下降、有凉感，见于内脏器官破裂、大失血、严重的脑病、中毒性疾病或濒死期等。

(3)气味改变 健康动物的呼出气一般无特殊气味。如气味来源于一侧鼻孔，则表示为一侧鼻孔或副鼻窦的疾病。呼出气味来源于两侧鼻孔，有难闻的腐败臭味，表示上呼吸道或肺脏的化脓或腐败性炎症，在肺坏疽时更为典型，也可见于霉菌性肺炎及副鼻窦炎；当牛患醋酮血症时，呼出气体有酮臭味；尿毒症时呼出气有尿臭味。

六、鼻液的检查

鼻液由呼吸道黏膜的分泌物或炎性渗出物组成。健康动物无鼻液或仅有少量鼻液。猪、羊以喷嚏方式排出，牛则用舌舔去，马常以喷鼻方式排出。出现大量鼻液则为病态。

病理变化：

(1)单侧性鼻液及双侧性鼻液单侧性鼻液可见于鼻腔、喉囊和副鼻窦的单侧性病变；双侧性鼻液增多来源于喉以下的气管、支气管及肺。

(2)鼻液量与疾病的种类、过程、严重程度和病变的性质有直接关系。一般卡他性鼻炎、喉炎、气管炎的初期、轻度的感冒、慢性鼻疽和肺结核等，鼻液的量都较少。严重呼吸系统疾病的中、后期，如急性鼻炎、咽炎、支气管炎、小叶性肺炎、大叶性肺炎等，常流出多量的鼻液。

(3)鼻液的性状由于炎症的性质和组织损伤的程度不同，鼻液的性状也不尽相同。主要有以下几个方面。

①浆液性鼻液：无色透明，稀薄如水，细胞很少。见于急性卡他性鼻炎、流感和马腺疫初期。

②黏液性鼻液：质地较黏稠，呈蛋清样，有牵缕性，因含有大量的脱落的上皮细胞和白细胞，故呈灰白色。见于急性上呼吸道感染和支气管炎。

③脓性鼻液：质地黏稠，呈面糊状或凝结成团块状。由各种化脓菌(如链球菌、绿脓杆菌、结核杆菌、葡萄球菌等)、真菌、细菌毒素、有毒气体和化学物质的刺激和侵蚀所致的炎症等引起。

④血性鼻液：鼻孔流出鲜红的血液，多为鼻黏膜损伤，猪多见于萎缩性鼻炎；鼻液中混有血液，见于肺充血和肺水肿、血斑病、异物性肺炎、炭疽、出血性败血症、鼻疽、结核、副嗜血杆菌病等。

⑤泡沫性鼻液：在浆液和血性鼻液中混有泡沫，见于肺充血、肺水肿、肺出血和猪的急性肺部疾病，如胸膜性肺炎等。

(4)鼻液颜色及混有物是判断炎症性质的重要根据。

①灰白色、浆性、黏液性鼻液是卡他性炎症的产物。

②黄色、黏稠甚至呈干酪样鼻液是化脓性炎症的特征，多见于马鼻疽、牛结核、猪呼吸综合征。

③铁锈色鼻液是大叶性肺炎的特征；鼻液呈红色见于呼吸道或肺的出血性病变；鼻液暗红色并呈果浆状时，为鼻腔肿瘤的特征。

④鼻液中混有多量小气泡，反映病理产物来源于细支气管或肺泡，可见于肺充血和肺水肿、异物性肺炎、副嗜血杆菌病等；呈污秽不洁的红褐色或暗褐色见于肺坏疽；混有饲料或其残渣提示伴有吞咽障碍或呕吐。

(5)鼻液的显微镜检查

①弹力纤维：鼻液中出现弹力纤维是肺组织崩解的结果。常见于肺坏疽、肺脓肿。

检查弹力纤维时，取黏稠鼻液 2～3mL 放入加有等量 10%氢氧化钠(钾)溶液的试管中在酒精灯上边加热边振荡，使鼻液中脓汁、黏液及其他有形成分溶解而保留不溶解的弹力纤维，再加 5 倍的蒸馏水混合，离心沉淀 5～10min 后取沉淀物于载玻片上加盖片镜检。

弹力纤维呈细长弯曲的羊毛状，透明且透光性强，两端尖锐或分叉，多聚集成乱丝状，也有单根存在。

②红白细胞：鼻液含有少量的白细胞，表示呼吸道有一般的炎症；若出现大量白细胞，则表示呼吸道有化脓性炎症；若出现红细胞则表示呼吸道有出血性病变。

③上皮细胞：鼻液中可见到圆形、柱形或鳞状的上皮细胞。圆形细胞来自肺泡，柱形细胞来自气管和支气管，鳞状上皮细胞来自鼻、咽、喉部。慢性支气管炎时可见大量的变形的坏死柱状细胞和杯状细胞。

④病原体：涂片染色或分离培养，对检查结核、鼻疽及其他特殊的病原体有一定的诊断意义。

七、喷鼻或喷嚏

喷鼻或喷嚏表明鼻炎或鼻腔内有异物。

八、异常的呼吸音

呼吸过程中伴发狭窄音、喘鸣音(尤以吸气期为明显)，是上呼吸道狭窄的特征。马可见于喘鸣症、腺疫、骨软症和鼻窦炎；猪可见于传染性萎缩性鼻炎、急性猪肺疫和咽炭疽；鸡可见于鸡白喉、喉气管炎、曲霉菌病等。

九、咳嗽

咳嗽是动物体的一种保护性反射动作，同时也是呼吸系统疾病最常见的症状。检查时应注意咳嗽的性质、频度、强弱及有无疼痛等特点。

(一)性质

一般分为干咳和湿咳。

(1)干咳　咳嗽声音清脆，干而短，伴有干啰音。表明呼吸道内无液体或仅有少量黏稠的液体。多见于喉及气管内有异物、上呼吸道感染初期、胸膜炎。

(2)湿咳　咳嗽声音钝浊，湿而长，伴有湿啰音。表明呼吸道内有多量的稀薄的液体。多见于咽喉炎、支气管炎、各种肺炎、肺坏疽的中期等。

猪出现群发性的干咳或湿咳，多见于支原体肺炎、霉菌性肺炎和呼吸综合征等。咳嗽并伴有全身发红、耳朵发紫、呼吸困难，多见于呼吸与繁殖障碍综合征(蓝耳病)等。

(二)频度

一般分为稀咳、频咳和痉挛性咳嗽。

(1)单发性咳嗽　又称稀咳。单发性咳嗽，每次咳出一、二声，常反复发作带有周期性，故又称周期性咳嗽。多见于感冒、慢性支气管炎、肺结核、肺丝虫等。

(2)连续性咳嗽　又称频咳。连续频繁咳嗽，见于急性喉炎、传染性上呼吸道卡他、弥漫性支气管炎、小叶性肺炎等。

(3)痉挛性咳嗽　咳嗽连续发作，具有突发性和暴发性，剧烈且痛苦，表明呼吸道受到强烈刺激。见于呼吸道异物、肺坏疽等。

(三)强度

一般分为强咳和弱咳。强咳见于喉炎、气管炎等；弱咳见于肺组织和毛细支气管的炎症和浸润病变或肺气肿，如小叶性肺炎、肺气肿、细支气管炎、胸膜炎和胸膜肺炎等。

(四)痛咳

咳嗽的同时动物表现疼痛、不安、尽力抑制，则为疼痛性的表现，可见于急性喉炎、喉水肿、胸膜炎、异物性肺炎和呼吸道黏膜广泛性损伤。

*技能操作

熟练掌握鼻、喉、喉囊、气管的检查方法和主要病变。

一、材料与设备

显微镜，穿刺针，鼻腔镜等。

二、操作内容与方法

(一)鼻面部的检查

检查方法：观察鼻孔周围组织、鼻甲骨形态有无改变及其表在病变，如肿胀、水泡、脓疱、溃疡和结节等。

(二)鼻黏膜的检查

检查方法：以视诊为主，在光线明亮的地方或借助人工光源进行检查。

用单手法时，一手握笼头，另一手的拇指和中指夹住其外鼻翼并向外拉开，食指将其内鼻翼挑起；用双手法时，由助手保定并抬起动物的头部，检查者分别用两手拉开动物的两侧鼻翼，使阳光或人工光源对准鼻孔检视即可。

检查时，应注意鼻黏膜的颜色，有无肿胀、结节、溃疡或瘢痕。

(三)副鼻窦的检查

检查方法：副鼻窦的检查在临床上一般检查额窦和上颌窦，多采用视诊、触诊和叩诊等方法。主要注意副鼻窦部有无肿胀、隆起、变形、创伤、敏感反应、波动及叩诊音的改变。

(四)喉、喉囊和气管的检查

检查方法：喉、喉囊和气管的检查，宜用视诊、触诊和听诊的方法。必要的时候可采用穿刺、气管切开术进行观察。

检查者可站于动物的头颈部侧方，分别以两手自喉部两侧同时轻轻加压并向周围滑动，以感知局部的温度、硬度和敏感度，注意有无肿胀。当发现喉囊肿胀、隆起时，可配合进行叩诊和穿刺检查。

对于猪和禽类、肉食动物可开口直接对喉腔及其黏膜进行视诊。注意喉黏膜有无肿胀、出血、溃疡、渗出物和异物等。

(五)呼吸气的检查

检查方法：应用触诊和嗅诊。主要检查强度是否一致，温度有无变化，气味是否异常。

(六)鼻液的检查

检查方法：主要用视诊检查鼻液的量、颜色、混有物，弹力纤维检查可用显微镜检查等。

(七)喷鼻或喷嚏

检查时有喷鼻或喷嚏，表明鼻炎或鼻腔内有异物，在羊应注意是否有鼻蝇蛆，猪则应注意有无传染性萎缩性鼻炎。

(八)异常的呼吸音

检查时应注意呼吸过程中是否伴发狭窄音、喘鸣音等。

(九)咳嗽

检查时应注意咳嗽的性质、频度、强度及是否出现痛咳现象，无咳嗽或者咳嗽中枢不发达的动物(如马)，可进行人工诱咳。

人工诱咳方法：以拇指、食指压迫第一、第二气管软骨环上端，轻压并向上提取以诱发咳嗽。

技能三　胸廓及胸壁的检查

★理论知识

一、胸廓的视诊

(一)正常状态

健康动物胸廓的形状、大小各有一定的形态。胸廓两侧大致对称，脊柱平整并保持自然的弯曲度，肋骨呈弓背样膨隆，肋骨间隙的宽度匀称，呼吸时对称性起伏。表面皮肤被毛完好无损。

(二)病理变化

(1)扁平胸　表现为胸廓的左右横径短小，见于发育不良、骨软病和慢性消耗性疾病。

(2)桶状胸　表现为左右横径增大，主要见于慢性肺气肿。

(3)鸡胸　胸骨柄明显突出，两侧肋骨内陷，见于佝偻病。

(4)胸廓不对称　表现为一侧扁平，另一侧隆起，见于肋骨骨折、骨瘤、骨软症及氟骨病；单侧缩小见于胸膜炎或肺不张时；肋骨变形、有折断痕迹表明骨折等。单侧气胸时，也可见胸廓左右不对称。

二、胸廓的触诊

(一)正常状态

触诊无反应。

(二)病理变化

触诊胸壁时动物回视、躲闪、反抗是胸壁敏感的反应，主要见于胸膜炎及肋骨骨折；纤维素性胸膜炎时，可感知胸壁震颤。

幼畜的各条肋骨与肋软骨结合处呈串珠状肿胀，是佝偻病的特征；鸡的胸骨弯曲、变形表明钙缺乏。

三、肺部的叩诊

(一)正常状态

健康动物的肺区，叩诊呈清音。正常的肺叩诊清音区多呈近似的直角三角形。

(1)马　其肺叩诊区的上界，为肩胛骨后角引向髋结节内角的直线；前界为肩胛骨后角向下引的垂线，其下端终于肘头上方；后下界为髋结节水平线与第 16 肋骨的交点、坐骨结节水平线与第 14 肋骨的交点及肩关节水平线与第 10 肋骨交点连接所成的弧线，其下端终于第 5 肋骨。

(2)牛　叩诊区的后下界为髋结节水平线与第 11 肋骨的交点及肩关节水平线与第 8 肋骨交点的连线，其下端终于第 4 肋骨；前界为肩胛骨的后缘，上界力距背中线 10～15cm 处。此外，在其肩前尚有一狭小的肩前叩诊区。

(3)猪　其前界和上界与马略同，其后下界约于第 7 肋骨处与肩关节水平线相交。

(4)羊　与牛略同，但无肩前叩诊区。

(二)病理变化

(1)叩诊胸部动物表现回视、躲闪、反抗等疼痛不安现象，表明胸壁敏感，是胸膜炎的重要特征。

(2)叩诊清音区扩大(主要表现为后下界的扩大)，表明肺气肿和胸腔积气(气胸)。

(3)叩诊清音区缩小，主要为后界前移的结果。多见于腹腔脏器对膈肌施加的压力增加，将肺向前推移所致，如怀孕后期、急性胃扩张、瘤胃臌气、肠臌气、腹腔大量积液、肝脏肿大等。

(4)叩诊音的变化

①浊音：此乃肺泡内充满炎性渗出物，使肺组织发生实变和密度增加的结果。主要有以下两个原因。

肺内原因：多见于大叶性肺炎的肝变期、小叶性肺炎、异物性肺炎、肺充血和水肿、肺结核、肺脓肿、鼻疽、肿瘤、肺的纤维化和肺萎陷。散在性浊音区，表明小叶性肺炎；成片性浊音区，是大叶性肺炎的特征。

肺外原因：多见于各种原因引起的胸腔积液、胸壁和胸膜增厚的一些疾病，如放线菌引起的胸膜肺炎等。

水平浊音主要见于渗出性胸膜炎或胸腔积水，依积液的数量多少而变化，水平浊音区的上界可达不同的高度。猪要特别注意由副猪嗜血杆菌引起的胸膜肺炎等。

②鼓音：典型的鼓音出现在肺和胸腔内形成异常的含气空间时所致。多见于支气管扩张、肺空洞、气胸和膈疝时。

③过清音：为清音和鼓音之间的一种过渡性声音，其音调较鼓音低，类似敲打空盒的声音，故又称空盒音。表明肺组织的弹性显著降低，气体过度充盈，主要见于肺气肿。

④破壶音：一种类似敲打破瓷壶所产生的声音。此乃空气受排挤而迅速通过狭窄的裂隙所致。见于肺坏疽、肺脓肿和肺结核等。

⑤金属音：类似敲打空的金属容器所发生的声音，其音调较鼓音高。此乃肺部有较大的空洞，位置浅表、四壁光滑且紧张时形成的。主要见于气胸和肺空洞。

四、肺部的听诊

(一)正常状态

健康动物可听到微弱的肺泡呼吸音，于吸气阶段较清楚，类似吹风样或“夫、夫”的声音。整个肺区均可听到肺泡呼吸音，但以肺区的中部最为明显。肺泡呼吸音的构成主要有以下因素：一是气体出入毛细支气管和肺泡产生的摩擦音；二是空气进入肺泡形成的漩涡运动而产生的声音；三是肺泡收缩和舒张过程由于弹性变化而产生的声音。

肺泡呼吸音的强度和性质，因动物的种类、品种、年龄、营养状态、胸壁的厚度、代谢状态而有所不同。运动、气候、外界刺激对肺泡呼吸音也有影响。

各种动物中，马的肺泡音最弱；牛、羊较马明显，水牛则甚微弱。幼畜比成年动物肺泡音强。马的肺区通常听不到支气管呼吸音，其他动物仅在肩后，靠近肩关节水平线附近区域能听到。

(二)病理变化

1. 肺泡呼吸音的变化

(1)肺泡音增强　普遍性增强，为呼吸中枢兴奋性增强，呼吸运动和肺换气加强的结果，如发热、代谢亢进等因素引起；局限性增强，多为代偿的结果，病变侵及部分肺泡和部分肺脏时，病变周边或另一侧健康区域的肺泡出现代偿性的呼吸机能亢进，如小叶性肺炎等。

(2)肺泡音减弱或消失　表现为肺泡呼吸音极为微弱，吸气时也不明显，甚至听不到肺泡音。

普遍减弱可见于引起呼吸活动微弱的病程中，局限性减弱或消失，多见于肺组织的弹性减弱或消失，如肺的炎症、渗出及实变；进入肺泡的空气量减少或流速减慢，如上呼吸道狭窄、肺膨胀不全、全身极度衰弱、呼吸麻痹等；呼吸音传导障碍，如胸腔积液、胸壁肿胀、胸膜增厚等；肺部实变和支气管阻塞等疾病也会使呼吸音减弱或消失。

2. 支气管呼吸音或混合呼吸音

在肺区内听到明显的支气管呼吸音，即系病态，可见于肺的炎症与实变。

如在吸气时有肺泡音，呼气时有明显的支气管音，称为混合性呼吸音或支气管性肺泡音。可见于大叶性肺炎或胸膜肺炎的初期。

3. 啰音

啰音主要出现于吸气的末期，呈尖锐或断续性，是呼吸道内积有病理性产物的标志。啰音分干啰音与湿啰音。

(1)干啰音　当支气管有炎性黏稠分泌物，部分阻塞管腔，或因支气管痉挛收缩，管壁水肿或受压迫而使管腔狭窄，空气通过时产生湍流和形成漩涡，发出异常声音。干啰音声音尖锐，似蜂鸣、飞箭、笛鸣音、鼾声等。

(2)湿啰音　当气管或支气管内有较稀薄的液体(如渗出液等)，空气通过时形成水泡并立即破裂所产生的声音，故又称水泡音。根据发生水泡音的支气管大小不同，可分为大、中、小水泡音。水泡音是支气管炎与肺炎的重要症状，表明气道内有较稀薄的病理产物。

4. 捻发音

类似揉捻毛发样的声音，是细小的水泡音，可见于毛细支气管炎与肺水肿等。

捻发音与小水泡音音质十分相似，但两者的性质和意义却不尽相同，捻发音主要表示肺实质的病变，而小水泡音则主要示意支气管的病变；发生时间上，捻发音在吸气顶点最明显，而小水泡音在吸气和呼气时均可听到；对咳嗽的影响上，捻发音基本稳定，影响较少，而小水泡音常因咳嗽而减少、移位或消失。

5. 胸膜摩擦音

胸膜摩擦音出现于吸气末期及呼气初期，呈断续性，类似两粗糙膜面的擦过声。胸膜摩擦音是纤维素性胸膜炎的特征。胸膜摩擦音与小水泡啰音在临床上的不同点见表 4-1。

表 4-1　胸膜摩擦音与小水泡啰音在临床上的不同点

胸膜摩擦音	啰　音
1. 听诊距耳较近	1. 听诊较远
2. 紧压听诊器明显增加	2. 紧压听诊器声音不变
3. 呼气、吸气时均可听到，深呼吸时增强	3. 吸气之末最明显，深呼吸时减弱或消失
4. 不因咳嗽而影响	4. 因咳嗽而部位发生变化或消失
5. 呈断续性	5. 呈连续性
6. 多见于肘后、肺区下 1/3、肋骨弓倾斜部	6. 部位不定
7. 触诊有胸膜摩擦感和疼痛表现	7. 无或仅有轻微疼痛感

*技能操作

熟练掌握胸廓触诊、叩诊和听诊的方法。

一、材料与设备

叩诊板，叩诊锤，听诊器。

二、操作内容与方法

(一)胸廓的视诊

检查方法：观察动物胸廓的外形，并由正前方或后方对比观察两侧的对称性，胸廓两侧大致对称。

(二)胸廓的触诊

检查方法：一般采用浅部触诊。触诊胸壁的目的在于判断其敏感性，胸壁或胸下有无浮肿、气肿和胸壁震颤，并注意肋骨有无变形或骨折。

(三)肺部的叩诊

1. 检查方法

大动物宜用锤板叩诊法，中、小动物可用指指叩诊法。叩诊的目的，主要在于发现叩诊音的改变，并明确叩诊区域的变化。同时注意对叩诊的敏感反应。

2. 注意事项

(1)叩诊时在两侧整个肺区均应由前到后、自上而下的每隔 3～4cm(或沿每个肋间)做一叩诊点，进行认真的叩诊检查。

(2)叩诊时除应遵循叩诊的一般注意事项外，对于消瘦的动物，叩诊板(或用作叩诊板的手指)宜沿肋间放置。

(3)叩诊的强度应依不同区域的胸壁厚度及叩诊的不同目的而异，肺区的前上方宜强叩诊，后下方应轻叩诊，发现深部病变应行强叩诊。

(4)对于病区与周围健区，在左右两侧的相应区域应进行比较叩诊，以确切地判定其病理变化。

(四)肺部的听诊

1. 检查方法

一般多用听诊器进行间接听诊。对于动物的两侧肺区，应普遍地进行听诊；每一听诊点的距离为 3～4cm，每一听诊点应连续听诊 3～4 个呼吸周期。

2. 注意事项

(1)听诊的环境必须肃静，尽可能在室内进行。

(2)听诊时，应密切注视动物胸壁的起伏活动，以便辨别吸气与呼气阶段。

(3)应对病变区域与周围健区以及左右两侧的相应区域进行比较听诊，以确切地判断病理变化。

(4)如呼吸活动微弱、呼吸音响不清时，可人为地使动物的呼吸活动加强，以便于辨认。为此，可短时间捂住动物的鼻孔并在放开之后立即听诊；或使动物做短暂的运动，并于之后听诊。

(5)注意排除呼吸音以外的其他杂音。

★项目小结

动物呼吸器官是体内外进行气体交换的器官，当呼吸系统任何部位发生病理损害后，都可以影响到气体交换机能，进而影响到全身与之相关的机能活动。同样，肺泡器官机能障碍也会造成呼吸机能紊乱。因此，呼吸系统的检查在临床上有十分重要的意义。本项目重点介绍呼吸运动、呼吸类型、呼吸频率和呼吸节律的诊断方法及其病理变化和临床意义；呼吸管腔、肺、呼吸道的检查方法；呼吸道分泌物和病理性音响(如鼻液、咳嗽、支气管呼吸音、肺泡呼吸音、啰音、胸膜摩擦音)产生的原因和临床意义。

★目标检测题

一、选择题

1. 动物患有严重的胸膜肺炎时，呼吸方式是(　　)。

A. 以胸式呼吸方式为主　　B. 以腹式呼吸方式为主　　C. 以胸腹式呼吸方式为主
D. 潮式呼吸　　E. 间断性呼吸

2. 健康动物肺区边缘与腹部相接部位的叩诊音为(　　)。

A. 清音　　B. 鼓音　　C. 浊音
D. 过清音　　E. 半浊音

3. 动物呼气和吸气都发生困难的病因很多，胃肠臌气属于(　　)呼吸困难。

A. 肺源性　　B. 心源性　　C. 中毒性
D. 神经中枢性　　E. 腹压升高性

4. 胸部叩诊出现水平浊音时，提示可能是(　　)。

A. 肺充血　　B. 肺空洞　　C. 肺气肿
D. 胸腔积液　　E. 肺水肿

5. 关于肺泡呼吸音，叙述错误的是(　　)。

A. 毛细支气管和肺泡入口之间空气出入时的摩擦音
B. 气流进入肺泡时气流冲击肺泡壁产生的声音
C. 肺泡收缩和舒张过程中弹性变化而形成的声音
D. 气流通过支气管的声音
E. 肺泡呼吸音在吸气之末最为清楚

6. 动物呼吸时，沿肋骨弓出现较深的凹陷，背拱起，肷窝变平，这种现象为呼吸困难中(　　)。

A. 吸气性呼吸困难　　B. 呼气性呼吸困难　　C. 心源性呼吸困难

D. 腹压增高性呼吸困难　　E. 中毒性呼吸困难

7. 对病畜进行胸部叩诊时，发现有大面积的区域呈现鼓音，则动物可能所患的疾病是(　　)。

A. 肺结核　　B. 肺空洞　　C．气胸

D. 肺充血　　E. 大叶性肺炎的充血期和吸收期

8. 临床上出现“由浅到深再至浅，经暂停后又重复出现”的是(　　)。

A. 毕欧特式呼吸　　B. 库斯茂尔氏呼吸　　C. 间断性呼吸

D. 陈-施二式呼吸　　E. 呼吸停止

9. 引起胸式呼吸减弱而腹式呼吸加强的疾病是(　　)。

A. 腹膜炎　　B. 妊娠晚期　　C. 胸腔疾病

D. 大肠阻塞　　E. 肠胃臌气

10. 若流出鼻液呈砖红色或铁锈色，则提示的疾病多为(　　)。

A. 小叶性肺炎　　B. 间质性肺炎　　C. 坏疽性肺炎

D. 霉菌性肺炎　　E. 大叶性肺炎

二、简答题

1. 简述呼吸运动检查的内容和方法及其临床意义。
2. 上呼吸道检查的内容、方法有哪些？简述其临床意义。
3. 胸部触诊区、叩诊区的确定方法有哪些？
4. 简述胸部叩诊、听诊的诊断意义。
5. 支气管呼吸音、肺泡呼吸音、啰音、胸膜摩擦音产生的原因有哪些？
6. 小水泡音、胸膜摩擦音和小水泡音、捻发音有何区别？

项目五
消化系统的临床检查

【知识目标】

通过本项目的学习，掌握口腔、咽、前胃、胃肠、腹壁，采食、饮水、反刍及呕吐情况，排粪动作及粪便的检查；熟悉消化管和消化腺的机能紊乱、器质性病变和前胃疾病的病理变化及其临床意义。

【技能目标】

1. 能熟练运用口腔、咽、食道和腹部及胃肠的检查方法诊断消化系统相应部位的疾病。

2. 通过了解动物采食、饮水、反刍及呕吐、排粪动作的改变及粪便的感观检查，会分析各种不同改变在临床中的作用和意义。

技能一　采食和饮水的检查

★理论知识

消化系统包括消化管和消化腺两部分。消化管为食物通过的管道，起于口腔，经咽、食管、胃、小肠、大肠止于肛门。消化腺为分泌消化液的腺体，其中唾液腺、肝和胰腺为消化管外的独立器官，由腺管通入消化道，称壁外腺。胃腺、肠腺位于消化管内，称为壁内腺。

反刍动物的消化系统有别于其他动物的是有瘤胃、网胃、瓣胃和皱胃四个部分，前三个胃合称前胃，其生理功能有两个：一是通过胃的运动磨碎食物；二是通过前胃内微生物和纤毛虫进行生物学消化和合成自身的营养物质。

从口腔摄入的食物和水，经咽和食道被送到胃肠，在消化液的作用下，把食物中各种营养物质分解为氨基酸、脂肪酸和葡萄糖，通过血管吸收供机体利用。而将不能利用的废弃物排出体外。

消化道是与外界相通的管道，最易遭受各种生物的、理化的因子的侵害和刺激，引起动物机体形态学和生理机能的变化。因此，消化系统检查在兽医临床上有十分重要的意义。

一、食欲和饮欲

食欲和饮欲是动物对饲料和饮水的需求。采食和饮水是否正常，是动物健康与否的重要标志。生理情况下食欲和饮欲与饲料的种类、品质、饲喂方式、饲喂环境、饥饿、疲劳程度、混药情况以及动物的个体特点有关。

病理变化有：

(1)食欲减退　表现为食量下降或不愿采食，是许多疾病的共同表现。在致病因子的作用下，使消化液分泌发生紊乱、胃肠运动减弱、味觉减退等。见于胃肠道疾病、发热性疾病、疼痛性疾病、代谢和营养障碍、神经机能紊乱及心血管疾病。

(2)食欲废绝　表现为完全拒食饲料。见于各种高热性、剧痛性和中毒性疾病以及急性胃肠道疾病，如急性瘤胃臌气、急性肠臌气、肠阻塞和肠变位等。

(3)食欲不定　表现为食欲时好时坏，变化不定。见于慢性消化不良、不定热型的疾病。

(4)食欲亢进　表现为食欲旺盛，采食量多。见于重病恢复期、某些代谢病和寄生虫病及内分泌病，如甲状腺功能亢进等。

(5)饮欲增加　表现为口渴多饮，常见于热性病、大失水(如呕吐、腹泻、大出汗和大剂量使用利尿剂后)、渗出性炎症(如胸膜炎、腹膜炎)及食盐中毒等。

(6)饮欲减少　表现为不喜饮水或饮水量少，见于意识障碍的脑病及不伴有呕吐和腹泻的胃肠病、马骡疝痛等。病畜恐水，主要提示狂犬病。群发性的饮欲减少或拒饮多见于环境的改变，如在有水源的地方临时搭建其他设施(如遮阴棚)而使其产生惧怕后拒饮；猪群在夏季高温季节拒饮要特别注意饮水管道在烈日下暴晒而水温过高的因素。

二、采食障碍

健康动物采食的方式各异：马用唇和切齿摄取饲料；牛用舌卷食饲草；羊与大致马相同；猪主要靠上、下颌动作而采食。

病理变化有：

(1)采食异常　表现为采食不灵活，或不能用唇、舌采食，或食后不能将饲料送至臼齿间进行咀嚼，见于唇、舌、齿、下颌、咀嚼肌的直接损害，如口炎、舌炎、齿龈炎及下颌骨或关节的病变。马以门齿衔草，多见于面神经麻痹或中枢神经的疾病，饮水时将鼻孔伸入水中，后因呼吸困难则急剧抬头，或口衔草而忘却咀嚼，乃马慢性脑室积水的特有症状。破伤风时由于咀嚼肌痉挛可表现采食障碍。

(2)咀嚼障碍　表现为咀嚼小心、缓慢、无力，并因疼痛而中断，有时将口中的食物吐出。咀嚼障碍多表明口黏膜、舌、牙齿的疾病，骨软症、放线菌病、破伤风、慢性氟中毒等也可引起。

(3)吞咽障碍　表现为吞咽时动物伸颈、摇头，屡次企图吞咽而被迫中止，或吞咽同时引起咳嗽，某些动物则常可见有食物、饮水的经鼻返流。吞咽障碍主要表明为咽与食管的疾病，如咽炎、食道炎、食管阻塞等。一些珍稀鸟类(如鸵鸟)要特别注意喉囊的变化，由于食道炎、喉囊炎造成吞咽困难常常诱发喉囊积聚大量食物而不停地甩头、不安等。

(4)异嗜　是由于消化机能和代谢机能紊乱而导致采食异常的一种表现，其特征为患病动物喜食饲料以外的物质，如啃食泥土、煤渣、木片、灰渣，舔食污水、粪尿。羊有时互相舔毛；母猪食仔、吞食胎衣；小猪咬尾吸血、拱肚皮；鸡啄羽、啄肛、啄蛋、啄食用具和室内墙壁地面的泥土、灰砂。异嗜为矿物质、微量元素、某些氨基酸、维生素缺乏或代谢障碍的征兆，也可见于慢性胃肠卡他、脑病、肠道寄生虫病和一些精神障碍性疾病等。异嗜要注意群发倾向。

三、反刍

正常状态下反刍动物采食后，周期性地将瘤胃中的食物返回至口腔重新咀嚼的过程，称为反刍。健康反刍动物，一般于采食后经0.5～1h即开始反刍；每次反刍持续20min至60min不等；每昼夜进行反刍6～8次：每次反刍的食团再咀嚼40～60次(水牛40～45次)。每个食团再咀嚼的次数与采食食物的种类略有差异，采食青草比采食干草咀嚼的次数要少。高产乳牛的反刍次数较多且每次的持续时间长。

病理变化：

反刍机能障碍包括反刍机能减弱和反刍完全停止。

(1)反刍功能减弱　主要是前胃机能障碍的结果。可表现为反刍开始出现的时间晚，每次反刍的持续时间短，昼夜间反刍的次数少以及每个食团的再咀嚼次数减少。多见于反刍动物前胃疾病(如前胃弛缓、瘤胃积食、瘤胃臌气、创伤性网胃炎)、发热性疾病、中毒病、代谢病和脑病等。

(2)反刍完全停止　表示前胃运动机能高度障碍，胃壁麻痹，内容物干涸，是病情严重的标志之一。

四、嗳气

嗳气是反刍动物的一种正常生理现象，通过嗳气借以排出瘤胃内微生物发酵产生的气体。嗳气的次数决定于气体产生的速度。一般每小时有15～30次的嗳气活动，奶牛为20～30次，黄牛17～20次，绵羊9～12次，山羊9～10次。

嗳气障碍主要有嗳气减少和嗳气停止。

(1)嗳气减少　常由于瘤胃内微生物活动减弱、发酵过程降低、气体产生减少或瘤胃兴奋性降低、瘤胃运动减弱所致。多见于反刍动物前胃疾病、皱胃疾病以及继发前胃机能障碍的热性疾病等。

(2)嗳气停止　可见于瘤胃气体排出受阻，如食道阻塞、前胃收缩力不足或麻痹等。

马出现嗳气，常提示胃扩张。

五、呕吐

健康的动物一般不发生呕吐现象。

(一)病理变化

呕吐是一种病理性的反射活动。胃内容物不自主地经口、鼻反排出来。表现为动物头部接近地面，借腹肌与横纹肌强烈收缩，胃内容物经食管的逆蠕动由口排出。肉食动物易发，杂食动物次之，牛较少见，马则极少见。反刍动物呕吐的胃内容物经口、鼻排出，但其呕吐物多为瘤胃内容物，而非皱胃内容物，故一般称为返流。马呕吐时多呈恐怖状态而极度不安，腹肌强烈收缩，常伴有战栗与出汗，多表明有继发胃扩张甚至胃破裂的危险。

(二)呕吐的类型

(1)中枢性呕吐　由毒物或毒素直接刺激延脑呕吐中枢而引起。特点：不受内容物的排空而中止。如各种毒物引起的中毒病、脑病、传染病等。

(2)末梢性呕吐　是由于延脑以外的其他器官受刺激，反射性引起呕吐中枢兴奋而发生，又称反射性呕吐。特点：排空即止。见于软腭、舌根、咽部异物，寄生虫和炎性产物的刺激以及内容物过度胀满等。

(三) 呕吐性质及呕吐混有物的检查

注意频度、出现时间、呕吐物数量、气味、pH 值和混有物等。

(1)采食后一次呕吐大量正常内容物，并不再出现第二次，是由于过食所致。

(2)频频多次呕吐，是由于胃和十二指肠及中枢神经严重疾病造成。

(3)呕吐物中混有血液，表明有出血性胃肠炎的可能。

(4)呕吐物中混有胆汁，表明十二指肠阻塞。

(5)呕吐物中出现粪性物，表明有大肠阻塞(单胃动物)的可能。

★技能操作

掌握采食、饮水、反刍、嗳气、呕吐及呕吐物的检查方法和临床意义。

一、材料与设备

叩诊板，叩诊槌，听诊器，pH 试纸，秒表。

二、操作内容与方法

采食和饮水的检查，主要包括食欲、饮欲、采食、咀嚼、吞咽、反刍、嗳气及呕吐等检查。

(一)食欲和饮欲

检查方法：动物的食欲和饮欲的检查，主要靠问诊、饲喂试验来了解。根据采食的数量、持续时间、咀嚼的速度和力度、腹围大小以及剩草、剩料情况及饮用水量进行判定。

(二)采食障碍

检查方法：观察动物采食、咀嚼、吞咽方式。

(三)反刍

检查方法：对反刍动物注意观察其反刍的开始出现时间、每次持续时间、昼夜间反刍的次数、每次食团的再咀嚼情况等。

(四)嗳气

检查方法：注意观察左侧颈部沿食管沟处由下而上的气体流动波和听取嗳气的咕噜音。

(五)呕吐

检查方法：一般用视诊和嗅诊的方法进行。呕吐性质用 pH 试纸检测。

技能二 口腔、咽及食管的检查

＊理论知识

一、口腔检查

健康动物口腔稍湿润，黏膜呈淡红色，牙齿排列整齐。

(一)病理变化

口腔检查的内容主要有流涎，气味，口唇形态，黏膜的温度、湿度、颜色和完整性，舌和齿的变化。

(二)流涎及黏膜的湿度

口腔分泌物增多并自口角流出，称为流涎。可见于口炎，牛的大量牵缕状流涎，见于某些中毒，如有机磷农药中毒，伴有吞咽障碍的疾病，如咽炎、食道阻塞、口蹄疫；鸡出现大量的流涎多见于有机磷农药中毒。

口腔分泌物减少或干燥，可见于一切热性病及某些消化器官疾病。

(三)口腔的气味

通常用嗅被唾液湿润的手指的方法进行检查。健康动物口腔一般无特殊的气味，仅在采食后留有某种饲料的气味。腐败酸臭见于消化系统及口腔疾病，如口腔炎、牙周炎；丙酮味见于酮血症；恶臭见于副鼻窦化脓性炎症。

(四)口唇形态

除了年老及衰弱的马骡下唇松弛下垂外，健康动物的上下唇闭合良好。病理状态常有以下几种：

(1)双唇紧闭　是由于口唇紧张性增高所致，见于脑膜炎或破伤风。

(2)唇部肿胀　见于口黏膜的深层炎症性疾病，如血斑病等。

(3)唇部疱疹　见于各种动物的口蹄疫、水疱病等。

(4)口唇下垂　见于面神经麻痹、霉玉米中毒、狂犬病、唇和舌损伤及炎症、下颌骨骨折等。

(五)口腔黏膜的颜色、温度

口腔黏膜潮红、肿胀是口炎的特征；口腔温度增高、有热感，可见于热性病；口腔黏膜的颜色也有潮红、发绀、苍白、黄染和出血变化，其临床意义与眼结合膜颜色的变化基本相同。

(六)口腔黏膜的完整性

口腔黏膜的破损，可表现为疱疹、结节、溃疡；马的溃疡性口炎，其病变常在舌下，应注意；反刍动物及猪的口黏膜疱疹、溃疡性病变，应特别注意口蹄疫。

(七)舌

(1)舌苔　是一层脱落不全的舌上皮细胞沉淀物，并混有唾液、饲料残渣等。舌苔厚薄、颜色等变化，通常与疾病的轻重和病程的长短有关。舌苔薄白，一般表示病程短或病情轻；舌苔黄厚，表示病程长或病情重等。舌苔变黄绿色或黄褐色主要见于热性病及慢性消化障碍等。

(2)舌色　临床意义与口腔黏膜的颜色变化基本一致。

(3)形态学变化　舌硬如木，体积增大致口腔都不能容纳称为木舌，可见于牛放线菌病；舌垂于口角外并失去活动能力，见于各类型脑炎后期或饲料中毒，同时常伴有咀嚼和吞咽困难等；猪的舌下和舌系带两侧有高粱米粒乃至豌豆大小的水泡状结节，是猪囊尾蚴的特征；舌面的溃疡多并发于口炎。

(八)牙齿的不整

牙齿的不整，常发生于骨软病或慢性氟中毒，后者在门齿表面多见有特征性的氟斑。

二、咽的检查

病理变化：咽喉部及其周围组织的肿胀、有热感，并呈疼痛反应，见于咽炎或咽喉炎；幼驹的咽喉及其附近淋巴结的肿胀、发炎，应注意于腺疫；牛的咽喉周围出现硬性肿物，应注意于结核、腮腺炎、放线菌病、炭疽和出败；猪则应注意于咽炭疽及急性猪肺疫；禽类则应注意传染性喉气管炎、霍乱和禽流感；犬、猫应注意咽炎等。各种动物咽喉部乃至前颈部肿胀尚要注意注射部位消毒不严、药物的不正确使用等因素。

三、食管及嗉囊的检查

病理变化：

(1)牛、马的食道阻塞时，如阻塞物在颈部食管，触诊常能发现该部肿大、硬结，压迫时动物常呈疼痛反应。其上部食管常因贮积饲料、分泌物而扩张，如扩张部内容物为液体，则触诊呈波动感。食管痉挛则可感知呈一条较硬的索状物，并同时呈敏感反应。

(2)鸡的嗉囊积食，可见容积扩大并可感知内容物量多且坚硬；减、拒食则嗉囊内空虚；如嗉囊存有多量气体则膨胀并有弹性；嗉囊积液可见于鸡新城疫或有机磷中毒；鸵鸟喉囊积聚大量饲料，并不断摔头，多见于食道炎症。

(3)犬食管阻塞时，可通过食管触诊和食管探诊来进行，可触摸到硬固的物体。食管炎时，触诊有疼痛反应。

＊技能操作

掌握开口的方法；掌握口腔、咽、食管、嗉囊的检查方法和临床意义。

一、材料与设备

开口器，胃管。

二、操作内容与方法

(一)口腔检查

一般用视诊、触诊和嗅诊的方法进行。在进行检查前尚需打开动物口腔，其开口方法有徒手开口法和开口器开口法。

(1)徒手开口法

①马：检查者站于马头侧方，一手把住笼头，另一手食指和中指从一侧口角伸入并横向对侧口角；手指下压并握住舌体；将舌拉出的同时用另一只手的拇指从另侧口角伸入并顶住上腭，使口张开。

②牛：检查者位于牛头侧方，一手握住牛鼻并强捏鼻中隔的同时向上提起，另一手从口角处伸入并握住舌体向侧方拉出，即可使口腔打开。

(2)开口器开口法

①马：一般可使用单手开口器，一手把住笼头，一手持开口器自口角处伸入，随动物张口而逐渐将开口器的螺旋形部分伸入上、下臼齿之间，使口腔张开；检查完一侧后，再同样检查另侧。

②猪：由助手握住猪的两耳进行保定；检查者持猪开口器，将其平伸入口内，达口角后，将把柄用力下压，即可打开口腔进行检查或处置。

(3)口腔检查的内容　主要观察有无流涎、气味，口唇形态，黏膜的温度、湿度、颜色和完整性，舌和齿的变化。

(4)注意事项

①徒手开口时，应注意防止咬伤手指。

②拉出舌时，不要用力过大，以免造成舌系带的损伤。

③使用开口器时应注意动物的头部保定；对患软骨症的病马应注意防止开口过大，造成颌骨骨折。

(二)咽的检查

通常进行咽的外部视诊、触诊。视诊注意头颈的姿势及咽周围是否有肿胀；触诊时，可用两手同时自咽喉部左、右两侧加压并向周围滑动，以感知其温度、敏感反应及肿胀的硬度和特点。

(三)食管及嗉囊的检查

大动物的颈部食管，可进行视诊、触诊检查；必要时可应用食管探诊。视诊时，注意吞咽过程饮水、食物沿食管通过的情况及局部是否有肿胀；触诊时检查者用两手分别由两侧沿颈部食管沟自上向下加压滑动检查，注意感知是否有肿胀、异物，内容物硬度，有无波动感及敏感反应。

鸡的嗉囊主要用触诊检查，注意内容物的多少、软硬度等情况；鸵鸟则应注意喉囊的变化。

技能三　腹部及胃肠的检查

⋆理论知识

一、反刍动物(牛)的腹部及胃肠检查

(一)腹部的视诊、触诊

病理变化：

(1)腹围膨大　左肷部膨隆，叩诊呈鼓音，主要见于瘤胃臌胀；牛右侧肋骨骨弓下沿出现局限膨隆，可见于真胃阻塞。

(2)腹围缩小　主要见于长期饲喂不足，慢性消耗性疾病等。

(3)腹壁敏感　主要见于腹膜炎。

(4)腹下浮肿　触诊留有指压痕，可见于腹膜炎、肝片吸虫病、肝硬化、创伤性心包炎、心脏衰弱和肾性水肿等。

(二)瘤胃的检查

正常左侧肷部稍凹陷，采饱食后变得平坦或微凸。触诊时内容物似面团样，轻压后可留压痕；叩诊健康牛左肷部上部为鼓音。听诊瘤胃随每次蠕动波可出现逐渐增强后又逐渐减弱的沙沙声或由远而近的雷鸣声，健牛每 2min 蠕动 2～3 次。

病理变化：

(1)左肷部膨隆、触诊有弹性，叩诊呈鼓音，是瘤胃臌胀的特征。肷部下陷见于饥饿或慢性前胃弛缓等。

(2)触诊内容物硬固或呈面团样、压痕久不恢复，可见于瘤胃积食；内容物稀软可见于前胃弛缓。冲击性触诊瘤胃出现“咣当”声，可见于瘤胃积液，是真胃阻塞的特征。

(3)瘤胃蠕动频繁、蠕动音增强，可见于瘤胃臌胀的初期；蠕动稀少、微弱、蠕动音短促，可见于瘤胃积食、前胃弛缓以及其他原因引起的前胃功能障碍。

(三)网胃的检查

网胃位于腹腔左前下方，相当于 6～8 肋间，前缘紧贴膈肌，与心脏相隔 1cm 左右，其后部位于剑状软骨上。

病理变化：动物表现不安、痛苦、呻吟或抗拒，企图卧下，不愿意走下坡路时乃网胃的疼痛敏感反应，主要见于创伤性网胃炎或网胃、膈肌、心包炎。特别提示，要区别健康牛在进行上述疼痛敏感试验时，动物出现挣扎、不驯的一些反应。

(四)瓣胃的检查

1. 正常状态

瓣胃的蠕动音呈断续性细小的捻发音，于采食后较为明显。

2. 临床意义

瓣胃蠕动音消失，可见于瓣胃阻塞，触诊敏感，表现为动物疼痛不安、呻吟、抗拒，主要见于瓣胃创伤性炎症，也可见于瓣胃阻塞或瓣胃炎。

特别提示，在进行瓣胃检查中，要特别注意瓣胃蠕动音在正常情况下是很微弱的，同时牛对触诊敏感性不高的特点，在疑似瓣胃阻塞的病例中，最好进行瓣胃穿刺，以免做出错误判断。

(五)真胃及肠的检查

听诊在真胃区可听到蠕动音，类似肠音，呈流水声或含漱音。于右腹侧可听诊肠蠕动音，声音较弱，类似大小流水声或含漱音。

病理变化：真胃视诊如发现肋弓下方出现膨隆，可见于真胃阻塞或扩张；真胃和肠蠕动音亢进，可见于胃肠炎。真胃触诊呈敏感反应，见于真胃炎或真胃溃疡。

二、单胃动物的腹部及胃肠检查

(一)腹部的视诊、触诊

病理变化：

(1)腹围膨大　除可见于妊娠外，常见于肠臌气、胃肠积食、腹水及腹壁疝等。

①胃肠积气：肠臌气时肷窝常隆起，严重者腹围呈浑圆状态，叩诊时发出清朗的鼓音。

②胃肠积食：马大肠内积聚大量内容物，也可使腹围膨大，但叩诊多呈浊音，见于结肠阻塞。

③腹腔积水：腹水增加时腹围膨大、下垂并多呈向两侧对称性扩展的特征。触诊有波动感或感到有回击波与震荡声；叩诊呈水平浊音，变换体位时，其水平浊音的位置随之改变。常见于腹膜炎。

(2)腹围卷缩　可见于长期饥饿，剧烈的腹泻，慢性消耗性疾病等。

(3)腹壁敏感　表现对触诊呈疼痛反应。动物回视、躲闪、反抗。主要见于腹膜炎。

(4)腹肌紧张性　腹肌紧张性增高主要见于破伤风、重度骨软症等；紧张性降低见于腹泻、营养不良、热性病等。

(5)腹壁疝　对出现局限性膨大部分进行触诊，其特点是触压柔软或有波动并可发现疝环，并经此可将部分脱出的肠管进行还纳。

(二)胃、肠的检查

1. 检查方法

(1)胃的检查　临床上常用精神状态、食欲、舌苔、口腔气味、胃管探诊及其他检查综合分析评定。

(2)肠管的检查　小肠蠕动音如流水声或含漱音，正常时每分钟 8～12 次；大肠音犹如雷鸣音或远炮声，每分钟 4～6 次。对靠近腹壁的肠管进行叩诊时，依其内容物性状不同而音响不同。正常时盲肠基部(右肷部)呈鼓音；盲肠体、大结肠则可呈浊音或半浊音。

2. 病理变化

(1)肠蠕动音亢进　由肠管受到各种刺激所致。表现为肠音高朗甚至雷鸣，蠕动音频繁甚至持续不断等。主要见于各型肠炎的初期或胃肠炎，如伴有剧烈腹痛现象时则主要提示为痉挛病。

(2)肠蠕动音减弱甚至停止　由肠管蠕动减慢或停止所致。表现为肠音微弱、稀少并持续时间短促，严重时则完全消失，主要见于肠弛缓、便秘，也可见于胃肠炎的后期；伴有腹痛现象时则常见于肠便秘或肠阻塞。

(3)肠音性质的改变　可表现为频繁的流水音，主要见于为肠炎；频繁的金属音(类似水滴落在金属板上的声音)是肠内充满大量的气体或肠壁过于紧张，邻近肠内容物移动冲击该部肠壁发生振动而形成的声音，主要见于肠臌气和肠痉挛。

(4)叩诊音响　成片的鼓音区提示肠臌气；与靠近腹壁的大结肠、盲肠的位置相一致的成片浊音区，可提示相应肠段的积粪及便秘。

(三)猪的腹部及胃肠检查

临床意义：

(1)触诊胃区有不安、呻吟等疼痛反应，可见于胃炎、胃食滞。

(2)胃肠炎时蠕动音可增强；重度便秘时肠蠕动音减弱甚至消失；肠便秘时深触诊可感知较硬的粪块。

(3)猪出现猝死且腹围迅速膨大多见于梭菌性感染；猪不排尿、腹围膨大，提示有膀胱破裂倾向。

(4)腹围卷缩可见于长期饥饿、剧烈的腹泻、慢性消耗性疾病，如仔猪的营养不良、仔猪贫血、慢性副伤寒、内寄生虫病、结核病等。

(5)脐下、腹壁出现圆形囊状肿物多为疝气。

(四)犬的腹部及胃肠检查

腹围膨大，除母犬、母猫妊娠后期及饱食等正常生理情况外，可见于急性胃扩张、腹水、肠便秘等。腹围缩小，见于慢性消化道疾病、寄生虫病及营养不良等。

⋆技能操作

掌握单胃(反刍)动物腹部、胃肠的检查方法；熟悉单胃(反刍)动物腹部、胃肠的病理变化和临床意义。

一、材料与设备

听诊器，叩诊锤，叩诊板。

二、操作内容与方法

(一)反刍动物(牛)的腹部及胃肠检查

1. 腹部的视诊、触诊

检查方法：观察腹围的大小、形状；触诊腹壁的敏感性及紧张度。

2. 瘤胃的检查

检查方法：反刍动物的瘤胃，占左侧腹腔的绝大部分，与腹壁紧贴。主要用视诊、触诊、叩诊及听诊检查。

(1)视诊　正常左侧肷部稍凹陷，采饱食后变得平坦或微凸。

(2)触诊　检查者位于动物的左腹侧，左手放于动物背部，右手可握拳、屈曲手指或以手掌放于左肷部，先用力触压瘤胃，以感知内容物性状，后静置以感知其蠕动力量并计算蠕动次数。触诊时内容物似面团样，轻压后可留压痕；随胃壁蠕动而将触诊的手抬起，蠕动力量较强。

(3)叩诊　用手指或叩诊槌在左肷部进行叩诊，以判定其内容物性状。健康牛左肷部上部为鼓音。

(4)听诊　多以听诊器进行间接听诊，以判定瘤胃蠕动音的次数、强度、性质及持续时间。听诊瘤胃随每次蠕动波可出现逐渐增强后又逐渐减弱的沙沙声或由远而近的雷鸣声，健牛每 2min 蠕动 2～3 次。

3. 网胃的检查

网胃位于腹腔左前下方，相当于 6～8 肋间，前缘紧贴膈肌，与心脏相隔 1cm 左右，其后部位于剑状软骨上。

(1)触诊法　检查者蹲于动物左胸侧，屈曲右膝于动物腹下，将右肘支于右膝上并握拳抵在动物的剑突部，然后用力抬高脚的后跟并以拳顶压网胃区，以观察动物反应。

(2)抬压法　由两人分别站于动物胸部两侧，各伸一手于剑突下相互握紧，各将其另一只手放于动物的鬐甲部，两人同时用力上抬紧握的手，并将放于鬐甲部的手用力下压；也可用一木棒横放于动物的剑突下，由两人分别自两侧同时用力上抬，迅速下放并逐渐后移压迫网胃区，以观察动物反应。

此外，也可使用叩诊或使动物走上、下坡路或急转弯等运动，观察其反应。

4. 瓣胃的检查

检查方法：主要采用听诊和触诊的方法检查。

(1)听诊法　在牛右侧第 7～9 肋间沿肩关节水平线上下 3cm 的范围内进行听诊，以听取瓣胃蠕动音。

(2)触诊法　在右侧瓣胃区进行强力触诊或以拳轻击，以观察动物是否有疼痛反应。

5. 真胃及肠的检查

检查方法主要有：

(1)真胃的视诊与触诊　牛于右侧第9～11肋间、沿肋弓下，进行视诊和深触诊。

(2)真胃的听诊　在真胃区可听到蠕动音，类似肠音，呈流水声或含漱音。

(3)肠蠕动音的听诊　于右腹侧可听诊肠蠕动音，声音较弱，类似大小流水声或含漱音。

(二)单胃动物(马)的腹部及胃肠检查

1. 腹部的视诊、触诊

检查方法：观察腹部的轮廓、外形、容积及肷部的充满程度，应做左右侧对比观察。触诊时，检查者位于腹侧，一手放于动物背部，检手以掌心平放于腹侧壁或下侧方，用腕力做间断性的冲击式触诊或以手指垂直向腹壁进行突击式触诊，对大动物也可用拳做腹壁冲击性触诊，以感知腹壁的紧张度、敏感性和腹内容物的性状。

2. 胃、肠的检查

(1)胃的检查　胃位于腹腔中部偏左侧，其体表投影位置在左侧第14～17肋间，髋结节水平线上下相对应处。由于马胃的位置较深，胃管探诊有一定诊断意义。临床上常用精神状态、食欲、舌苔、口腔气味、胃管探诊及其他检查综合分析评定。

(2)肠管的检查　主要进行听诊，以判定肠蠕动音的频率、性质、强度和持续时间。听诊时，每一听诊点应听诊不少于30s；小肠主要在左肷部，盲肠在右肷部，右侧大结肠沿右侧肋弓下方，左侧大结肠则在左腹部下1/3处听诊。必要时可配合进行叩诊或直肠检查。

(三)猪的腹部及胃肠检查

检查方法：主要靠触诊和听诊检查。

(1)触诊　使猪处于站立姿势，检查者位于后方，两手同时自两侧肋弓后开始加压触摸的同时逐渐向上后方滑动进行检查，或使猪侧卧，然后用手掌或并拢、屈曲的手指，进行深部触诊。

(2)听诊　用听诊器进行胃、肠蠕动音的检查。

(四)犬、猫的腹部及胃肠检查

(1)腹部视诊　主要观察腹部外形轮廓的变化。腹围膨大，除母犬、母猫妊娠后期及饱食等正常生理情况外，可见于急性胃扩张、腹水、肠便秘等。腹围缩小，见于慢性消化道疾病、寄生虫病及营养不良等。

(2)腹部触诊　双手缓慢用力感觉腹壁及腹腔脏器的状态。检查胃部时，应将犬、猫两前肢提高。通过腹部触诊可以确定胃、肠充盈度，脏器炎症，器官大小的变化，器官变位和较大的异物等变化。

(3)腹部听诊　主要检查肠蠕动音(同猪的腹部听诊)。

技能四 排粪动作及粪便的感观检查

＊理论知识

一、排粪动作

正常时，各种动物均采取固有的排粪姿势。

病理变化：

(1)便秘 排粪次数减少，排粪费力，屡呈排粪姿势而排出量少，粪便干而色暗。见于热性病、慢性胃卡他、肠阻塞、瓣胃阻塞等。

(2)腹泻 排粪的次数频繁且粪便稀薄呈粥状、液状甚至水样。主要是由消化道炎症及其肠道运动机能加速的结果。腹泻的原因很多，主要包括以下几个方面。

①某些靶向传染病，如大肠杆菌病、梭菌性肠炎、沙门菌病、密螺旋体病、流行性腹泻、传染性胃肠炎、猪瘟、伪狂犬病、轮状病毒病等。

②各类寄生虫病，如线虫病、球虫病、附红细胞体病、弓形体病、小袋纤毛虫病、隐孢子虫病等。

③营养因素，如日粮中含有抗原过敏物质(致敏的蛋白质如生豆粕等)。

④毒物、毒素对胃肠的刺激及全身反应。

⑤应激反应等。

⑥环境和管理因素，如环境温度过高或过低、无乳或乳汁质量差、饲喂技术和管理经验缺失等。

(3)失禁自痢 动物不经采取固有的排粪姿势，腹肌不收缩而粪便自行由肛门流出，称为排粪失禁或称失禁自痢，常见于顽固性胃肠炎和腰荐神经损伤。

(4)排粪带痛 动物于排粪时表现疼痛不安或伴有呻吟，可见于腹膜炎等。

(5)里急后重 排出粪便后长时采取排粪姿势或反复、频作排粪动作，用力努责且仅有少量粪便或黏液排出，可见于直肠炎、直肠息肉、肿瘤或牛的子宫、阴道的炎症。

二、粪便的感观检查

正常状态下各种动物的排粪量和粪便性状，受饲料的数量和质量的影响。现简要介绍如下。

(1)马 每昼夜排粪为8～10次，粪量15～20kg；呈球形，落地后部分碎开；多为黄绿色。

(2)牛 每昼夜排粪12～18次，粪量15～35kg；较软，落地形成叠层状粪盘；但水牛的粪便较稀；乳牛采食大量青饲料时则粪便亦甚稀薄。

(3)羊 其粪多呈极小的干球状。

(4)猪 依饲料的性质、组成不同而异，粪呈叠层状。

病理变化：

(1)粪便有特殊腐败或酸臭味，多见于各型肠炎或消化不良。

(2)粪便坚硬、色深，见于肠弛缓、便秘、热性病；牛在稀粪中混有片状硬结粪块提示瓣胃阻塞；水牛粪便呈柏油样，可见于胃肠阻塞。

(3)粪便稀软、水样，常是下痢之症，猪多见于伪狂犬病、传染性胃肠炎、流行性腹泻、轮状病毒病等。

(4)粪便混有血液或排血样便是出血性肠炎的特征。呈黑色，见于胃或前部肠道的出血性疾病；粪球外部附有红色血液，是后部肠管出血的特征；猪粪稀似水、色呈酱油样或煤焦油样，多见于梭菌性肠炎。

(5)粪便呈灰白色黏土状，可见于阻塞性黄疸和某些药物的影响。

(6)粪便混有未消化饲料残渣，提示消化不良；混有多量黏液，可见于肠卡他；混有灰白色、成片状的脱落肠黏膜，提示伪膜性肠炎，也可见于猪瘟等。

＊技能操作

熟悉排粪动作和粪便异常的各种表现；掌握排粪动作及粪便异常的临床意义。

一、材料与设备

听诊器，扩大镜。

二、操作内容与方法

1. 排粪动作

肉眼观察动物排粪时的动作和姿势。正常时，各种动物均采取固有的排粪姿势。

2. 粪便的感观检查

利用肉眼与扩大镜检查粪便的数量、形状、颜色及混有物。嗅其粪便的臭味。

技能五　直肠检查

＊理论与技能操作

熟悉直肠检查的内容、应用范围；掌握直肠检查的方法。

一、材料与设备

保定柱栏，橡胶手套，橡胶指套，肥皂，润滑剂等。

二、操作内容与方法

直肠检查主要应用于大家畜(马、骡、牛等)。将手伸入直肠内，隔着肠壁间接地对后部腹腔器官及盆腔器官进行触诊检查的方法。中、小家畜在必要时可用手指检查。

1. 目的

(1)进行母畜发情鉴定和妊娠诊断。

(2)进行母畜生殖器官疾病的诊断。

(3)进行腹腔后部器官疾病，如肠阻塞、骨盆骨折的诊断等。

(4)对某些疾病具有重要的治疗作用(如隔肠破结等)。

2. 准备工作

(1)确实保定以六柱栏保定最简便，将被检牛、马左、右后肢分别进行保定，以防后踢；为防卧下及跳跃，要加腹带及肩部的压绳，还应吊起尾巴。根据情况和需要，也可横卧保定。牛的保定可钳住鼻中隔，或用绳套住两后肢。

(2)术者剪短、磨光指甲，露出手臂并涂以润滑油类，必要时可用胶手套或胶指套。

(3)对腹围膨大病畜应先行盲肠穿刺术或瘤胃穿刺术排气，否则腹压过高，不宜检查，特别是横卧保定时，甚至有造成窒息的危险。

(4)对心脏衰弱的病畜，可先给予强心剂；对腹痛剧烈的病马应先行镇静(可静脉注射5%水合氯醛酒精液 100～300mL 等)，以便于检查。

(5)一般先应进行灌肠，而后再行检查。

3. 操作方法

(1)术者的手　将拇指放于掌心，其余四指并拢集聚呈圆锥状，稍旋转前伸即可通过肛门括约肌进入直肠，当肠内蓄积粪便时应将其掏出，如膀胱内贮有大量尿液，应按摩、压迫膀胱将其排空。

(2)术者的手沿肠腔方向徐徐伸入，当被检马频频努责时，术者的手可暂停前进或随之后退；肠壁极度收缩时，则暂时停止前进，手指微微用力按摩肠管，待肠壁弛缓时再徐徐伸入，一般术者的手伸到直肠狭窄部后，即可进行各部位及器官的触诊。若被检马努责过甚，可用1%普鲁卡因 10～30mL 行尾骶穴封闭，使直肠及肛门括约肌弛缓而便于直肠检查。

(3)术者的手在肠管内不许随意搔抓或以手指锥刺；前进、后退时宜徐缓小心，切忌粗暴。并应按一定顺序进行检查。

4. 检查顺序

(1)肛门及直肠状态　检查肛门的紧张程度及其附近有无寄生虫、黏液、血液、肿瘤等，并要注意直肠内容物的多少与性状以及黏膜的温度和状态等。

(2)骨盆腔内部检查　术者的手稍向前下方检查可摸到膀胱、子宫等。膀胱位于骨盆腔底部。膀胱无尿时，可感触到如梨子状大的物体，当膀胱内尿液过度充满时，感觉似一球形囊状物、有弹性和波动感。并可触诊骨盆壁是否光滑，有无脏器充塞或粘连现象。如被检马、牛有后肢运动障碍时，须检查有无盆骨骨折。

(3)腹壁触诊　右肷部的腹壁，注意检查有无结节。

(4)腹腔内器官检查

①牛的腹腔内器官检查：

瘤胃：瘤胃占据腹腔左半部，后背囊抵至骨盆腔入口处。触诊瘤胃时，感觉呈捏粉样硬度。瘤胃积食时，触摸瘤胃内容物较坚硬；瘤胃壁紧张而有弹性，表示瘤胃臌气。

肠：全位于腹腔右半部。盲肠在骨盆口前方，其尖端的一部分达骨盆腔内，结肠圆盘在右肷部上方。空肠及回肠位于结肠圆盘及盲肠的下方。正常时各部肠管不易区别。

肾：左肾的位置决定于瘤胃的充满程度，可左可右，可由第2～3腰椎延伸到第5～6腰椎，右肾悬垂于腹腔内，可以使之移动，或用手托起来，检查较为方便。检查时应注意肾脏的大小、形状、表面性状、硬度等。当患急、慢性肾盂肾炎时，肾脏体积增大，靠近肾门部位有波动感。

②马的腹腔内器官检查：术者手指到达直肠狭窄部时常遇到肠管收缩，此时，要暂停前进，待部分肠管套于手上，肠管弛缓时，再细心地用指腹沿肠管壁上下左右寻找肠腔孔，把并拢的手指慢慢地通过直肠狭窄部(在多数情况下，手掌是不能通过直肠狭窄部的)以便于检查。

小结肠：术者手再向前伸，套入直肠狭窄部后，由于小结肠游离性较大，便于检查。因而首先可摸到小结肠内有成串的鸡蛋大小的粪球。

腹膜及腹股沟管内口：先触摸腹壁内面(按上方、侧方、下方的顺序)状态，正常时，表面光滑。然后再检查腹股沟管内口(位于耻骨前下方3～4cm，于体中线左右两侧，距白线11～14 cm处)，正常时可插入1～2指。检查时宜注意腹股沟管内口内径大小，有无疼痛，有无软体物阻塞等。

左侧结肠：位于腹腔的左侧，耻骨水平面的下方。其骨盆弯曲部在骨盆前口的直前方。其下层结肠内外各具有一条纵带和许多囊状隆起，以上各点在左侧结肠便秘或蓄满积粪时容易摸到。

左肾：术者手掌向上在脊柱下，可感知腹主动脉的搏动，沿腹主动脉前伸，到第二、第三腰椎左侧横突下，可感到一半圆形较硬的器官，即是左肾的后半部。

脾：术者手由左肾下面向左腹壁滑动，到最后肋骨部可触知脾脏的后缘，脾脏后缘呈镰刀状。脾后缘一般不超过最后肋骨；但有些马，尤其骡，有时可超过最后肋骨。

胃：术者手从左肾的前下方前伸，当小体型马患急性胃扩张时，在此处可触知膨大的胃后壁，并伴随呼吸而前后移动。

盲肠：在右肷部，触诊盲肠底及盲肠体，呈膨大的囊状，并可摸到由后上走向前下方的盲肠后纵带。

胃状膨大部：在盲肠底的前下方，当该部便秘时，可感到有坚实内容物的半球形物体，随呼吸而前后移动。

肠系膜根：沿腹主动脉向前探索，指尖可感到呈扇状的柔软而有弹力的条索状物，并可感知搏动的脉管。

十二指肠：沿前肠系膜根后方，向下距腹主动脉10～15cm下方，当十二指肠便秘时，可触到由右而左呈弯形横走的圆柱状体，移动性较小，即是积食的十二指肠。

5. 病理变化

通过对病畜进行直肠检查，可能发现的主要病理变化有以下几种：

(1)脾位的后移及胃囊的膨大，主要提示马的胃扩张。

(2)小结肠，大结肠的骨盆曲、胃状膨大部或左侧上、下大结肠，盲肠，十二指肠等部位发现较硬的积粪，主要提示该部位的肠便秘。

(3)大结肠及盲肠内充满大量气体，腹内压过高，检手移动困难，主要提示肠臌气。

(4)肠系膜动脉根部有明显的动脉瘤，提示肠系膜动脉栓塞。

注意：必须将直肠检查结果和临床检查的结果加以综合分析，才能提出合理的诊断意见。

＊项目小结

消化系统包括消化管道和消化腺两部分。消化道是机体接纳和消化食物的场所且两端与外界相通，最易遭受各种生物因子、理化因子的侵害和刺激，引起动物机体形态和生理机能的变化。因此，消化系统检查在兽医临床上有十分重要的意义。本项目介绍了消化管道及其采食、饮水、咀嚼、吞咽、反刍及呕吐、排粪动作及粪便检查的基本方法；消化管、消化腺、前胃机能紊乱和器质性病变所表现出的主要病理变化及其临床意义。

＊目标检测题

一、选择题

1. 反刍动物腹围左腹侧上方膨大，肷窝凸出，腹壁紧张而有弹性，叩诊呈鼓音，见于(　　)。

A. 急性瘤胃臌气　　B. 瘤胃积食　　C. 创伤性心包炎

D. 慢性消耗性疾病　　E. 皱胃积食

2. 常见家畜中，其发生呕吐的难易程度不同，正确的难易顺序为(　　)。

A. 肉食兽＞猪＞反刍兽＞马

B. 马＞肉食兽＞猪＞反刍兽

C. 猪＞反刍兽＞马＞肉食兽

D. 反刍兽＞肉食兽＞猪＞马

E. 肉食兽＞马＞反刍兽＞猪

3. 动物临床表现里急后重，见于(　　)。

A. 直肠炎　　B. 腹膜炎　　C. 尿道炎

D. 子宫内膜炎　　E. 胃肠臌气

4. 牛发生口蹄疫时，检查口腔可出现的主要变化为(　　)。

A. 双唇紧闭，口温升高，口腔黏膜潮红

B. 口唇肿胀，流涎，口腔干臭

C. 口唇松弛，口温低，口腔黏膜发绀

D. 唇部疱疹，口腔黏膜有红肿、疱疹或溃烂

E. 唇舌肿胀，口腔有腐败臭味，口腔干燥，黏膜极度苍白

5. 动物发生咽炎时，其特征症状是(　　)。

A. 咽部肿胀　　B. 流口水　　C. 吞咽障碍

D. 采食障碍　　E. 咳嗽

6. 病牛口腔及呼出气有烂苹果味，多提示发生了(　　)。

A. 牛氯仿中毒　　B. 牛烂苹果渣中毒　　C. 牛维生素 B_6 缺乏

D. 牛酮血症　　E. 牛瘟

7. 听诊检查马肠音时，在右侧肷部听诊的肠音为(　　)。

A. 小结肠音　　B. 小肠音　　C. 盲肠音

D. 大结肠音　　E. 大肠音

8. 饮欲亢进时，首先考虑的是动物患有(　　)。

A. 消化力强　　B. 代谢障碍　　C. 食盐中毒

D. 慢性肠炎　　E. 都不是

9. 触诊犬腹部有串珠样硬物且敏感，说明该犬患有(　　)。

A. 肠炎　　B. 肠便秘　　C. 肠臌气

D. 肠扭转　　E. 肠套叠

10. 下列中不属于动物排粪动作障碍表现的是(　　)。

A. 便秘　　B. 腹泻　　C. 排粪失禁

D. 里急后重　　E. 乱排乱拉

二、简答题

1. 简述采食和饮水的检查方法及其临床意义。
2. 打开口腔的方法有哪些？简述口腔检查注意事项。
3. 何为吞咽困难？诊断依据是什么？
4. 简述大动物和小动物腹腔检查的特点及临床意义。
5. 引起腹泻的主要原因有哪些？
6. 排粪动作的病理变化有哪些？
7. 简述粪便感观检查的临床意义。
8. 直肠检查的方法有哪些？简述其注意事项。

项目六
泌尿生殖器官的临床检查

【知识目标】

熟悉动物正常的排尿动作及异常排尿的表现形式；学会对动物进行肾脏、膀胱和尿道的检查；熟悉公母畜禽外生殖器和母畜乳房的检查方法。

【技能目标】

1. 掌握动物肾脏、膀胱和尿道的检查操作方法和操作步骤。
2. 熟练识别各种动物排尿动作及异常排尿的表现形式。
3. 掌握公母畜禽外生殖器和母畜乳房的检查方法。

技能一　泌尿器官的检查

★理论知识

1. 泌尿器官

泌尿器官由肾脏、肾盂(盏)、输尿管、膀胱和尿道组成。肾脏是形成尿液的器官，其余部分则是尿液排出的通路，简称尿路。

2. 肾脏的位置

肾脏是一对实质性器官，位于脊柱两侧腰下区，包于肾脂肪囊内，右肾一般比左肾稍在前方。各种动物肾脏具体位置见畜禽解剖学相关内容。

★技能操作

一、肾脏的临床检查

动物的肾脏临床检查方法有：触诊、叩诊、视诊、B超等方法。

1. 触诊

触诊为检查肾脏的重要方法，主要检查肾脏的形态、大小、敏感性、波动感，可分外部和深部触诊两种。

(1)外部触诊　使家畜取站立姿势，两手拇指放于腰部，其余手指由两侧肋弓后方与髋结节之间的腰椎横突下方，左右两侧同时施压并前后滑动，进行触诊。小动物及皮下脂肪薄的动物，左肾在左腰窝的前角可触知，右肾常不易触到；肥猪的肾脏难触及；牛的左肾往往前移。触诊如感到肾脏肿大，压之敏感，并有波动感，提示肾盂肾炎、肾盂积水、化脓性肾炎等；肾脏质地坚硬，体积增大，表面粗糙不平，可提示肾硬变、肾肿瘤、肾结核、肾及肾盂结石等；肾萎缩时，其体积显著缩小，多提示为先天性肾发育不全或萎缩性肾盂肾炎及慢性间质性肾炎等。

诊断肾脏疾病最可靠的方法还是尿液的实验室检验。

(2)深部触诊　多用于小动物肾脏检查，一般采取站立或仰卧保定，通过腹部体表进行。

2. 视诊

视诊主要看精神状态、姿势、步伐，眼睑、腹下、阴囊及四肢下部皮肤是否正常。如发现腰背僵硬、拱起，运步小心，后肢向前移动迟缓时，则有某些肾脏疾病(如急性肾炎、化脓性肾炎等)的可能。发现眼睑、腹下、阴囊及四肢下部水肿，多为肾性水肿。

3. 叩诊

叩诊在肾区外部进行，注意观察有无敏感反应。出现不安、拱背、摇尾和躲避等反应，表示肾脏的敏感性增高。

二、膀胱的检查

(一)膀胱的位置

膀胱是一个中空的肌性器官，位于骨盆腔，为贮尿器官，上接输尿管，下和尿道相连。因此膀胱疾病除膀胱本身原发外，还可继发于肾脏、尿道及前列腺疾病等。

(二)检查膀胱的方法

检查膀胱的方法有：触诊、尿液检查、X线造影、B超等方法，现主要介绍触诊法。

触诊检查主要用手感知膀胱的位置、大小、充盈度、壁的厚度以及有无压痛等，分下腹外部触诊和直肠检查两种。

1. 外部触诊

两手放于下腹的两侧，慢慢向上方抬举，感知膀胱的大小及敏感性。或将右手食指伸入直肠，左手从腹下向上抬举，使膀胱靠近直肠，进行感知，以便触摸有无敏感疼痛，有无膀胱结石等病变。

检查时应注意，在病理情况下，膀胱疾患所引起的临床症状表现有尿频、尿痛、膀胱压痛、排尿困难，尿潴留和膀胱膨胀等。

2. 直肠检查

将手清理消毒后，伸入直肠感知膀胱有无增大、空虚、压痛，结石块、瘤体物或血凝块等。膀胱增大的原因多继发于尿道结石、膀胱括约肌痉挛、膀胱麻痹、前列腺肥大、膀胱肿瘤及尿道的瘢痕和狭窄等，有时也可由于直肠便秘压迫而引起。当膀胱麻痹时，在膀胱壁上施加压力，可有尿液被动地流出，随着压力停止，排尿也立即停止。膀胱空虚，多见于肾源性无尿、膀胱破裂。膀胱压痛，见于急性膀胱炎、尿潴留或膀胱结石等。当膀胱结石时，在膀胱过度充盈的情况下触诊，可触摸到坚硬如石的硬块物或沉积于膀胱底部的砂石状尿石。

三、尿道检查

对尿道可通过外部触诊、直肠检查和导尿管探诊进行检查。雌性动物的尿道，开口于阴道前庭的下壁，检查时可用阴道开张器。

(一)雄性动物的尿道检查

1. 尿道位置

雄性动物尿道位于骨盆腔内及会阴部，骨盆部分有精囊和前列腺附着。

2. 检查方法

(1)直肠检查　多用于骨盆腔内部分，主要检查尿道管的形态、敏感性。

(2)外部触诊　多用于会阴部分，雄性动物的尿道，主要检查尿道管的形态、敏感性。

触诊可检出尿道炎，尿道结石，尿道损伤，尿道狭窄，尿道被脓块、血块或渗出物阻塞，有时尚可见到尿道坏死。

(3)导尿管探诊　探诊尿道的畅通及敏感情况。如遇有梗阻，可怀疑为结石及炎性粘连。如敏感性增强，多为尿道发炎。

(二)雌性动物的尿道检查

1. 尿道位置

雌性动物尿道位于骨盆腔内及会阴部，较短。

2. 检查方法

阴道开张器及外阴视诊：雌性动物的尿道很少发生尿道结石和狭窄，却多发生尿道外口和尿道的炎症性变化。尿道炎有急性和慢性。急性表现为尿频和尿痛；同时尿道外口肿胀，且常有黏液或脓性分泌物，并可能出现血尿乃至脓尿。慢性多无明显症状，仅有少量黏性分泌物。

四、排尿检查

1. 排尿姿势

正常家畜排尿，由于动物种类和性别不同，各有不同。母畜排尿时，停止采食和行进，后肢外展，后躯稍作下沉，尾上举，背腰拱起。公马与母畜同势，但尾不上举。公牛与公羊可在行进和采食中排尿，静止时排尿也不专门起势。公猪排尿时，站立，没有专门的动作，尿液分段排出。公犬、公猫排尿常将一后肢抬起翘在墙壁或其他物体上而将尿射于该处。母犬和幼犬有时坐位也可排尿。

2. 排尿次数和尿量

排尿次数和尿量的多少，与肾脏的泌尿机能，尿路状态，饲料中含水量和动物的饮水量，机体从其他途径(如粪便、呼吸、皮肤)所排水分的多少有密切关系。常见成年动物排尿次数和尿量见表 6-1。

表 6-1 常见成年动物排尿次数和尿量(每天)

动物	排尿次数	尿液量/L	
		平均值	范围值
牛	5～10	6～10	6～25
羊	2～5	0.5～2	
马	5～8	3～6	3～10
猪	2～3	2～5	
犬	3～4	0.25～1	

3. 排尿异常

在病理情况下，泌尿、贮尿和排尿的任何障碍，都可表现出排尿异常，临床检查时应注意下列情况：

(1)频尿和多尿　频尿是指排尿次数增多，而一次尿量不多甚至减少或呈滴状排出，故 24h 内尿的总量并不多。多见于膀胱炎，膀胱受机械性刺激(如结石)，尿液性质改变(如肾炎、尿液在膀胱内异常分解等)和尿路炎症。动物发情时也常见频尿。

(2)多尿　是指 24h 内尿的总量增多，其表现为排尿次数增多而每次尿量并不少，或表现为排尿次数虽不明显增加，但每次尿量增多，乃因肾小球滤过机能增强或肾小管重吸收能力减弱所致。见于肾小管细胞受损伤(如慢性肾炎)，原尿中的溶质(葡萄糖、钠、钾等)浓度增高(如渗出性疾病吸收期、糖尿病等)，尿毒症等，应用利尿剂或大量饮水之后以及发热性疾病的退热期等。

肾源性：肾小球肾炎，急性，见红尿；肾盂肾炎，慢性，见红尿。

肾后性：尿路结石，见红尿之尿石症。膀胱破裂，病初大多出现膀胱结石或尿道结石症状，排尿次数增多，伴有排尿疼痛、尿量少或尿淋漓现象，由于膀胱膨大而致腹围有所增大；膀胱破裂后，动物立即安静，不再出现排尿动作，腹下方迅速呈现对称性膨大，不久出现腹膜炎及休克；腹腔穿刺可见大量棕黄色、透明、带尿味的腹水排出；较长时间后，可致尿毒症、休克。

(3)尿闭　肾脏的尿生成仍能进行，但尿液滞留在膀胱内而不能排出者称为尿闭，又称尿潴留。尿闭可分为完全尿闭和不完全尿闭。多由于排尿通路受阻所致，见于因结石、炎性渗出物或血块等导致尿路阻塞或狭窄时(如尿道阻塞)。膀胱括约肌痉挛或膀胱逼尿肌麻痹时，也可引起尿闭。例如，导致后躯不全瘫痪或完全瘫痪的脊髓腰荐段病变，因影响位于该处的低级排尿中枢或副交感神经功能丧失，逐渐引起尿潴留。

尿闭临床上也表现为排尿次数减少或长时间内不排尿，但与少尿或无尿有本质的不同。尿闭时因肾脏生成尿液的功能仍存在，尿不断输入膀胱，故膀胱不断充盈，患病动物多有“尿意”，且伴发轻度或剧烈腹痛症状；直肠触诊膀胱膨满，有压痛，加压时尿呈细流状或滴沥状排出。尿潴留逐渐发展至膀胱内压超过膀胱内括约肌的收缩力或冲过阻塞的尿路时，尿液也可自行溢出。但完全尿闭因膀胱过度膨满终至破裂，则直肠触诊也感到膀胱空虚。

(4)排尿困难和疼痛　某些泌尿器官疾病可使动物排尿时感到非常不适，甚至呈现腹痛样症状，排尿困难，称为痛尿。患病动物表现弓腰或背腰下沉，呻吟，努责，回头顾腹，阴茎下垂，并常引起排尿次数增加，频频试图排尿而无尿排出，或呈细流状或滴沥状排出(痛性尿淋漓)，也常引起排粪困难而使粪停滞。痛尿见于膀胱炎，膀胱结石，膀胱过度膨满，尿道炎，尿道阻塞，阴道炎，前列腺炎，包皮疾患，肾盂肾炎，肾梗死或炎性产物阻塞肾盏。尿道阻塞时，呻吟、努责常发生在排尿动作之前或伴发于排尿过程中，而且如果尿液不能顺利通过此阻塞部位时，则呈痛性尿淋漓。尿道炎时，呻吟和坠胀常于尿液排出之后立即出现，并逐渐消失，直至下次排尿时再发生。

老龄、体衰、胆怯动物，雌性动物发情期也有呈现尿淋漓，但无疼痛表现。这些情况都无泌尿系统疾病的其他症状和尿液变化，故可区别。

(5)尿淋漓　多见于尿道炎，表现为尿淋漓，初尿偏红、浑浊、混黏液、脓液，尿道口潮红、肿胀，导尿敏感疼痛。

五、三杯尿试验法

三杯尿试验法：取患病动物早晨的尿液，用纸杯分别取前段、中段、后段尿液，观察其尿色的变化。

第一杯尿(前段尿)呈现红色——预示尿道出血；

第二杯尿(中段尿)呈现红色——预示肾脏出血；

第三杯尿(后段尿)呈现红色——预示膀胱出血。

技能二　生殖器官与乳房的检查

＊理论知识

家畜的生殖器官分雌雄两类，雄性动物生殖器官包括阴囊、睾丸、精索、附睾、阴茎和一些副腺体(前列腺、贮精囊和尿道球腺)，雌性动物生殖器官包括卵巢、输卵管、子宫、阴道和阴门。

＊技能操作

一、雄性动物生殖器官检查

(一)阴囊检查

(1)位置　不同动物，阴囊位置不同，猪的在会阴部、肛门下方，犬、猫、马、牛、羊的在耻骨下方、两大腿之间。

(2)检查方法　有视诊、触诊、穿刺等。

①视诊：看阴囊壁完整性，形态、大小。

②触诊：触阴囊的敏感性、温度、壁的厚薄。

③穿刺：检查阴囊内液体的多少、理化特性。

检查可判定阴囊及阴鞘水肿、阴囊局部炎症、睾丸炎、阴囊疝等疾病。

(二)睾丸检查

(1)位置　位于阴囊内。

(2)检查方法　有视诊、触诊、穿刺等。

①视诊：看睾丸形态、大小。

②触诊：触睾丸的敏感性、温度。

③穿刺：检查睾丸内液体理化特性。

睾丸明显肿大、疼痛，阴囊肿大，触诊时局部压痛明显、增温，患病动物精神沉郁，食欲减退，体温增高，后肢多呈外展姿势，出现运步障碍，多为睾丸炎与附睾炎。如发热不退或睾丸肿胀和疼痛不减时，应考虑有睾丸化脓性炎症的可能。此时全身症状更为明显，阴囊逐渐增大，皮肤紧致发亮，阴囊及阴鞘水肿，且可出现渐进性软化病灶，以致破溃。必要时可行睾丸穿刺以助诊断。患布氏杆菌病时，常发生附睾炎、睾丸炎及前列腺炎。一侧睾丸肿大、坚硬并有结节，应考虑为睾丸肿瘤。摸不到睾丸，可能为隐睾或先天性睾丸发育不全。

(三)精索检查

(1)位置　位于阴囊内。

(2)检查方法　触诊。

触诊精索的大小，结节。触诊精索，发现大小不一、坚硬的肿块，有明显的压痛和运步障碍，是为精索硬肿，为去势后常见之并发症。

(四)阴茎及龟头检查

(1)位置　位于自耻骨联合处经会阴至脐部的皮肤内。

(2)检查方法　有视诊、触诊、导尿管检查等。

①视诊：检查形态、完整性、无红肿、出血、分泌物。

②触诊：检查敏感性、温度。

③导尿管检查：尿道的畅通情况。

在雄性动物生殖器官疾病中，阴茎麻痹、龟头局部肿胀及肿瘤较为多见。公犬猫阴茎较长，更易发生病变。局部发炎，肿胀或溃烂，尿道流血，排尿障碍，局部疼痛和尿潴留，阴茎、阴囊、腹下水肿和尿外渗，组织感染、化脓和坏死等，可疑阴茎损伤。导尿管检查则不能插入膀胱，或仅导出少量血样液体，可疑有尿道损伤。阴茎肿大并表现疼痛不安，可疑为阴茎嵌顿、阴茎外伤。阴茎根部的海绵体表面有时发生脓疱，龟头肿胀时，局部红肿、发亮，有的发生糜烂，甚至坏死，有多量渗出液外溢，尿道可流出脓性分泌物，可疑为阴茎根部的海绵体化脓性炎症。阴茎及龟头部呈不规则的肿块和菜花状，可疑为阴茎及龟头部肿瘤，常溃烂出血，有恶臭分泌物。

二、雌性动物生殖器官检查

雌性动物卵巢及子宫的检查，大家畜可用直肠检查法，小动物可采用B超检查，这两种方法在此不做介绍。下面只介绍阴道和阴门的检查。

(1)检查方法　以视诊、触诊为主。检查时可借助阴道开张器。

(2)常见变化

①生殖器官畸形：生殖器官先天发育不良，可见阴门、阴道狭小，表现为发育成熟的动物不见发情。

②慢性子宫内膜炎：无明显全身症状；阴道长期流出黏液性或脓性分泌物。

三、乳房检查

乳房检查对乳腺疾病的诊断具有很重要的意义。

检查方法主要有视诊、触诊，并注意乳汁的性状。

①视诊：注意乳房大小、形状，乳房和乳头的皮肤颜色，有无发红、橘皮样变、外伤、隆起、结节及脓疱等。乳房皮肤上出现疱疹、脓疱及结节多为痘疹、口蹄疫等症状。

②触诊：可确定乳房皮肤的厚薄、温度、软硬度及乳房淋巴结的状态，有无脓肿及其硬结部位的大小和疼痛程度。

检查乳房温度时，应将手贴于相对称的部位，进行比较。检查乳房皮肤厚薄和软硬时，应将皮肤捏成皱襞或由轻到重施压感觉之。触诊乳房实质及硬结病灶时，须在挤奶后进行。注意肿胀的部位、大小、硬度、压痛及局部温度，有无波动或囊性感。乳房炎时，炎症部位肿胀、发硬，皮肤呈紫红色，有热痛反应，有时乳房淋巴结也肿大，挤奶不畅。炎症可发生于整个乳房，有时，仅限于乳腺的一叶，或仅局限于一叶的某部分。因此，检查应遍及整个乳房。如脓性乳房炎发生浅表脓肿时，可在乳房表面出现丘状突起。发生乳房结核时，乳房淋巴结显著肿大，形成硬结，触诊常无热痛。

③乳汁感观检查：除隐性型病例外，多数乳房炎患畜乳汁性状都有变化。检查时，可将各乳区的乳汁分别挤入手心或盛于器皿内进行观察，注意乳汁颜色、稠度和性状。如乳汁浓稠内含絮状物或纤维蛋白性凝块，或脓汁、带血，可为乳房炎的重要指征。必要时进行乳汁的化学分析和显微镜检查。

⋆项目小结

泌尿系统由输尿管、肾脏、膀胱和尿道组成。在神经体液的调节下，对不断排出体内的代谢产物和侵入体态的有害物质，维护体内的水盐代谢、酸碱平衡等内环境的稳定具有重要的作用。本项目介绍了动物的排尿动作，尿液的感观性状，肾、膀胱及尿道的正常状态和检查方法及其常见的病理异常(如排尿障碍、尿液异常)的临床意义，并介绍了泌尿系统检查用得较多的尿道探诊和导尿技术；生殖系统介绍了公母畜的外生殖器及母畜乳房的检查及病理变化。

★目标检测题

一、选择题

1. 触诊发现肾脏肿大，压之敏感，并有波动感提示有(　　)等疾病。
A. 肾盂肾炎　B. 肾盂积水　C. 化脓性肾炎　D. 肾肿瘤
2. 不是肾性水肿的表现是(　　)。
A. 眼睑水肿　B. 腹下水肿　C. 四肢下部水肿　D. 腰部皮肤水肿
3. 直肠检查，膀胱增大的原因多继发于(　　)。
A. 尿道结石　B. 膀胱括约肌痉挛　C. 前列腺肥大　D. 肾源性无尿
4. 频尿和多尿多见于(　　)。
A. 膀胱炎　B. 结石　C. 肾炎　D. 尿路炎症
5. 肾炎不具备的症状是(　　)。
A. 疼痛　B. 发热　C. 多尿　D. 少尿
6. 雄性动物生殖器官疾病较为多见的是(　　)。
A. 阴茎麻痹　B. 龟头局部肿胀　C. 龟头肿瘤　D. 睾丸炎
7. 乳房皮肤触诊的内容有(　　)。
A. 皮肤的厚薄　B. 温度　C. 软硬度　D. 乳房淋巴结
8. 不是乳汁感观检查内容的是(　　)。
A. 乳汁颜色　B. 乳汁稠度　C. 乳汁性状　D. 乳汁脓细胞
9. 公猪阴囊膨大，触诊阴囊有软坠感，腹痛，阴囊皮肤温度较低，则提示(　　)。
A. 阴囊疝　B. 阴囊炎　C. 睾丸炎　D. 阴囊脓肿
10. 检查牛卵巢的疾病及生理状态，除采用直肠检查的方法外，最好用的特殊检查方法是(　　)。
A. B 超　B. X 线拍片　C. X 线透视　D. 内窥镜

二、思考题

1. 简述肾脏的临床诊断方法及检查内容。
2. 说明动物排尿异常的表现和临床意义。
3. 简述动物乳房检查的方法及检查内容。

项目七
神经系统的临床检查

【知识目标】

了解神经系统意识障碍、运动障碍、感觉障碍的检查方法；掌握精神兴奋、精神抑郁、强迫运动、共济失调、痉挛、麻痹及浅感觉、深感觉、感觉器官和反射的定义和病理变化；熟悉意识、运动和感觉障碍等几大主要病变的临床意义。

【技能目标】

能够对意识障碍、运动障碍、感觉障碍进行检查并能诊断相应疾病。

★理论知识

神经系统主要包括大脑、小脑、脑干、脊髓和周围神经等。神经系统是机体各器官系统活动的主要协调机构，对所有的生理机能都发挥着调节作用。神经系统检查，不仅对神经系统本身疾病有诊断意义，而且对机体其他系统疾病如代谢病、外(内)源性中毒、血液病等的诊断具有十分重要意义。神经系统检查主要包括意识障碍、运动障碍、感觉障碍、头颅及脊柱检查等。

一、意识障碍

(一)正常状态

健康动物姿势自然，动作敏捷而协调，反应灵活。

(二)病理变化

1. 精神兴奋

精神兴奋乃中枢神经机能亢进的结果。表现为不安、易惊，对轻微刺激即产生强烈反应，甚至挣扎脱缰，无目的地前冲、后退，有时攀登饲槽或顶撞墙壁，暴眼凝视，不顺从饲养人员管理，咬、踢人畜，有时癫狂、抽搐、摔倒而骚动不安。

兴奋发作与外界影响无关。相反，在发作的时候可见病畜对外来刺激的感受性降低。

兴奋发作时，常伴有心率加快、节律不齐，呼吸粗厉、快速等症状。

依据其程度不同，可将兴奋分为以下几种：恐怖、异常敏感、不安、狂躁和狂乱。

临床见于脑膜充血性疾病，如日射病和热射病；炎症性疾病，如乙型脑炎、狂犬病、猪伪狂犬病、传染性脑脊髓炎等；中毒病，如氟乙酰胺中毒等。

2. 精神抑制

精神抑制是大脑皮层抑制过程占优势的表现，是神经中枢对刺激反应低下或缺乏的结果。

(1)沉郁　是大脑皮质机能轻度抑制的结果。反应迟钝但人为刺激尚能做出反应。动物表现为低头垂耳，眼半闭，尾不摆而呆立不动，不注意周围事物，反应迟钝。多见于毒素对脑的作用和一定程度的缺氧及血糖降低所致，是一个常见的症状。

(2)昏睡　是大脑皮质机能中度抑制的现象。动物表现出沉睡状态，对外界刺激反应异常迟钝，强大刺激后才能出现短暂反应，但很快陷入沉睡。见于脑炎、颅内压升高等。

(3)昏迷　是大脑皮质机能高度抑制的表现。表现为意识丧失，反射消失，瞳孔散大，粪尿失禁，心跳、呼吸微弱。常为预后不良的征兆。见于脑部疾病、中暑及中毒后期。

二、运动障碍

正常时动物各有其固有的运动姿势。

运动障碍主要表现为强迫运动、共济失调、痉挛、麻痹四种。

1. 强迫运动

强迫运动是指动物不受意识支配和外界环境影响，而出现的强制的有规律的运动。

(1)圆圈运动　动物按一定的方向做游走运动，呈转圈或时针样运动。见于脑部疾病如脑炎或脑膜炎以及某些中毒病。

(2)盲目运动　病畜无目的地行走，不注意周围事物，不顾外界刺激而不断前行，遭遇障碍物而顶住不动。见于脑部炎症。

(3)滚转运动　动物不自主地向一侧倾倒或强制性卧于一侧，或以身体的长轴为中心向一侧滚翻。见于颅内占位性病变，如多头蚴病、猪的脑囊虫病。

(4)暴进及暴退　患畜将头高举或低下，以常步或速步不顾障碍向前狂进，称为暴进。见于大脑皮层动物区、纹状体、丘脑等受损害。暴退是头颈后仰、连续后退，甚至倒地。见于小脑损害、颈肌痉挛等。

2. 共济失调

健康动物借小脑、前庭、锥体束及锥体外系以调节肌肉的张力，协调肌肉的动作，从而维持姿势的平衡和运动的协调。视觉也有维持体位平衡和运动协调的作用。在运动中的肌群动作相互不协调所导致动物体位和各种运动异常表现称为共济失调。

(1)静止性失调　指动物在站立状态下出现的体位失平衡现象。表现为站立不稳，四肢叉开，倚墙靠壁，四肢紧张度降低，软弱等，常见于小脑、前庭神经受损。

(2)运动性失调　为运动时出现共济失调。表现为运动时步态失调，后躯摇摆，行走如醉，高抬肢体似涉水状等。见于脑炎、脑脊髓炎以及侵害脑中枢的某些传染病，如猪伪狂犬病、鸡脑脊髓炎、中毒病、某些寄生虫病如脑脊髓丝虫病。

3. 痉挛(运动过强)

痉挛是指横纹肌不随意收缩的一种病理现象，可表现为强直性、阵发性两种痉挛。

(1)强直性痉挛　表现为屈、伸肌都处于高度紧张状态，但以伸肌紧张状态占优势，常使机体持续保持一种强迫的姿势，称为角弓反张，见于破伤风、番木碱中毒。

(2)阵发性痉挛　表现为单个肌群发生短暂的收缩，收缩与弛缓交替。如快速交替发生即称震颤。临床上见于链球菌病、伪狂犬病、有机磷中毒、氟乙酰胺中毒、内中毒、低血钙等。

发热、伴发剧痛性的疾病、内源性中毒时，常见肌肉的纤维性痉挛或称为战栗。

4. 麻痹(瘫痪)

麻痹是指动物的随意运动减弱或消失。根据病变部位不同，可分为以下两种。

(1)末梢性麻痹(外周性麻痹)　下行神经元即位于脊髓、脑干的运动神经细胞、轴突及突触所组成的脊髓运动神经元和脑神经运动支受损伤所致。特点：肌肉随意运动和反射性运动消失，肌肉松弛，紧张性降低，故被动运动无抵抗力(又称弛缓性麻痹)，肌肉萎缩、电兴奋性降低。常见有面神经、三叉神经、坐骨神经麻痹。

(2)中枢性麻痹　上行神经元即大脑皮质运动区或锥体、锥体外系统损伤所致。特点：肌肉紧张性增高，对被动运动具有抵抗力，皮肤反射减弱，腱反射亢进，肌肉不发生萎缩，电兴奋性正常，故又称紧张性麻痹或痉挛性瘫痪。常见于脑炎、脑出血、脑中毒性坏死、脑寄生虫、肿瘤、某些重度中毒病等。中枢性麻痹时，多伴有中枢神经机能障碍(如昏迷)。

瘫痪按其发生的肢体部位，还可分为以下三种。

(1)单瘫　表现为某一肌群或一肢的麻痹，多由于末梢神经损伤，如三叉神经或面神经损害，能影响咀嚼、开口和采食。

(2)偏瘫　即一侧肢体的麻痹，见于脑病且常表现为病变部位的对侧肢体瘫痪。

(3)截瘫　为身体两侧对称部位发生麻痹。多由脊髓横断性损伤所致。

三、感觉障碍

(一)一般感觉

感觉是动物机体与内外环境保持联系的一种特殊功能，是神经系统的基本功能。各种刺激作用于感受器，由传导系统传递到脊髓和脑，最后到达大脑皮质的感觉区，经过分析和综合，产生特定的感觉。动物的感觉系统分为两类：一类是特殊感觉，如视觉、听觉、嗅觉和味觉；另一类是一般感觉，包括浅感觉(触、温、痛觉)和深感觉(肌、腱、关节感觉)。

1. 浅感觉

(1)正常状态　健康动物对触、痛觉检查可表现被毛颤动及皮肤收缩的反应外，还会出现回头、竖耳、龇牙、躲闪、鸣叫、四肢骚动或其他动作等。

(2)病理变化

①感觉消失或减弱：亦称感觉迟钝。病畜在清醒的状态下，体表对刺激的感觉能力降

低或感觉程度减弱；感觉消失指对任何强度的刺激都不发生感觉反应。常由于中枢机能抑制所致。见于脊髓及脑干的疾病。

②感觉过敏：病畜对抚摸、轻微刺激等产生过强的反应，如退避、抗拒、鸣叫等，多见于外周神经、脊髓和丘脑损伤、中毒病和代谢紊乱等。

③感觉异常：没有外界刺激而出现的异常感觉，常表现为动物集中注意于某一局部，或经常、反复啃咬、搔抓同一部位。

2. 深感觉

深感觉亦称本体感觉，指皮下深部的肌肉、关节、骨骼、腱和韧带的感觉。检查时可人为地改变动物肢体的自然姿势并观察其反应。健康动物在去除外力后即恢复正常，而不恢复则提示深部感觉障碍，提示大脑和脊髓受损害，见于脑炎、慢性脑积水、脊髓损伤、某些中毒病等，如鸡马立克氏病时，两前肢前后叉开着地。

(二)感觉器官

1. 视觉

病理变化：

①眼睑：上眼睑下垂，多由眼睑举肌麻痹所致，见于面神经麻痹，脑炎、脑肿瘤及某些中毒病；眼睑肿胀，见于流行性感冒、牛恶性卡他热、猪瘟、禽流感、鸡的组织滴虫病等。眼睑水肿，常是仔猪水肿病的特征。

②眼球：眼球呈有节律性的搐搦，两眼快速地来回转动，称为眼球震颤，见于急性脑炎、癫痫等；眼球下陷，见于眼球萎缩、严重失水性疾病，如牛的前胃疾病、各种动物的腹泻性疾病等。

③角膜：角膜浑浊，见于马流感、牛恶性卡他热及泰勒焦虫病；也可见于创伤或维生素 A 缺乏症及马的周期性眼炎和其他眼病。

④瞳孔：瞳孔的变化除见于眼本身的疾病外，还可反映全身的疾病，其中尤以对中枢神经系统病变的判断有重要价值。

瞳孔散大，主要见于脑膜炎、脑肿瘤或脓肿、多头蚴病、阿托品中毒；若两侧瞳孔呈迟发性散大，对光反应消失，眼球固定前视，表明脑干功能严重障碍，病畜已进入垂危期；当病畜高度兴奋和剧痛性疾病时，也可出现瞳孔散大，但仍保持对光有反应。

瞳孔缩小，若伴发对光反应迟缓或消失，提示颅内压升高或交感神经、传导神经受损害，见于慢性脑室积水、脑膜炎、有机磷中毒及多头蚴病等；若瞳孔缩小、眼睑下垂、眼球凹陷，三者同时出现，为交感神经及其中枢受损的指征。

⑤视力：病畜视物不清，甚至失明，可见于犊牛、禽类的维生素 A 缺乏症，猪的食盐中毒，马的周期性眼炎以及其他重度眼病的后期。

2. 听觉

病理变化：

①听觉增强(听觉过敏)：病畜对轻微声音敏感，即将耳郭转向发音的方向或一耳向前，一耳向后，迅速来回转动，同时惊恐不安、肌肉痉挛等，可见于破伤风、马传染性脑脊髓炎、牛酮血症、狂犬病等。

②听觉减弱：对较强的声音刺激无任何反应，主要见于脑中枢疾病或耳膜受损等。

3. 嗅觉

(1)正常状态　健康动物闻及饲料的芳香味，往往唾液分泌增加，出现咀嚼动作，向饲料处寻食。嗅觉灵敏的警犬，则可正确无误地找出主人。

(2)病理变化　嗅觉障碍时，则嗅觉减低或丧失，多由鼻黏膜炎症引起。但应注意结合其他症状与食欲废绝者相区别。

(三)反射机能

1. 皮肤反射

皮肤反射有：鬐甲反射、腹壁反射、尾反射、肛门反射、提睾反射、蹄冠反射。

2. 黏膜反射

黏膜反射主要是喷嚏反射与角膜反射。

3. 深部反射

(1)膝反射　检查时动物横卧，应使其上侧的后肢肌肉保持松弛状态，方可进行检查。当叩击髌骨韧带时，肢体与关节伸展。

(2)腱反射　动物横卧，叩击跟腱，则引起跗关节伸展与球关节屈曲。

4. 病理变化

(1)反射亢进或增强　因反射弧或反射中枢兴奋性增高或刺激过强所致。见于脊髓背根、腹根或外周神经的炎症，以及脊髓膜炎、破伤风、有机磷中毒、士的宁中毒等。此外，当中枢运动神经原(锥体束)损伤时，也可以呈现反射亢进。

(2)反射减弱或消失　是反射弧的传导路径受损所致。常提示脊髓背根(感觉根)、腹根(运动根)或脑、脊髓灰质的病变，见于脑积水、多头蚴病等。极度衰弱的病畜反射均可减弱，昏迷时则消失，这是由于高级神经中枢兴奋性降低的结果。

四、头颅和脊柱检查

1. 头颅

(1)头部异常增大，见于先天性脑积水；局部膨大变形，见于外伤、肿瘤、额窦炎；颅骨变形，见于代谢障碍而致的骨质疏松症、骨软症、佝偻病等；触诊头颅动物呈敏感反应，见于颅骨骨裂或损伤。

(2)温度升高　除局部外伤、炎症外，常为脑、脑膜充血及炎症，如热射病及日射病等疾患的一个特征。

(3)叩诊浊音　见于脑瘤、额窦炎、脑包虫病。叩诊时应两侧对照检查。

2. 脊柱

(1)变形　脊柱上凸(向上弯曲)、下凹(向下弯曲)、侧凸(向侧方弯曲)。一是骨骼的变形，见于骨软症或佝偻病；二是支配脊柱的神经肌肉紧张性不协调，见于脑膜炎、脊髓炎、破伤风和前庭神经麻痹，如鸡新城疫和维生素 B 缺乏症。

(2)肿胀　局部肿胀、疼痛常为外伤，如挫伤或骨折。

(3)僵硬　表现为快速运动或转圈运动时不灵活，常见于破伤风、腰肌风湿、药物中毒等。

*技能操作

一、材料与设备

保定柱栏，橡胶手套，消毒剂，叩诊锤，叩诊板等。

二、操作内容与方法

(一)意识障碍

检查方法：意识和精神状态是指动物对于刺激是否具有反应以及如何反应。注意观察头部即面部表情、眼、耳、尾、四肢及皮肤的动作，身体姿势，运动时的反应。

(二)运动障碍

检查方法：检查时首先观察动物静止时肢体的位置、姿势；然后将动物的缰绳松开，任其自由活动，观察有无不自主运动、共济失调等现象。此外，可用触诊的方法检查肌腱的能力及硬度；并且对肢体做他动运动，以感觉其抵抗力。

(三)感觉障碍

1. 一般感觉

(1)浅感觉　可检查动物皮肤的触觉、痛觉、温热觉。由于浅感觉易受外界环境影响和反射的干扰，在判断上有一定的困难。应在安静的环境下进行检查，一般在检查前用黑布蒙盖动物的双眼，以排除因视觉引起的反应。

①触觉检查：可用细棒(如细草秆、树枝及手指尖等)轻轻接触其鬐甲部被毛，观察所接触的被毛、皮肤有无反应，尤以耳壳内细毛反应最明显。并比较身体的对称部位感觉是否相同。

②痛觉检查：可用消毒的钝针头或用镊子夹皮肤，由臀部开始向前沿脊柱两侧直至颈侧，边检查边观察动物反应。由于体表皮肤的各个部位引起感觉的最小刺激强度也就是感觉阈不相同，因此不同部位痛觉的差异也不同，如唇、鼻尖、股内、蹄间隙、外生殖器、肛门周围及尾的下面感觉阈低，因此最为灵敏；而臀部、大腿外侧、胸壁等部位则比较迟钝。

(2)深感觉　检查时可人为地改变动物肢体的自然姿势并观察其反应。

2. 感觉器官

(1)视觉　观察眼睑、眼球、角膜、瞳孔的状态；着重检查眼的视觉能力及瞳孔对光的反应。检查视力时，可牵引病畜前进，使其通过障碍物；还可用手在动物眼前晃动，或做欲行打击的动作，观察其是否躲闪或有无闭眼反应。然后，用手遮盖动物的眼睛，并迅即放开以观察光线射入瞳孔后的缩小反应；也可在较暗的条件下，突然用手电筒从侧方照射动物的眼睛，同时观察瞳孔的缩小反应。

(2)听觉　一般在安静的环境下，利用人的叫喊声或给以其他音响(如鼓掌)的刺激，以观察动物的反应。

(3)嗅觉　将动物眼睛遮盖，用有芳香味的物质或良质饲草、饲料置动物鼻前，给动物闻嗅，以观察其反应。对警犬可先令其闻嗅某人用过的物品(如手帕或鞋袜)，然后令其寻找物品的主人等。

3. 反射机能

(1)皮肤反射检查方法

①鬐甲反射：轻轻触及鬐甲部被毛或皮肤，则皮肌缩动。

②腹壁反射：轻触腹壁时，腹肌收缩。

③尾反射：轻触尾根部腹侧皮肤时，则尾根收动。

④肛门反射：触及肛门皮肤时，肛门外括约肌收缩。

⑤提睾反射：刺激股内侧皮肤时，可见同侧睾丸上提。

⑥蹄冠反射：用针刺或用脚踩蹄冠，正常动物则立即提肢或回顾。此一反射可用于检查颈部脊髓功能。

(2)黏膜反射检查方法

①喷嚏反射：刺激鼻黏膜则引起喷嚏或振鼻。

②角膜反射：轻轻刺激角膜，引起眼睑闭合。

(3)深部反射检查

①膝反射：检查时动物横卧，应使其上侧的后肢肌肉保持松弛状态，方可进行检查。当叩击髌骨韧带时，肢体与关节伸展。

②腱反射：动物横卧，叩击跟腱，则引起跗关节伸展与球关节屈曲。

(四)头颅和脊柱的检查

检查方法：观察头颅形状、大小及脊柱的外形，配合进行触诊及叩诊。

★项目小结

神经系统是机体各器官系统活动的主要协调机构，神经系统检查不仅对神经系统本身疾病有诊断意义，而且对机体其他系统疾病的诊断都具有十分重要意义。本项目介绍了神经系统意识障碍、运动障碍、感觉障碍的检查方法和临床意义；叙述了精神兴奋、精神沉郁、强迫运动、共济失调、痉挛、麻痹及浅感觉、深感觉、感觉器官和反射的定义及病理变化。

★目标检测题

一、选择题

1. 浅感觉检查时发现动物有啃咬、摩擦皮肤等瘙痒感，提示(　　)。

A. 感觉过敏　　B. 感觉性减退及缺失　　C. 感觉异常

D. 感觉正常　　E. 以上都不对

2. 患畜的肌肉收缩力正常，但在运动过程中，各肌群不协调，使病畜的体位、运动方向、顺序、匀称性及着地力量等发生改变。该症状是(　　)。

A. 痉挛　　B. 震颤　　C. 肌纤维颤动
D. 强迫运动　　E. 共济失调

3. 牛、羊患有多头蚴病时则出现(　　)。

A. 痉挛　　B. 震颤　　C. 肌纤维颤动
D. 强迫运动　　E. 共济失调

4. 动物出现强直性痉挛，提示患有(　　)。

A. 一氧化碳中毒　　B. 低钙血症　　C. 尿毒症
D. 破伤风　　E. 药物中毒

5. 下列属于动物精神兴奋的症状的是(　　)。

A. 闭目呆立　　B. 骚动不安　　C. 头低耳耷
D. 全身肌肉松弛　　E. 反应迟钝

6. 下列表现中不属于动物强迫运动表现的是(　　)。

A. 圆圈运动　　B. 盲目运动　　C. 暴进暴退
D. 滚转运动　　E. 震颤

二、简答题

1. 简述动物精神兴奋与抑制的表现和临床意义。
2. 中枢性瘫痪和外周性瘫痪区别有哪些?
3. 如何区别强直性痉挛和阵发性痉挛?
4. 简述感觉障碍的类型和临床意义。

模块二

实验室诊断技术

项目八 血常规检查

【知识目标】

本项目主要介绍了血液标本采集方法，血常规检查(红细胞沉降速度、红细胞压积、血红蛋白、出血时间、凝血时间、红细胞计数、白细胞计数、白细胞分类计数、血小板计数及异常白细胞的检查)原理、方法、参考值及临床意义。通过学习，掌握血常规检查的操作过程，了解各项检查的注意事项，熟悉各种动物各项血常规生理指标和临床意义。

【技能目标】

1. 掌握毛细血管采血法、静脉采血法和心脏采血法以及血液抗凝的各种方法。熟悉抗凝剂的配制。
2. 会使用魏氏血沉管、沙利氏血液吸管、细胞计数板。
3. 能配制血常规检测用的各种液体(如抗凝剂、染色液等)。
4. 掌握凝血、出血时间测定方法及临床意义。

技能一　血液的采集与抗凝

***理论知识**

一、采血的方法

根据检验项目、所需血量和动物的种类不同，可分为毛细血管采血法、静脉采血法和心脏采血法。

(1)毛细血管采血法　常用的检验项目中除了血沉和红细胞压积测定外，其他各个项目测定用血量较少，均可在耳尖、耳缘及耳静脉处用毛细血管采血法采血。

(2)静脉采血法　大动物可在颈静脉采血，猪可在前腔静脉采血(部位与方法见模块三项目十七的技能三静脉注射部分)，禽类可在翼下静脉采血，犬、猫在小腿外侧静脉或前臂内侧皮下静脉。

(3)心脏采血法　多用于鸡及实验动物需多量血液时。

二、血液样品处理

采血后，需根据不同情况对血液样品做处理。处理方法有血清快速分离法与血液抗凝法。血液抗凝法常用的抗凝剂有枸橼酸钠(柠檬酸钠)、草酸钠、双草酸盐抗凝剂、EDTA二钠、肝素五种。

*技能操作

一、采血方法

1. 毛细血管采血法

(1)部位　在耳尖、耳缘及耳静脉处。

(2)采血方法　采血前进行剪毛、酒精消毒，待酒精挥发后，用针头快速刺入消毒部位，让血液自然流出。流出的第一滴血制作血液涂片，第二滴血做红、白细胞计数和血红蛋白测定。操作时在使用第二滴血前必须把第一滴残血用棉球擦干净，让第二滴血自然流出。

犬、猫等小动物的术部应在消毒后涂布一层凡士林，然后刺入。这样流出的血液易成滴状，便于吸取。

2. 静脉采血法

(1)部位　大动物在颈静脉采血，猪可在前腔静脉采血(部位与方法见注射法部分)，禽类在翼下静脉采血。

(2)采血方法　禽类用细针头刺入翼下，让血液流出并接入小试管中。犬、猫可利用小腿外侧静脉或前臂内侧皮下静脉，局部剪毛消毒后，用止血带扎住采血部位的上端或由助手握住采血部位的近心端，使静脉怒张，用无菌的注射器接上针头采血。

3. 心脏采血法

(1)部位　左侧胸部第1～2肋间。

(2)采血方法　摸到心搏动明显处，针头与胸壁呈垂直方向缓慢刺入，刺入心脏后由于心脏压力较静脉高，血液可自行流入注射器。

二、血液样品处理

采血后，根据不同情况需对血液样品做如下处理。

1. 血清快速分离法

如需血清作为血样，可将盛血管放入离心机内，以2500r /min的速度离心3min，使红细胞和血浆分离，然后放入37℃温箱中30min促使血液加速凝固、收缩，以分离较多的血清。

2. 血液抗凝法

供检血液最好采取后随即进行检验。血液的各项检验凡需用全血或血浆者，均需用适当的抗凝剂，使血液不发生凝固。使用抗凝剂时，应根据其生化特性和抗凝能力恰当选择。抗凝剂与血液的比例要适当，不能过多，也不能过少。常用的抗凝剂有以下几种。

(1)枸橼酸钠(柠檬酸钠) 配成3.8%水溶液，主要用于血沉测定时的抗凝，不宜用于化学检验。

(2)草酸钠 配成0.1mol/L溶液，与血液按1∶9比例使用。可用于血液常规检验。但因其对红细胞大小有影响，故不能用作红细胞压积和红细胞形态学测定，也不能用于血钾与血钙的测定。

(3)双草酸盐抗凝剂 草酸钾0.8g，草酸铵1.2g，蒸馏水加至100mL。使用前吸取0.5mL加入采血管或小试管中，置干燥箱(温度不能超过80℃)或真空干燥箱内干燥备用，每支试管可抗凝5mL全血。实际为10mg双草酸盐可抗凝5mL血液而不改变红细胞的形态，可用于红细胞的压积和容积的测定，但不宜用于血小板和白细胞分类计数，因为双草酸盐可使血小板聚集并影响白细胞形态。

(4)EDTA二钠(乙二胺四乙酸二钠) 配成100g/L溶液，每2滴可使5mL全血抗凝。在目前的众多抗凝剂中，EDTA盐($EDTA\text{-}Na_2$，$EDTA\text{-}K_7$，$EDTA\text{-}K_3$)是对白细胞形态和血小板影响相对较小的抗凝剂，最适合用于血常规检验，但不能用于血钙、钠及含氮物测定。

(5)肝素 抗凝1mL全血需用肝素0.1～0.2mg，优点是抗凝能力强，不影响血细胞体积，不引起溶血。但过量的肝素会引起白细胞聚集并使血涂片染色时产生蓝色的背景，故不能用于白细胞计数和分类计数。通常肝素钠粉剂(每毫克含肝素100～125单位)配成1g/L溶液，取0.5mL放入小瓶中，37～50℃烘干后，可抗凝5mL血液。

技能二 红细胞沉降速度的测定

★理论知识

一、实验原理

红细胞沉降是一个比较复杂的物理化学和胶体化学过程，其原理一般认为与血中电荷含量有关。正常时，红细胞表面带负电荷。血浆中的白蛋白也带负电荷，而血浆中的球蛋白、纤维蛋白原却带正电荷。畜禽体内发生异常变化时，血细胞数量及血液化学成分也会有所改变，直接影响正、负电荷的相对稳定性。如正电荷增多，则负电荷相对减少，红细胞相互吸附，形成串钱状。由于物理性的重力加速，红细胞沉降速度加快。反之，红细胞相互排斥，其沉降速度变慢。

二、正常参考值

动物因品种不同，血沉率有较大差异，一般马属动物血沉率最快，其次是水牛，而黄牛、乳牛、绵羊、山羊、猪及鸡的血沉率较慢。为加速沉降率和便于观察，可将血沉管架倾斜 60°放置。健康动物的血沉率参考值见表 8-1。

表 8-1　健康动物的血沉率参考值

动物	测定数	血沉值/mm				资料来源
		15min	30 min	45 min	60 min	
马	—	29.7	70.7	95.3	115.6	解放军农牧大学
驴	31	32	75	96.7	110.7	甘肃农业大学
水牛	65	9.8	30.8	65	90.6	扬州大学
乳牛	55	0.3	0.7	0.75	1.2	甘肃农业大学
绵羊	113	0	0.2	0.4	0.7	新疆农业大学
山羊	335	0	0.5	1.6	4.2	西北农林科技大学
猪	31	0.6	1.3	1.94	3.36	云南农业大学
鸡	31	0.19	0.29	0.55	0.81	云南农业大学

三、临床意义

1. 血沉增快

(1)各种贫血　因红细胞减少，血浆回流产生的阻逆力也随之减小，细胞下沉力大于血浆阻逆力，故其血沉加快。

(2)急性全身性传染病　因致病微生物作用，机体产生抗体，血液中球蛋白增多，球蛋白带有正电荷，使得血沉加快。

(3)各种急性局部炎症　因局部组织受到破坏，血液中 α-球蛋白增多，纤维蛋白原也增多，由于两者都带有正电荷，故使血沉加快。

(4)创伤、手术、烧伤、骨折等　因细胞受到损伤，血液中纤维蛋白原增多，红细胞容易形成串钱状，故使血沉加快。

(5)某些毒物中毒　因毒物破坏了红细胞，红细胞总数下降，红细胞数与其周围血浆失去了相互平衡关系，故其血沉加快。

(6)肾炎、肾病　血浆蛋白流失过多，使得血沉加快。

(7)妊娠　妊娠后期营养消耗增大，造成贫血，使得血沉加快。

2. 血沉减慢

(1)脱水　如腹泻、呕吐(犬、猫)、大出汗、吞咽困难、红细胞数相对增多，造成血沉减慢。

(2)严重的肝脏疾病　肝细胞和肝组织受到严重破坏后，纤维蛋白原减少，红细胞不易形成串钱状，因而血沉减慢。

(3)黄疸　因胆酸盐的影响，使得血沉减慢。

(4)心脏代偿性功能障碍　由于血液浓稠，红细胞相对增多，相斥性增大，以至血沉减慢。

(5)红细胞形态异常 红细胞的大小、厚薄及形状不规则，红细胞之间不易形成串钱状，以至血沉减慢。

【链接】

测定血沉的方法有很多，除魏氏法(Westergren)外还有六五型血沉管法、温氏法(Wintobe-landsbrey)、涅氏法、微量法等。

＊技能操作

一、材料与设备

魏氏血沉器，采血针头等；抗凝剂：38g/L 枸橼酸钠溶液。

二、操作内容与方法

魏氏血沉管长 30cm，内径 2.5mm，管壁有 200 个刻度，每个刻度之间距离为 1.0mm，附有特制的血沉架。魏氏法测定方法如下：

(1)枸橼酸钠液 0.4mL 置于小试管中。

(2)自颈静脉采血，沿管壁加入上述试管，轻轻混合。

(3)用血沉管吸取抗凝血至刻度 0，并用棉花擦去管外血液，直立于血沉架上。

(4)分别在 15min、30min、45min、60min 时记录红细胞沉降的刻度数，用分数形式表示[分母代表时间，分子代表血沉值(mm)]。

三、注意事项

(1)血沉管必须垂直静立，否则会使血沉加快。

(2)血沉测定以室温 20℃左右为宜，冷藏的血液应先回升至室温后再做检查。

(3)采血后应在 3h 内测完，魏氏法中血液与抗凝剂的比例应为 4∶1。

技能三 红细胞压积容量(PCV)的测定

＊理论知识

一、温氏测定法

(一)实验原理

红细胞压积是指红细胞在全血中所占的体积百分比，其数值高低与红细胞数量及其大小有关。温氏测定法是将抗凝血置于温氏管中，经一定时间离心后，红细胞下沉并紧压于玻璃管中，读取红细胞柱所占的百分比，即为红细胞压积容量。

(二)正常参考值

用温氏法测定的各种动物的PCV值详见表8-2。

表8-2　各种动物的红细胞压积值

动物种类	数量	$\overline{X}\pm SD$	资料来源
黄牛	30	36.01±4.55	河南农业大学
水牛	21	31.12±3.7	广西农业大学
奶牛	30	37.4±2.78	北京农业大学
绵羊	40	35.0±3.0	新疆农业大学
哺乳仔猪	50	40.68±5.15	山西省畜牧兽医研究所
后备小猪	30	39.47±3.81	山西省畜牧兽医研究所

二、微量法(详见技能操作部分)

该法由于相对离心力较大，结果平均比温氏法低2%，且标本用量小、简便、快捷。

三、临床意义

(一)红细胞压积增高

1. 生理性增高

红细胞压积的生理性增高多是家畜兴奋、紧张或运动之后，由于脾脏收缩将贮存的红细胞释放到外周血液所致。

2. 病理性增高

红细胞压积的病理性增高见于各种性质的脱水，如急性肠炎、马液胀性胃扩张、牛瓣胃阻塞、急性腹膜炎、食管梗塞、咽炎、小动物的呕吐。由于红细胞压积的增高数值与脱水程度成正比，所以根据这一指标的变化可客观地反映机体脱水情况，可以推断应该补液的数量。一般红细胞压积每超出正常值最高限的一个小格(1mm)，一天之内应补液800～1000mL。如果动物仍在继续失水或饮水困难，则在此数量之外还应酌情增补。

(二)红细胞压积降低

红细胞压积降低主要见于各种贫血，如马传染性贫血、营养不良性贫血、寄生虫性贫血、溶血性贫血、出血性贫血。

【链接】

测定红细胞压积的方法种类很多，如折射计法、比重测定法、温氏法、微量法、放射性核素法和血细胞分析仪等。微量法用血量少、测定时间短、效率高、精密度高，可代替温氏法。

★技能操作

掌握用温氏法和微量法测定红细胞压积的方法。

一、温氏法

1. 材料与设备

温氏管：管长 11cm，内径约 2.5mm，管壁有 100 个刻度。一侧自上而下标有 0～10，供测定血沉用；另一侧标有 10～0，供测定比容用。如无这种特制的管子，可用有 100 刻度的小玻璃管代替。

长针头及胶皮乳头：选用长 12～15cm 的针头，将针尖磨平，针柄部接以胶皮乳头。也可用细长毛细吸管代替。

水平电动离心机：转速 4000r/min。

2. 操作内容与方法

(1)用长针头吸满抗凝血，插入温氏管底部，轻捏胶皮乳头，自下而上挤入血液至刻度 10 处。

(2)置离心机中，以 3000r/min 的速度离心 30～45min(马的血液离心 30min，牛、羊的血液离心 45min)，取出观察，记录红细胞层高度，再离心 45min，如与第一次离心的高度一致，此时红细胞柱层所占的刻度数，即为 PCV 数值。用“%”表示(表 8-2)。如无离心机，可静置 24h 后，读取其数值。

二、微量法

1. 材料与设备

毛细玻璃管：管长 75mm，内径 0.8～1mm，壁厚 0.2～0.25mm；离心机。

2. 操作内容与方法

用毛细玻璃管采集静脉血后置离心机内离心 5min，取出后用尺量出血液总长度和血细胞层的长度，或用微量血细胞比容测定读数器报告结果。

技能四　血红蛋白的测定

★理论知识

沙利氏血红蛋白计测定血红蛋白含量。

一、实验原理

血液与盐酸作用后，释放出血红蛋白，并被酸化后变为褐色的盐酸高铁血红蛋白，与标准柱相比，求出每升血液中血红蛋白的质量或百分含量。

二、正常参考值

马 100～180g/L，牛 80～150g/L，猪 90～130g/L，绵羊 90～150g/L，山羊 80～120g/L，犬 120～180 g/L，猫 80～150g/L。

三、临床意义

(1)血红蛋白增多　主要见于脱水，血红蛋白相对增加。也见于真性红细胞增多症，是一种原因不明的骨髓增生性疾病，目前认为是多能干细胞受累所致。其特点是红细胞持续性显著增多，全身总血量也增加，见于马、牛、犬和猫。

(2)血红蛋白减少　主要见于各种贫血。

【链接】

(1)血红蛋白检测在兽医临床检验中还没有规定性方法，氰化高铁血红蛋白测定属于参考方法，光度计法属于推荐方法，沙利氏法属于常规方法。但近年来使用血红蛋白分析仪法逐步取代了手工法。

(2)沙利氏吸血管的洗涤方法　用蒸馏水反复吸吹，甩掉水分；用95%酒精吸吹2～3次，以脱去吸管内的水分；用乙醚吸吹2～3次，以脱去酒精，干后备用。

＊技能操作

掌握沙利氏血红蛋白计测血红蛋白含量的方法。

一、材料与设备

(1)沙利氏血红蛋白计一套(图8-1)。在测定管上有两种刻度，一侧表示血红蛋白在每百毫升血液内的质量，另一侧表示百分数。国产的血红蛋白计是以每百毫升血液含14.5g血红蛋白作为100%而设计。

(2)0.1mol/L(或1%)盐酸一小瓶。

二、操作内容与方法

(1)向沙利氏比色管内加入0.1mol/L(或1%)盐酸5～8滴。

(2)用沙利氏吸血管吸血至20μL刻度处，擦去管外黏附的血液。并将血液徐徐吹入沙利氏比色管内，反复吸、吹数次，以洗出沙利氏吸血管中的血液，要求不要产生气泡。轻轻振荡比色管，使血液与盐酸充分混合。

(3)静置10min，待血液变成褐色后，缓缓滴加蒸馏水(或0.1mol/L盐酸)，并不断用细玻璃棒搅动，直到颜色与标准色柱完全相同为止。液柱凹面所指的刻度数，即为100mL血液中血红蛋白的质量，换算成每升血液中血红蛋白质量，用“g/L”表示。

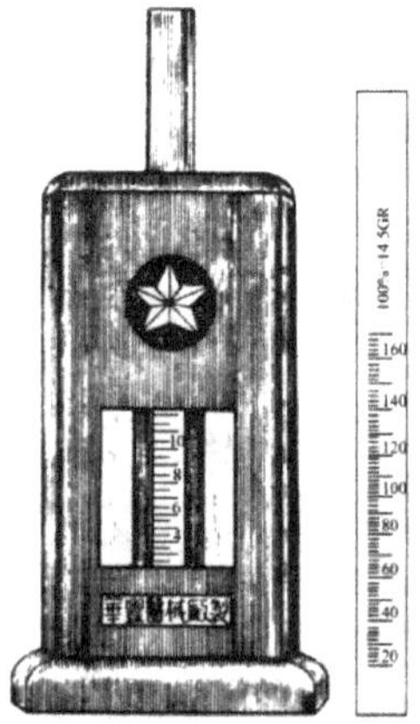

图8-1　沙利氏血红蛋白计

技能五 红细胞计数

＊理论知识

一、红细胞计数实验原理

血液经稀释后，充入血细胞计数板，用显微镜观察，计数一定容积内的红细胞数并换算成每升血液内的数目。

二、红细胞计算公式

每立方毫米内的红细胞数＝5个中方格内红细胞数÷80×400（小方格总数）×稀释倍数（200或100）×10（计数室深度）。

如果稀释倍数为200倍，每立方毫米内的红细胞数＝5个中方格内红细胞数×10 000。

红细胞用“个/L”表示。

三、正常参考值

健康动物红细胞数（$\times10^{12}$个/L）：马6～12，牛5～10，猪5～7，绵羊9～15，山羊8～12，犬5.5～8.5，猫5～10。

四、临床意义

1．红细胞相对性增多

红细胞相对性增多主要由于血浆容量减少所致，见于腹泻、呕吐、多尿、多汗、肠便秘、急性胃肠炎、肠阻塞、牛的皱胃阻塞、渗出性胸膜炎和腹膜炎、热射病与日射病、某些发热性疾病及传染病。

2．红细胞绝对性增多

（1）原发性增多症　又叫真性红细胞增多症。与促红细胞生成素产生过多有关，见于肾肿瘤、雄激素分泌细胞瘤、肾囊肿，红细胞可增多2～3倍。

（2）继发性增多症　是由于代偿作用而使红细胞绝对数增多，见于缺氧、高原环境、一氧化碳中毒、代偿机能不全的心脏病及慢性肺部疾患。

（3）红细胞数减少　见于各种原因引起的贫血，如造血原料不足、营养代谢病；红细胞破坏过多或失血、血孢子虫病、恶性肿瘤及白血病等。

【链接】

（1）血细胞计数板清洗方法　用蒸馏水冲洗后，用绒布轻轻擦干即可，切不可用粗布擦拭，也不可用酒精、乙醚等溶液冲洗。

（2）红细胞计数的方法　有显微镜计数法和血液分析仪法。

*技能操作

一、材料与设备

(1)改良式血细胞计数板　临床上最常用的是改良纽巴(Neubauer)氏计数板，它是由一块特制的玻璃板构成，玻璃板中间有横沟将其分为3个狭窄的平台，两边的平台较中间的平台高0.1mm。中央平台又有一纵沟相隔，其上各刻有一个计数室。每个计数室划分为9个大方格，每一大方格面积为1.0mm^2，深度为0.1mm；四角每一大方格划分为16个中方格，为计数白细胞用。中央一大方格用双线划分为25个中方格，每个中方格又划分为16个小方格，共计400个小方格，此为红细胞计数之用(图8-2、图8-3)。

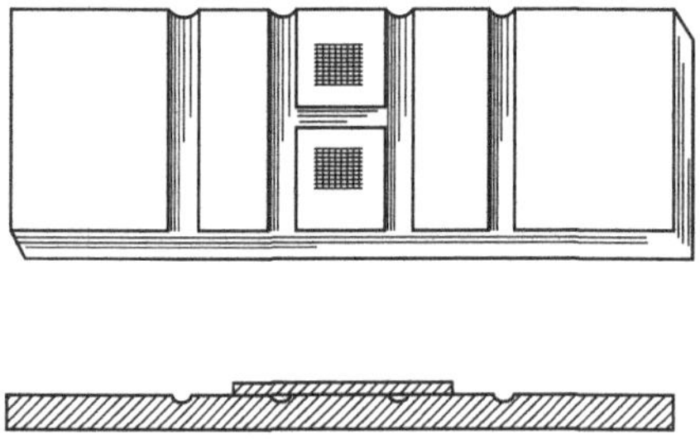

图8-2　血细胞计数板构造下一加盖片后的侧面观

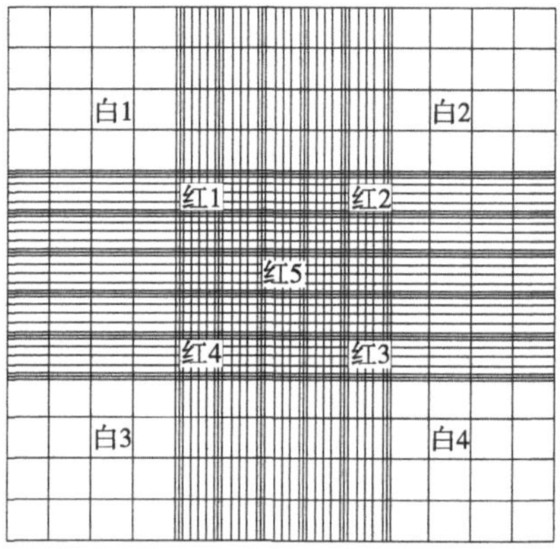

图8-3　计数室的刻划线区

(2)血盖片　专用于计数板的盖玻片呈长方形，厚度为0.4mm。

(3)沙利氏吸血管或红细胞稀释管，5mL吸管，试管。

(4)显微镜，计数器等。

(5)稀释液　0.85%氯化钠溶液。

二、操作内容与方法

1. 稀释

用5mL吸管吸取红细胞稀释液3.98mL置于试管中。用沙利氏吸血管吸取全血样品至20μL刻度处。擦去吸管外壁黏附的血液，将血液吹入试管底部，再吹、吸数次，以洗净沙利氏管内黏附的血细胞，然后试管颠倒混合数次。

2. 冲液

用毛细吸管吸取已稀释好的血液，放于计数室与盖玻片接触处，让血液稀释液自然流入计数室中静置1～2min。注意充液不可过多或过少，过多则溢出而流入两侧槽内，过少则计数池中形成气泡，致使无法计数(图 8-4)。

3. 计数

用低倍镜，光线要稍暗些，找到计数室的格后，把中央的大方格置于视野之中，然后转用高倍镜。在中央大方格内选择四角与最中间的 5 个中方格(或用对角线的方法数 5 个中方格)，每个中方格有 16 个小方格，所以共计数 80 个小方格。计数时注意压在左边双线上的红细胞计在内，压在右边双线上的红细胞则不计在内；同样，压在上线的计入，压在下线的不计入，即所谓“数左不数右，数上不数下”的计数法则(图 8-5)。

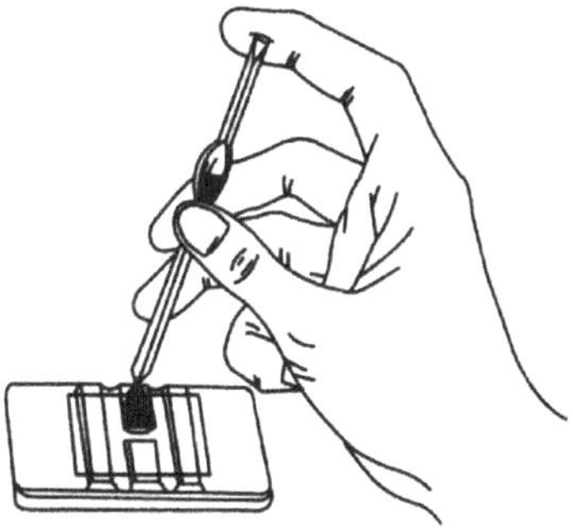

图 8-4　向计数室充液的方法

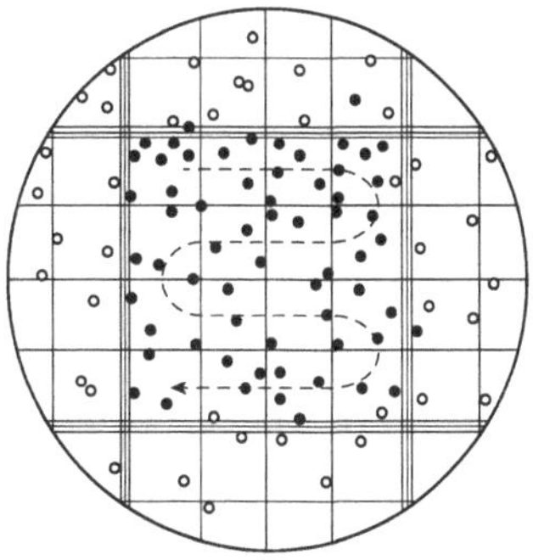

图 8-5　红细胞计数室的中格区及计数顺序

(全黑者计入；空圈者不计入)

三、注意事项

(1)所有器材应清洁、干燥，符合标准。

(2)冲液前混匀检液，检液中应无沉淀。

(3)器械清洗方法正确。沙利氏吸血管每次用完后，先在清水中吸吹数次，然后在蒸馏水、酒精、乙醚中，按次序分别吸吹数次，干后备用。计数板用蒸馏水冲洗后，用绒布擦干，不可用粗布擦拭，也不得用酒精、乙醚等有机溶剂冲洗。

技能六　白细胞计数

***理论知识**

一、白细胞计数原理

白细胞计数是指测定单位体积外周血中各种白细胞总数。白细胞显微镜计数法是将全血用白细胞稀释液稀释一定的倍数、将红细胞破坏后，充入改良式血细胞计数板内，在普通光学显微镜下计数一定范围内的白细胞数，经换算求出每升血中白细胞总数。

二、计算公式

白细胞数/L＝四个大方格内的白细胞总数÷4×20(稀释倍数)×10(计数室深度)×10^6

(将 μL 换算成 L)。

三、正常参考值

健康动物的白细胞数(×10^9个/L):马 6～12，牛 4～12，猪 11～12，绵羊 4～12，山羊 4～13，犬 6～17，猫 5.5～19.5。

四、临床意义

1. 白细胞增多

白细胞增多见于全身和局部感染，中毒(代谢障碍、化学物质和药物以及蛇毒)，白血病，肿瘤，急性出血性疾病以及注射异源蛋白之后。

2. 白细胞减少

白细胞减少见于某些病毒性传染病，长期使用某种药物或一时用量过大(如磺胺类药物、氯霉素、氨基比林等)，各种动物的濒死期，某些血液原虫病(如疟疾)，营养衰竭症，放射治疗，肿瘤化疗，造血系统障碍等。

＊技能操作

一、材料与设备

改良式血细胞计数板，血盖片，显微镜，计数器，1.0mL 或 0.5mL 刻度吸管；白细胞稀释液：可用 1%～2%的冰醋酸液，内加 1%结晶紫液 1 滴，以便与红细胞稀释液相区分。

二、操作内容与方法

1. 稀释

用 1mL 吸管吸取白细胞稀释液 0.38mL 置一小试管中。用沙利氏管吸取被检血至 20μL 处，擦去管外黏附的血液，吹入小试管中，反复吸、吹数次，以洗净管内所黏附的细胞，充分振荡混合。

2. 充液

用毛细吸管或沙利氏吸血管吸取被稀释的血液，充入已盖好盖玻片的计数室内，静置 1～2min，低倍镜检查。

3. 计数

计数室(图 8-3)四角四个大方格内的全部白细胞数，压在左线和上线的计入，压在右线和下线的不计入。

最后计算结果。

技能七 白细胞分类计数

★理论知识

一、实验原理

白细胞分类计数是将血液制成涂片，经瑞氏或瑞-姬氏染液染色后在油镜下按白细胞的形态学特征进行分类，求出各类型白细胞比值(百分数)。各种白细胞的形态特征详见表 8-3。

表 8-3 各种白细胞的形态特征

	细胞核						细胞浆		
	位置	形状	颜色	核染色质	细胞核膜	多少	颜色	透明带	颗粒
嗜中性粒细胞(幼年型)	偏心性	椭圆	红紫色	细致	—	中等	蓝、粉红色	无	红或蓝、细致或粗糙
嗜中性粒细胞(杆状型)	中心或偏心性	马蹄形腊肠形	淡紫蓝色	细致	存在	多	粉红色	无	嗜中、嗜酸或嗜碱
嗜中性粒细胞(分叶型)	中心或偏心性	3～5 叶者居多	深蓝紫色	细致	存在	多	浅粉红色	无	粉红色或紫红色
嗜酸性粒细胞	中心或偏心性	2～3 叶者居多	较浅紫蓝色	粗糙	存在	多	蓝、粉红色	无	深红，分布均匀，马的最大其他动物次之
嗜碱性粒细胞	中心性	叶状核不太清楚	较浅紫蓝色	粗糙	存在	多	淡粉红色	无	蓝黑色，分布不均匀，大多在细胞的边缘
淋巴细胞	偏心性	圆形或微凹入	深蓝紫色	大块或中等，致密	浓密	少	天蓝、深蓝或淡红色	包浆深染时存在	无或极少数嗜天青蓝色颗粒
单核细胞	中心或偏心性	豆形、山字形、椭圆形	淡紫蓝色	细致网状边缘不齐	存在	很多	灰蓝或云蓝色	无	很多，非常细小，淡紫色

二、临床意义

(一)嗜中性粒细胞

1. 嗜中性粒细胞增多

病理性嗜中性粒细胞增多，见于炭疽、腺疫、巴氏杆菌病、猪丹毒等细菌性传染病，急性胃肠炎、肺炎、子宫内膜炎、急性肾炎、乳房炎等急性炎症，化脓性胸膜炎、化脓性腹膜炎、创伤性心包炎、肺脓肿、蜂窝织炎等化脓性炎症，酸中毒及大手术后一周内。

2. 嗜中性粒细胞减少

嗜中性粒细胞减少见于猪瘟、马传染性贫血、流行性感冒、传染性肝炎等病毒性疾病，各种疾病的垂危期，碱中毒、砷中毒及驴的妊娠毒血症。

3. 嗜中性粒细胞的核象变化

在分析中性粒细胞增多和减少的变化时，要结合白细胞总数的变化及核象变化进行综合分析，中性粒细胞的核象变化是指其细胞核的分叶状态，它反映白细胞的成熟程度，而核象变化又可反映某些疾病的病情和预后。

(1)如果外周血液中不成熟的中性粒细胞增多，即幼年核和杆状核中性粒细胞的比例升高，称为核左移。

当白细胞总数和中性粒细胞百分率略微增高，轻度核左移，表示感染程度轻，机体抵抗力较强；如果白细胞总数和中性粒细胞百分率均增高，中度核左移及中毒性改变，表示有严重感染；而当白细胞总数和中性粒细胞百分率明显增高，或白细胞总数并不增高甚至减少，但有显著核左移及中毒性改变，则表示病情极为严重。

(2)如果分叶核中性粒细胞大量增加，核的分叶数目增多，则称为核右移。若在疾病期出现核右移，则反映病情危重或机体高度衰弱，预后往往不良。

(二)嗜酸性粒细胞

1. 嗜酸性粒细胞增多

嗜酸性粒细胞增多见于肝片吸虫、球虫、旋毛虫、丝虫、钩虫、蛔虫、疥癣等寄生虫感染，荨麻疹、饲草过敏、血清过敏、药物过敏及湿疹等疾病。

2. 嗜酸性粒细胞减少

嗜酸性粒细胞减少见于尿毒症、毒血症、严重创伤、中毒、过劳等。

(三)嗜碱性粒细胞

嗜碱性粒细胞在外周血液中很少见到，故其在临床上无多大意义。

(四)淋巴细胞

1. 淋巴细胞增多

淋巴细胞增多见于结核、鼻疽、布鲁氏菌病等慢性传染病、急性传染病的恢复期，也可见于淋巴性白血病。

2. 淋巴细胞减少

淋巴细胞减少多为嗜中性粒细胞增多而造成相对性变化。

(五)单核细胞

1. 单核细胞增多

单核细胞增多见于巴贝斯焦虫病、锥虫病等原虫性疾病，结核、布鲁氏菌病等慢性细菌性传染病，马传染性贫血等病毒性传染病，还见于疾病的恢复期。

2. 单核细胞减少

单核细胞减少见于急性传染病的初期及各种疾病的濒危期。

【链接】

瑞氏染液的配制用量：瑞氏染料 0.1g，甲醇 60.0mL。将瑞氏染料置于研钵中，加少量甲醇研磨，使其溶解，将已溶解的染液倒入洁净的棕色玻璃瓶中，剩下未溶解的染料再加少量甲醇研磨，如此继续操作，直至全部染料溶解并用完甲醇为止。在室温中保存 7d 后即可应用，在应用前最好进行过滤。新配的染液偏碱性，放置后可呈酸性。保存时间越久，染色能为越佳。

姬姆萨染液的配制用量：姬姆萨染料 0.5g，纯甘油(中性)33.0mL，纯甲醇(中性)33.0mL。先将姬姆萨染料加入甘油内，置水浴加温(56～60℃)2h，使染料溶解，再加入甲醇，混匀，保存于棕色瓶内，一周后过滤即成原液。临用时吸取 1mL 加蒸馏水 10mL 配制成应用液。

⋆技能操作

一、材料与设备

载玻片，染色盆及支架，染色缸，洗瓶，显微镜(含油镜头)，香柏油，白细胞分类计数器，吸水纸等；瑞氏染液。

二、操作内容与方法

1. 涂片

取无油脂的洁净载玻片两张，选择边缘光滑的一张载片作为推片(推片一端的两角应磨去，也可用血细胞计数板的盖片作为推片)，用左手的拇指及中指夹持载玻片，右手持推片；先取被检血一小滴，放于载玻片的右端，将推片倾斜 30°～40°，使其一端与载玻片接触并放于血滴之前，向后移动推片，使与血滴接触，待血液扩散与推片形成一条线之后，以匀速轻轻向前推动推片，使血液均匀地涂于载玻片上而形成一薄膜。

良好的血片，血液应分布均匀，厚度适当。对光观察时呈霓红色，血膜应位于玻片的中央，两端留有空隙，以便进行标记。

2. 染色

瑞氏染色法是血涂片最常用的染色法之一。将自然干燥的血涂片用蜡笔于血膜两端各划一道横线，以防染液外溢。置血涂片于水平支架上，滴瑞氏染液于血片上，并计其滴数，直至将血膜浸盖为止，染 1～2min 后，再滴加等量缓冲液或蒸馏水，轻轻吹动，使之混匀，再染 4～10 min 后，用蒸馏水冲洗、吸干后观察。

瑞-姬氏染色法瑞氏染液染色偏酸性，对胞浆染色较好，而姬氏染液对细胞核染色效果较好。因此，在临床血片染色中，先用瑞氏染液染 0.5min，再用姬氏染液复染 5～10min，这样染出的血片较单一染色法染色效果更好。

3. 分类计数

先用低倍镜检视血片上白细胞的分布情况，一般是粒细胞、单核细胞及体积较大的细胞分布于血片的上、下缘及尾端，淋巴细胞多在血片的起始端。滴加显微镜油(香柏油)，在油镜下进行分类计数。

4. 计数与计算

计数时，为避免重复和遗漏，可用四区、三区或中央曲折计数法推移血片，记录每一区的各种白细胞数。连续观察 2～3 张血片，最少计数 100 个细胞，计算出各种白细胞的百分比。

记录时，可用白细胞分类计数器，也可事先设计一表格，用画“正”字的方法记录，以便于统计百分数。

技能八　凝血时间测定

***理论知识**

一、实验原理

血液流出血管后，一系列凝血因子被相继酶解激活，最终生成凝血酶，形成纤维蛋白凝块，使血液发生凝固所需要的时间。

二、正常参考值

(1)试管法　牛 8～11min，马 13～18min，山羊 6～11min，犬 7～16min。

(2)玻片法　牛 5～6min，马 8～10min，猪 3.5～5min，犬 10min。

三、临床意义

(1)大手术或肝、脾穿刺前进行本测定，可以及早发现出血性素质疾病，以防大量出血。

(2)凝血时间延长　血浆内任何一种凝血因子的缺陷，几乎都可引起凝血时间的延长，见于凝血物质Ⅷ、凝血物质Ⅸ、维生素 K 缺乏及伴有弥散性血管内凝血的重剧性疾病等。血中抗凝物质增多时，凝血时间也可延长。

(3)凝血时间缩短　凝血时间明显缩短，说明体内有血栓形成的可能，或已经开始形成血栓。

＊技能操作

一、材料与设备

载玻片，针头，刻度小试管，秒表，恒温水浴箱等。

二、操作内容与方法

1. 试管法

适合于大动物。先将动物保定，取洁净试管一支，静脉采血，用试管接取新鲜血液。将试管静置，5min 后每 30s 倾斜试管一次，直至血液不再流动即为血液凝固所需时间。

2. 玻片法

适合于小动物。先将动物保定，取洁净载玻片一块，耳静脉采血，用吸管吸取新鲜血液，滴在载玻片上，每 30s 用针挑动一次，看是否有纤维状血丝，如有即记为凝血时间。注意用针挑动时一定要横穿血滴直径，不能连续满片挑，否则成了脱纤维蛋白血，不能凝固。

技能九　出血时间测定

＊理论知识

一、实验原理

出血时间是指皮肤毛细血管刺伤出血后到自然止血所需的时间。出血时间的长短主要与血管壁的完整性、收缩功能、血小板数量与功能、血小板在血浆中的含量等有关。上述各种因素有缺陷，出血时间可见延长。

二、正常参考值

马为 2～3min。

三、临床意义

(1)出血时间延长　常见于血小板大量减少，肝脏受损害，维生素 K 缺乏。当马的血斑病时，出血时间可显著延长到 23～30min。

(2)出血时间缩短　临床少见。

＊技能操作

一、材料与设备

兔子，剪毛剪，酒精棉球，细针头，滤纸，秒表。

二、操作内容与方法

将兔子保定在保定架上，在耳尖部剪毛消毒后，用细针头刺入3～4mm，血液即自动流出，每隔0.5min，用滤纸吸取血滴一次，如此，则纸上血滴逐渐缩小，出血停止时则不再留有血迹。计算血液流出到血迹消失的时间，即为出血时间。

技能十　血小板计数

*** 理论知识**

一、实验原理

用血小板稀释液将血液稀释一定的倍数并破坏红细胞和白细胞而保留血小板，在血细胞计数室内计数，求得每升血液中的血小板数。

二、正常参考值

健康动物血小板数（$\times 10^{11}$个/L）：马1～6，牛1～8，猪2～5，绵羊2.5～7.5，山羊3～6，犬2～9，猫3～7。

三、临床意义

1. 血小板减少

血小板生成减少见于再生障碍性贫血、急性白血病、某些真菌中毒、某些蕨类植物中毒等；血小板破坏增多见于原发性血小板减少性紫癜、脾功能亢进；血小板消耗过多见于弥散性血管内凝血、血栓性血小板减少性紫癜。

2. 血小板增多

原发性血小板增多见于原发性血小板增多症；继发性血小板增多多为暂时性的，见于急慢性出血、骨折、创伤等。

【链接】

血小板计数常用的方法分为两大类：一是在普通生物显微镜下采用目视计数法；二是用血细胞分析仪进行。后法除了得到血小板数，还能测得血小板压积，血小板平均体积和血小板体积分布宽度等数据。目前国内仍以目视法作为参考方法，常用的稀释液有草酸铵稀释液和尿素稀释液两种。

*** 技能操作**

一、材料与设备

(1)器材与白细胞计数同。改良式血细胞计数板，血盖片，显微镜，计数器，1.0mL

或 0.5mL 刻度吸管。

(2)稀释液　常用复方尿素稀释液：尿素 10.0g，枸橼酸钠 0.5g，40%甲醛 0.1mL，蒸馏水加至 100.0mL 过滤，放冰箱可保存 2 周。

二、操作内容与方法

(1)于洁净小试管中加入稀释液 0.38mL。

(2)用沙利氏吸血管吸取抗凝血至 20μL 处，擦去管外黏附的血液，吹入试管中，反复吸、吹数次，混匀。静置 10～30min，以充分溶解红细胞和白细胞。

(3)用毛细吸管吸取上述稀释好的血液，充入计数池内静置 10～15min，使血小板下沉。

(4)在高倍镜下精确计数中间一个大方格(400 个小方格)所得血小板数乘以 200 或计数 5 个中方格(80 个小方格)的血小板数乘以 1000 即为每微升的血小板数。

血小板计数单位用"个/L"表示，即每升血液中血小板数＝每微升血小板数$\times 10^6$。

三、注意事项

(1)血小板稀释液要清洁，配制后要多次过滤，并要注意不被杂物、酸、碱和细菌污染。

(2)经常用不加血液的稀释液计数，结果应为"0"。

(3)血小板为圆形、椭圆形或不规则的折光小体。计数时，应不断调节显微镜的微调螺旋，以便识别血小板或异物。充入计数池前，应将稀释的试管充分振摇，但不能过猛，以防血小板破裂。

(4)血与稀释液混合要在 1h 内计数完毕。

(5)滴入计数池后要静置 10～15min。

技能十一　血液自动分析仪在血液检验中的应用

***理论知识**

血细胞分析仪(blood cell analyzer)是临床实验室最常用的仪器，可进行全血细胞计数及其相关参数的检测。1953 年美国 Coulter 公司成功研制第一台电阻抗式血细胞分析仪，经过几十年的反复应用、开发、改进，现已经形成血细胞分析流水线，即把标本识别、标本运输、血细胞分析仪、网织红细胞分析仪、推片机、染片仪联成一线。它为临床诊断提供了更多、更新、更有用的指标，对于某些疾病的诊治具有重要的意义，已成为现代兽医临床实验室不可缺少的仪器之一。

一、血细胞分析仪的原理

(一)细胞计数及体积测定原理

1. 电阻抗法检测原理

利用血细胞通过微孔时瞬间的电阻变化产生脉冲电流而计数。白细胞、红细胞的稀释标本在一个负压的控制下，分别通过各自的计数微孔，流入各自通道，然后通过两个光电传感器，将细胞信号甄别、放大、计数。

2. 流式细胞术及光学检测原理

利用流式细胞术使单个细胞随着流体动力聚集的鞘流液在通过激光照射的检测区时，使光束发生折射、衍射和散射，散射光由光检测器接受后产生脉冲，脉冲大小与被照细胞的大小成正比，脉冲的数量代表了被照细胞的数量。其优点是：①细胞是一个一个通过激光检测区，避免了细胞重叠的可能性；②利用高、低角等前向散射光还可获得这个细胞的各种相关数据，经综合分析可进一步提高对细胞的鉴别功能。

(二)白细胞分类原理

仪器的白细胞分类计数(DC)由电阻抗法的二分群、三分群发展为多项技术联合同时检测一个细胞，综合分析得到五分类结果。目前细胞计数仪主要有四种检测种类。

1. 电阻抗法

白细胞计数池除加入一定量稀释液外还要加入溶血剂，红细胞迅速溶解同时使细胞膜通透性改变，细胞质经细胞膜渗出，使细胞膜紧裹在细胞核或存在的颗粒物质周围，所以经溶血剂处理后含有颗粒的粒细胞比无颗粒的单核细胞和淋巴细胞要大些。做白细胞体积分析时，仪器可将白细胞体积从 30～450fl 分为 256 个通道，每个通道为 1.64fl，细胞根据其大小分别进入不同通道中，从而得到白细胞体积分布直方图。电阻抗法得到的白细胞分类数据是根据白细胞体积直方图推算得来，以三分类群仪器为例，经溶血处理白细胞根据体积大小初步分为三群：第一群为小细胞区，体积为 35～90fl，主要为淋巴细胞；第二群为中间细胞区，也称单个核细胞区，体积 90～160fl，包括幼稚细胞、单核细胞、嗜酸性粒细胞、嗜碱性粒细胞；第三群为大细胞区，体积 160fl 以上，主要为中性粒细胞。仪器根据各群占总体积的比例计算出百分比，与该标本的白细胞总数相乘，得到各项细胞绝对值。由于幼稚细胞、嗜酸及嗜碱性粒细胞等多出现在中间细胞区，所以这种白细胞分群只能代表分大小细胞群而已，只用于初筛，显微镜下做白细胞分类结果更可靠。

2. 容量、电导、激光散射(VCS)白细胞分类法

根据流体力学的原理，利用鞘流技术使溶血后液体内剩余的白细胞单个通过检测器接受容量、电导、激光散射三种技术同时检测。体积(V)测量使用电阻抗原理。电导性(C)采用高频电磁探针测量细胞内部结构：细胞核、细胞质比例，细胞内的化学成分，以此可辨认体积相同而性质不同的细胞群，如小淋巴细胞和嗜碱性粒细胞两者的直径均在 9～12μm，当高频电流通过这两种细胞时，由于它们的细胞核与细胞质比例不同而呈现不同信号，加以区分。激光散射(S)特别具有对细胞颗粒的构型和质量的区别能力，激光单色光束在 70°～100°时对每个细胞进行扫描，细胞粗颗粒的光散射要比细颗粒更强，以此可将粒细胞分开。根据以上三种方法检测的数据经计算机处理得到细胞分布图，进而计算出结果。

3. 阻抗与射频技术联合的白细胞分类法

此类仪器白细胞分类计数通过四个不同的检测系统。

(1)嗜酸性粒细胞检测系统　血液进入仪器后，血液与嗜酸性粒细胞特异计数的溶血

剂混合，由于其特殊的 pH 值，使除嗜酸性粒细胞以外的所有细胞溶解或萎缩，只有完整的嗜酸性粒细胞通过小孔产生脉冲被计数。

(2)嗜碱性粒细胞检测系统　原理同嗜酸性粒细胞。血液中嗜碱性粒细胞只存在于碱性溶血剂中，根据脉冲多少以计数嗜碱性粒细胞数。上述两种方法除需要使用专一的溶血剂外，还需特定的作用温度和时间。

(3)淋巴、单核、粒细胞(中性、嗜碱性、嗜酸性)检测系统　此系统采用电阻抗与射频联合检测。溶血素作用较轻，对细胞形态改变不大。在测量小孔的内外电极上存在直流和高频两个光射器及直流电和射频两种电流。直流电测量细胞大小，但不能透过细胞质，射频可透入细胞内，测量核的大小及颗粒多少。因此，细胞进入小孔时产生两个不同的脉冲信号，脉冲的高低分别代表细胞大小(DC)和核及颗粒的密度(RF)，以 DC 信号为横坐标，RF 为纵坐标，将两个信号把同一个细胞定位于二维的细胞散射图上。根据中性粒细胞、淋巴细胞、单核细胞的细胞大小、细胞质含量、颗粒大小与密度、细胞核形态与密度的不同，得出各类细胞比例。

(4)幼稚细胞检测系统　由于幼稚细胞膜上脂质较成熟细胞少，在细胞悬液中加入硫化氨基酸后，幼稚细胞结合硫化氨基酸较成熟细胞多，且对溶血剂有抵抗作用，当加入溶血剂后成熟细胞易被溶解，幼稚细胞形态不受破坏，因此可通过电阻抗法检测出。

4. 光散射与细胞化学技术联合的白细胞分类计数

此类仪器联合利用激光散射和过氧化物酶染色技术进行白细胞分类计数。嗜酸性粒细胞有很强的过氧化物酶活性，依次为中性粒细胞、单核细胞，而淋巴细胞和嗜碱性粒细胞无此酶。如果待测细胞质中含有过氧化物酶，能催化一种供氢(电子)体，通常是苯胺或酚等脱氢，当其脱氢后，供氢体分子结构发生了变化，从而出现了色基显色，即可使 4-氯-1-萘酚显色并沉积定位于酶反应部位。利用酶反应强度不同(阴性、弱阳性、强阳性)和细胞体积大小不同，激光光束射到细胞上所得前向角和散射角不同，以 x 轴为吸光率(酶反应强度)，y 轴为光散射(细胞大小)，每个细胞产主两个信号并结合定位在细胞图上。仪器每秒钟可测定上千个细胞，经计算机处理得出白细胞分类结果。

5. 多角度偏振光散射白细胞分类技术(MAPPS)

该技术的基本原理是标本在水动力聚焦系统的作用下进入检测部，在激光束的照射下，细胞在多个角度产生散射光。仪器特别设置了四个角度来收集散射光的信号。0°为前角散射，用于粗略判断细胞体积大小；10°为狭角散射，用于检测细胞结构及其内部复杂性的指标；90°为垂直光散射，用于对细胞内部颗粒及细胞核分叶情况的分析；90°偏振光散射基于颗粒可以将垂直角度的激光消偏振的特性，将嗜酸性粒细胞从中性粒细胞和其他细胞中分离出来，根据散射光的角度和位置，仪器内部的四个检测器可以接收到相应的信号，由仪器内部的微处理器进行分析处理。可将白细胞分为嗜酸性粒细胞、中性粒细胞、嗜碱性粒细胞、淋巴细胞和单核细胞五种。

(三)红细胞测定原理

1. 红细胞(RBC)和血细胞比容(HCT)

红细胞和血细胞比容测定与前述细胞计数及体积测定原理一样。红细胞通过小孔，由于电阻抗作用，使电压改变，形成大小不同的脉冲，脉冲的多少与红细胞数目成正比，脉冲高度决定单个红细胞体积，脉冲高度叠加经换算可得到血细胞的比容(有的仪器先以单个细胞高度计算平均红细胞容积，再乘以红细胞数得出血细胞的比容)。在红细胞检测的各参数中均含有白细胞，但因白细胞比例少(红细胞∶白细胞为700∶1)，这种干扰可忽略不计。但在白血病及严重感染时白细胞数增高，同时又伴有严重贫血时，可造成红细胞各参数的严重误差。此类标本，应该从红细胞计数结果中减去白细胞计数结果。同样由于仪器内存在的脉冲经分析器信号整理，可打印出红细胞体积分布直方图。它是反应红细胞大小或任何相当于红细胞大小范围内的粒子分布图，横坐标表示红细胞体积，仪器设置范围一般在25～250fl，纵坐标表示不同体积红细胞出现相对频率。

2. 血红蛋白(Hb)测定

任何类型仪器Hb测定原理基本相同。细胞悬液加入溶血剂后，红细胞溶解释放出Hb，并与溶血剂中有关成分形成Hb衍生物，在540nm特定波长下比色，吸光度与Hb含量成正比，可直接反映Hb浓度。国际血液学标准化委员会(ICSH)推荐氰化高铁血红蛋白(HiCN)法，其最大吸收峰在540nm。不同系列血细胞分析仪配套溶血剂配方不同，形成的血红蛋白衍生物也不同，吸收光谱各异，但最大吸收峰均接近540nm。由于HiCN有毒性，近年来使用非氰化物溶血剂，如十二烷基月桂酰硫酸钠(SLS)溶血剂，形成的衍生物(SLS-Hb)与HiCN吸收光谱相似，实验结果的精确性、准确度达到氰化物溶血剂同等水平。

3. 各项红细胞指数检测原理

红细胞平均体积(MCV)、红细胞平均血红蛋白含量(MCH)、平均红细胞血红蛋白浓度(MCHC)及红细胞体积分布宽度(red blood cell volume distribution width，RDW)，均可根据仪器检测的RBC、HCT和Hb的实验数据，经仪器换算出来。

(四)血小板分析原理

血小板随红细胞一起在一个系统进行检测，根据不同阈值，分别计数血小板与红细胞数。血小板贮存于64个通道内，根据所测血小板体积大小自动计算出血小板平均体积(mean platelet volume，MPV)。血小板直方图也是反映血小板体积的，横坐标表示体积，范围一般为2～30fl，纵坐标表示不同体积血小板出现的相对频数，要注意的是，不同的仪器血小板直方图范围存在差异，为了使血小板计数更准确，有些仪器设置了增加血小板准确性的技术，如鞘流技术、浮动界标复合曲线等。

二、血细胞分析仪的类型

血细胞分析仪的类型较多，根据对白细胞分析程度分为二分群、三分群、五分类。根据自动化程度又分为两大类：半自动仪器需手工稀释血标本；全自动可直接用抗凝血进样。不同的仪器型号有不同的分析方法并提供不同数量的参数。

(一)半自动二分群血细胞分析仪

1. 仪器性能

(1)检测速度为每小时60份样本，仪器为双通道，容易操作。

(2)用血量少，准确性、重复性好。

(3)测定结果超过正常界限或直方图不正常，可出现警示符号提示。

(4)有质控资料及标本检测资料贮存、手工鉴别、设备警告系统等软件程序。

(5)对仪器状态可自动监测。

2. 检测项目

不同仪器可检测 8～15 项参数及 3 个直方图，主要有 WBC、RBC、Hb、HCT、MCV、MCH、MCHC、MPV、PIT、小型白细胞比率(W-SCR)、大型白细胞比率(W-LCR)、小型白细胞计数(W-SCC)、大型白细胞计数(W-LCC)、红细胞分布宽度(RDW)、血小板分布宽度(PDW)，并打印白细胞、红细胞及血小板直方图。

(二)全自动三分群血细胞分析仪

1. 仪器性能

(1)检测速度每小时 60～80 份标本，配上自动装置可连续吸取标本，避免实验室内感染。

(2)两种溶血素，即白细胞溶血素和红细胞溶血素 SLS-Hb 法(无毒)。

(3)该仪器线性范围宽、重复性好、准确性高、变异范围小。

(4)有的设有浮球式绝对定量检测，每次测定后自动冲洗，避免管道污染和颗粒阻塞，携带污染率几乎为零。

(5)自动化程度高，对试剂污染、气泡干扰、异物阻塞有监控系统及自动报警系统，结果异常时出现提示，通过直方图可反映出标本问题或提示某些疾病导致图形异常，如自身免疫性病变、白血病、高免疫球蛋白血症等。

(6)有质控资料及标本检测资料贮存等软件程序。

2. 检测项目

除二分群的 15 项参数外，还增加了中等大小白细胞比率(W-MCR)、中等大小白细胞计数(W-MCC)及大血小板比率(P-LCR)，达 18 项参数及 3 个直方图。

(三)全自动五分类血细胞分析仪

1. 仪器性能

(1)速度快，每小时 110～150 个标本。

(2)具有检测有核红细胞的功能。

(3)专用幼稚细胞检测通道和试剂，包括幼稚细胞在内的十余种异常细胞的检测。

(4)半导体激光技术、荧光染色及流式技术或在增强型流式单通道内采用 VCS 和 Acc-nFiex 分析技术，使白细胞分类更精确，达到最低分类镜检率。

(5)强大的网络功能及完善的数据管理系统，可开展远程诊断、远程维护和质控，提供软件支持。

(6)高效、自动的标本资料管理及强大的工作平台，包括自动质控、实验室质量保证程序和事件记录功能。

(7)无错进样管理，包括穿刺进样、条码识别和双重样本完整性探测器。

(8)仪器可与网织红检测仪、自动进样仪、自动涂片机相连，形成自动化模块。

2. 检测项目

五分类仪器共可检测 25 项参数或更多。

(四)全自动五分类连接网织红细胞分析仪

1. 仪器性能

(1)准确性高，通过对细胞 RNA 检测比目测法准确、敏感。

(2)精确度达 97%以上。并可将网织红细胞分类为 HFR、MFR 及 LFR，对贫血、骨髓移植、白血病、放疗、化疗观察有非常重要意义。

(3)自动化程度高，连续测定每小时可达 60 份标本。

(4)可与五分类连接形成自动化模块。

2. 检测项目

检测网织红细胞的有关项目十多项。

＊技能操作

动物血细胞分析仪的使用方法：以 XF9080 型动物血细胞分析仪(图 8-6)为例。

图 8-6　XF9080 型动物血细胞分析仪

一、操作前准备

(1)使用前检查稀释液瓶内是否有充足的稀释液，稀释液吸入管应插入稀释液内，不能空瓶。

(2)使用前检查废液瓶不能盛满废液，废液排出管应插入废液瓶内且硅胶管必须伸入瓶底。

(3)开机前托盘上放一杯稀释液，约占样杯体积的 2/3。

(4)打开电源开关仪器进入开机清洗状态，此时从定量器观察窗孔观察窗内水柱上升时是否存在气泡，如有气泡，反复按 2～3 次“清洗”键至气泡全部排尽为止。

(5)开机后预热 20～30min，预热后先用稀释液进行空白测量一遍，检查仪器测量功能是否正常，具体操作如下：

①按“选择”键选择所需检测动物的种类。

②按“测量”键，仪器在红细胞状态，开始进行稀释液检验，即红细胞空白计数，MT10S 显示仪器的测量计数，一般计数时间在(10±2)s，如果计数时间过长或者过短都反映仪器计数结果不正常。

③测量结束后，仪器先显示红细胞的直方图，直方图显示时间为 2s，仪器发出一声讯响表示红细胞测量程序结束。

④按“测量”键，仪器在白细胞状态下开始进行检测，测量结束后，仪器显示白细胞直方图，直方图显示约 2s 后发出一声讯响，白细胞测量结束，同时打印机自动打印出检测结果。

二、样品测量

(1)取两只干净的样杯，分别加入 10mL 稀释液，并注明红细胞样杯、白细胞样杯。

(2)将两个采血器分别调至 20μL、100μL，将采血杯插在采血器上。

(3)将采好的血样注入采血皿内，用 20μL 采血器从采血皿内吸取血样注入红细胞杯中，轻轻摇晃至混合均匀。

(4)用 100μL 采血器从白细胞样杯中吸取 100μL 的样液，注入红细胞的样杯中，轻轻摇晃至混合均匀。

(5)在白细胞样杯中滴入 2～3 滴溶血剂，轻轻摇晃均匀，加入溶血剂后在 1～3min 内进行测量。

(6)将稀释液从托盘上取下，放上红细胞样杯，按“测量”键进行红细胞测量，仪器发出一声讯响，红细胞测量结束。

(7)将红细胞样杯取下，放上白细胞样杯，按“测量”键进行白细胞测量，仪器发生一声讯响，白细胞和血红蛋白测量结束。

(8)打印机打印出血细胞 14 项参数测量结果。

(9)取下白细胞样杯，放上一杯干净的稀释液，将微孔浸泡在稀释液中，仪器又回到血细胞 14 项待测状态。

(10)仪器使用完毕，在关机前用稀释液空白测量 2～3 次，微孔管必须浸泡在稀释液中，不可在空气中长时间暴露。

(11)关机、关闭电源。

(12)填写仪器使用记录。

三、日常维护

(1)若仪器长时间停止使用，最好每周用蒸馏水开机清洗 2～3 次，然后再测量 1～2 次，使管路长期充满水，并保证微孔的清洁，微孔管一定要浸泡在蒸馏水中，这样才能使仪器性能保持良好。

(2)如打印纸用完需重新安装时，一定要确认打印机在关机状态。

【链接】全自动血液分析仪的几个关键技术：

1. 自动取样技术

由于仪器需要对全血进行自动取样和稀释，因此取样量也同样需要精确控制。最初的仪器是需要进行手工取样和稀释的，后逐渐发展成外置式专用取样稀释器，再后来仪器内部设置了内置式负压取样稀释器，根据负压量的大小来吸取血液样品，这对控制负压的精确度要求很高。此外，还有微量注射器取样技术，依靠光电管控制血液取样量的技术等。目前认为采用旋转阀取样技术是比较精确的方法，旋转阀内部有多个按一定体积设计的小孔，当血液进入后，旋转阀从吸入的小孔转向排出的小孔，此时血液不能再进入，而孔内保留的固定量的血液进入仪器的稀释部，然后清洗，再进入下一次循环。目前许多更加先进的血液分析仪均采用陶瓷制的旋转阀来分配血液标本。

另外，进样方式也从最初的单一预稀释方式，演化为预稀释和全血方式两者兼有。现在许多先进的五分类血液分析仪还采取了更多种进样方式，如末梢血方式、开盖手工进样、闭盖手工进样、急诊检验进样、全自动进样等方式以及连接到全自动流水线的自动进样技术等。进样设备有的采用旋转式进样盘，如 MEDONIC CA570 和 SWELA-BAC 920/970，这种旋转式进样器多是选样件。更多的血液分析仪采用了平推式的自动进样系统，即将待检样品插在专用试管架上，仪器将试管架一步步送入仪器的取样口，测定完毕后自动推出。平推式自动进样系统在有些厂家的仪器上是可选择的配件，而在某些仪器上则是必备件。

2. 仪器的清洗技术

最初的仪器清洗靠人工浸泡或使用毛刷清洗，如果测定完一个很高值的标本，则需要用空白液清洗一下，以防止对下一个标本的携带污染。而现在许多仪器在完成一个标本的检测后可自动对计数小孔、管道进行冲洗，还可同时对取样器、稀释器、取样针内外进行全面清洗，减少交叉污染的机会。许多仪器在开机和关机时可自动执行清洗程序或按事先设定的清洗程序进行定时清洗，保证仪器正常工作。

3. 扫流技术

为减少已通过计数小孔后由于液流的回流而重新返回计数区造成重复计数，在小孔后面增加一个扫流液系统，将计数过的细胞通过扫流液冲进废液管道。

4. 防反流装置

为防止细胞返回到计数敏感区，在小孔后面加一个带孔的挡板，用负压将已经计数过的细胞阻挡后直接收集到废液管道中。

5. 水动力聚集技术

水动力聚集技术是目前认为最为有效的方法，也叫鞘流技术。它利用流体动力学原理，既可保证细胞位于鞘液中心并排成一列通过检测孔中心或通过激光束中心，又保证它不会返回敏感区，目前许多高级的血液分析仪一般采用此种技术。

6. 质控程序的进展

血液分析仪需要进行日常质量控制，以监控其测定结果的准确性。早期的血液分析仪一般没有质控程序，是依靠人工记录质控数据，人工绘制质控图。20 世纪 90 年代以来由于微机技术的发展，使得包括质控程序在内的许多功能得以在血细胞分析仪上实现。例如浮动均值质控法，自动将符合条件的每 20 个样本的 MCV、MCH、MCHC 数值求出均值并储存，最后绘制为浮动均值质控图，如 Sebia 的 Hemalyser3 型就有这个功能。近年来的许多仪器都增加了多种质控程序，如 ADVIA120 型血液分析仪和 SYSMEXXE-2100 型血液分析仪，可以将日常质控的多达 20 组的质控数据储存在机内，或传入相连的计算机处理，甚至通过网络直接发送到厂家的服务器，设备厂商可通过网络直接了解每台设备每天的质控情况，必要时对用户进行指导和对仪器进行校正及检修。

⋆项目小结

血常规检查是兽医临床中一项常用技术，其检验指标对诊断动物疾病具有重要的意义。本项目主要介绍了血液标本采集、抗凝方法，多项血常规（红细胞沉降速度、红细胞压积、血红蛋白、出血时间、凝血时间、红细胞计数、白细胞计数、白细胞分类计数、血小板计数及异常白细胞)的检查原理、方法以及血细胞分析仪的类型。在技能后的【链接】中还详细介绍了各种检验方法和新的研究、发展动态信息。

*目标检测题

一、选择题

1. 实验室血液检验大剂量用血时，各种动物采血的部位正确的是(　　)。
A. 牛在颈静脉上 1/3 与中 1/3 交界处
B. 猪在耳边缘处
C. 犬在尾部内侧
D. 羊在耳尖部
E. 成年鸡在胸骨脊前端至背部下凹陷连线的 1/2 处
2. 下列结果哪项不符合典型的严重感染患者(　　)。
A. 白细胞总数增加　B. 中性细胞核左移　C. 淋巴细胞相对减少
D. 嗜酸性粒细胞轻度增加　E. 显著的核左移
3. 瑞氏染色时，嗜碱性粒细胞胞浆颗粒染成(　　)。
A. 粉红色　B. 红色　C. 蓝黑色
D. 绿色　E. 紫色
4. 关于全血、血浆和血清的概念叙述，错误的是(　　)。
A. 血清是血液离体后血块收缩所分离出的微黄色透明液体
B. 血浆是不含纤维蛋白原的抗凝血
C. 抗凝血一般是指血液加抗凝剂后的全血
D. 脱纤维蛋白全血指用物理方法促进全部纤维蛋白缠于玻璃珠上而得到的血液
E. 血浆是指除去血细胞的抗凝血
5. 关于白细胞核左移的叙述，(　　)项较为确切。
A. 粒细胞杆状核以上阶段的细胞增多称核左移
B. 外周血片中出现幼稚细胞称左移
C. 未成熟的粒细胞出现在外周血中称核左移
D. 分类中发现许多细胞核偏于左侧的粒细胞称核左移
E. 分叶状核的粒细胞增多
6. 嗜中性粒细胞增加多见于(　　)。
A. 病毒感染　B. 细菌感染　C. 寄生虫感染
D. 变态反应　E. 药物作用

二、简答题

1. 简述红细胞沉降速度测定的原理及临床意义。

2. 哪些疾病能导致红细胞压积增高？其原理是什么？
3. 血红蛋白测定的原理及临床意义有哪些？
4. 简述细胞计数板的构造及红细胞计数时的注意事项。
5. 白细胞计数和红细胞计数在操作方法上有何区别？
6. 白细胞的种类及白细胞计数的临床意义有哪些？
7. 查阅相关资料，简述血液凝固的过程。
8. 血液中血小板的功能如何？血小板计数的临床意义是什么？
9. 异常白细胞有哪些？异常白细胞检查的临床意义如何？
10. 怎样用血液自动分析仪进行血常规检查？

项目九 尿液检验

【知识目标】

动物泌尿器官本身或有些其他器官的疾病都可引起尿液成分和性状的变化，因此，尿液检验在临床诊断、治疗和预后判断上都具有重要意义。尿液检验包括尿液物理性质、化学性质和尿沉渣检验。通过本项目的学习，掌握尿液标本的采集，尿液检测的操作方法、步骤和临床意义。

【技能目标】

能正确采集尿液，检验并进行结果判定。

技能一　尿液标本的采集和尿比重的测定

***理论知识**

一、尿比重测定方法

有化学试带法、折射计法、超声波法、比重计法等。前三种方法设备条件要求高，兽医临床用得不多，主要用比重计法。

二、正常值

尿比重为单位容积尿液中含固体物质的多少，其中影响最大的是尿素和氯化钠。健康动物每天排出固体物质比较恒定，因此，尿量对比重影响较大，一般尿比重值与排尿量成反比。此外，还与饮水、排汗以及肠道的排水量等因素有关。

健康动物尿的比重为：马 1.025～1.055，牛 1.025～1.050，羊 1.015～1.065，猪 1.018～1.022，犬 1.020～1.050，猫 1.035～1.060。

三、临床意义

(1)病理性尿比重增高　多见于引起尿量减少的各种疾病，如发热、脱水、便秘，糖尿病。

(2)病理性尿比重降低　多见于引起尿量增多的各种疾病，如间质性肾炎、酮病。

＊技能操作

一、材料与设备

集尿瓶(烧杯、烧瓶等)，导尿管，量筒，量杯，尿比重计。

二、操作方法

(一)尿液标本的采集和保存

1. 尿液的采集

(1)采尿原则　尿样通常在早上采集。尿样在送检的过程中，要用清洁干净的容器盛装。采集到的尿样应该立即检验，如果检验时间超过 30min 时，在夏天可用冷藏的方法，也可加入防腐剂保存检尿。供微生物检验时，在采尿的过程中要注意术部、操作过程和器皿消毒。

(2)采尿方法　采尿的方法主要有自然排尿、尿管导尿、膀胱穿刺等，在兽医临床检验中一般采用动物自然排尿的方法收集尿液，在必要的时候可采用导尿和膀胱穿刺的方法采得检尿。但膀胱穿刺采得的尿液一般不得用作尿液检验。

2. 尿液的保存

尿液采集后应立即检查。如不能及时检查或需送检时，为防止尿液发酵分解，须加入适量的防腐剂，如甲醛(100mL 供检尿液中加入 3～4 滴)、麝香草酚(100mL 尿液中加入 0.1g)、甲苯(100mL 尿液中加入 0.5mL)，用作细菌学检验尿液，可加入防腐剂。

(二)尿比重的测定

1. 测定方法（比重计法）

(1)将尿振荡后，放入 20mL 量筒内，如液面有泡沫，可用胶头吸管或滤纸吸除泡沫。

(2)用温度计测尿温，并做记录。

(3)小心地将尿比重计浸入尿液中，不可与瓶壁相接触，1min 后，待尿比重计稳定，读取凹液面对应的尿比重计上的刻度数，即为尿的比重。

如尿量不足时，可将尿用水稀释后测定，然后，将测得比重值的最后两位数乘以稀释倍数，即得原尿的比重。

2. 注意事项

比重计上的刻度是以尿温 15℃为标准制作的，当尿温高于 15℃时，则每高 3℃加 0.001，反之每低 3℃则减 0.001。比重法操作较烦琐，标本用量大，温度及尿葡萄糖、蛋白质、尿素对结果有一定影响。

技能二 尿液的化学检验

*理论知识

一、检验方法

主要包括：尿液酸碱度、尿蛋白、尿血液、尿胆素原、尿糖、尿酮体、尿肌红蛋白、尿血红蛋白、尿蓝母等。

二、原理、正常数值与临床意义

(一)尿液酸碱度(pH 值)测定

1. 原理

肾小管上皮细胞分泌的 H^+ 与肾小管滤液中的 NH_3 或 HPO_4^{2-} 结合，形成 NH_4^+ 或可滴定酸 $H_2PO_4^-$ 随尿排出，与提示剂发生颜色反应或与电极产生电位反应。

尿液中正常 H^+ 浓度取决于饲料的种类，以植物性饲料为主的动物倾向于产生碱性尿液，而饲喂高蛋白含量的谷类或以动物性蛋白质为主的动物，通常产生酸性尿。吮乳的幼龄动物均为酸性尿。在病理情况下或用某些药物，尿液 pH 值可发生改变。

2. 正常数值

健康动物尿液的 pH 值为：马 7.2～7.8，牛 7.7～8.7，羊 8.0～8.5，猪 6.5～7.8，犬 5.5～7.5，猫 5.5～7.5。

3. 临床意义

(1)病理性的尿液 pH 值降低(酸性尿)　见于某些发热性疾病、长期饥饿和酸中毒(如奶牛酮病、瘤胃酸中毒等)。

(2)病理性的尿液 pH 值增高(碱性尿)　常见于尿道阻塞和膀胱炎，使尿液在膀胱内积滞，也见于代谢性碱中毒及摄入乳酸钠、碳酸氢钠、枸橼酸钠等盐类物质。

(二)尿蛋白的测定

病理情况下，肾脏的滤过发生障碍，大量的蛋白质进入尿中，尿中出现蛋白质，称为蛋白尿。尿蛋白的定性、定量检测方法有：加热醋酸法、磺基水杨酸法、硝酸法及试纸法。

1. 原理

尿中蛋白质遇热发生凝固而出现混浊，或遇酸发生凝固沉淀现象。肉眼可见并加以判断。

试纸法原理：用检验试纸和已知标准彩图进行肉眼对比，从而获得大概的含量。即根据指示剂的“蛋白质误差”的原理，在一定的酸碱度条件下，由于尿中蛋白质的作用可使试纸条上的试剂产生绿色，阴性结果为黄色。根据尿中蛋白质含量的多少，阳性结果时可呈现黄绿、绿和蓝绿等不同颜色，并与瓶签上的标准比色板比色判定结果。

2. 正常数值

动物正常排出的尿液蛋白质含量极少，用一般方法不能检测。如尿液中能用一般定性方法检测出蛋白质，均为病理现象。

3. 临床意义

由于剧烈的运动、精神紧张、寒冷、发热、摄入蛋白质过多等引起暂时性尿蛋白增加，此时泌尿系统无器质性病变，称为生理性蛋白尿。

病理性的蛋白尿多见于急性肾炎、慢性肾炎，膀胱炎、尿道炎也可出现轻微的蛋白尿；多数急性传染病，如马腺疫、流行性感冒、传染性胸膜肺炎、牛恶性卡他热、猪瘟、猪丹毒等；寄生虫病，如弓形体病；某些药物和化学物质(重金属、抗生素、磺胺类)引起的肾脏损伤等；某些饲料中毒时，也可出现蛋白尿。

(三)尿潜血的测定

尿液中不能用肉眼直接观察出来的红细胞或血红蛋白称为潜血；尿中混有一定量红细胞，称为血尿；含有一定量血红蛋白时，称为血红蛋白尿；含有一定量的肌红蛋白时，称为肌红蛋白尿。常用检验方法：联苯胺法和试纸法。

1. 原理(联苯胺法)

血红蛋白中的铁具有过氧化酶的作用，可分解过氧化氢放出氧，使联苯胺氧化呈绿色或蓝色。

邻联甲苯胺试纸法原理相同，但可避免联苯胺有致癌作用的缺点。

2. 正常数值

正常动物尿中不含红细胞、血红蛋白和肌红蛋白。

3. 临床意义

(1)尿潜血　常见于泌尿器官的炎症(如急性肾炎、肾盂肾炎、输尿管炎、膀胱炎、尿结石、尿道炎等)，肿瘤(肾脏和膀胱肿瘤)，寄生虫病(如犬恶丝虫幼虫、肾膨结线虫等)，某些中毒性疾病(如铜、砷、汞等中毒)。

(2)血红蛋白尿　常见于引起溶血的各种疾病，如钩端螺旋体病、血液寄生虫病(如血孢子虫)、牛血红蛋白尿症、某些中毒性疾病(如铜、汞、蕨类植物中毒等)、细菌感染(如溶血性梭菌)以及新生仔畜溶血病等。

(3)肌红蛋白尿　由肌细胞溶解所产生，尿呈棕色或黑色，无贫血症状，见于马肌红蛋白尿病、动物蛇毒中毒、幼畜白肌病等。

(四)尿胆素原的测定

尿胆素原是肠道中细菌还原胆红素结合物而产生的物质，从粪便中排出为粪胆原，大部分尿胆素原从肠道重吸收经肝脏转化为结合胆红素再排入肠道，小部分尿胆素原从肾小球滤过从尿液排出。因此，健康动物的尿中含有少量的尿胆素原，在空气中氧化成尿胆素。

1. 原理

尿胆素原在酸性溶液中可与对二甲氨基苯甲醛发生醛化反应生成红色化合物。

2. 临床意义

(1)尿胆素原增多　见于肝脏疾病(肝炎、中毒性肝炎、肝硬化)，溶血性疾病，充血性心力衰竭，便秘和胆道阻塞的初期。

(2)尿胆素原减少　见于肠道阻塞，肾炎的后期(多尿)，腹泻，口服抗生素药物(抑制或杀死肠道细菌)等。

(五)尿糖的测定

健康动物的尿中仅含微量的葡萄糖，一般化学方法无法检出。虽然葡萄糖很容易从肾小球滤出，但在肾小管内全部被重吸收。如果血液中葡萄糖含量超过了肾脏的葡萄糖阈，尿液中即出现多量葡萄糖。若用一般方法能检出尿中含有葡萄糖时，称为糖尿，表示机体的碳水化合物代谢障碍或肾脏的滤过机能严重破坏。

检验方法：有试带法、薄层层析法、班氏试剂法、试纸法。前两种方法设备条件要求高，在兽医临床较少采用，下面介绍后两种常用的方法。

1. 班氏试剂法原理

在高热和强碱溶液中，葡萄糖或其他还原性糖能将溶液中蓝色的硫酸铜还原为黄色的氢氧化亚铜沉淀，进而形成红色的氧化亚铜沉淀。根据沉淀有无和色泽变化判断含量。

2. 试纸法原理

葡萄糖在葡萄糖氧化酶的催化作用下形成葡萄糖酸和过氧化氢，过氧化氢在过氧化氢酶的催化作用下形成水和原子氧。利用原子氧可以将某种无色的化合物氧化成有色的化合物的原理，将上述两种酶和无色的化合物固定在纸条上，可制成测试尿糖含量的酶试纸。这种酶试纸与尿液相遇时，很快就会因尿液中葡萄糖含量的由少到多而依次呈现出浅蓝、浅绿、棕或深棕色。

3. 临床意义

(1)暂时性糖尿　又称生理性糖尿，见于恐惧、兴奋等引起机体肾上腺素分泌增多及肾小管对葡萄糖的重吸收暂时性降低，也见于饲喂大量含糖饲料等。

(2)病理性的糠尿　可见于糖尿病、甲状腺功能亢进、肾上腺皮质功能亢进、肾脏疾病、化学药品中毒、肝脏疾病等。

(六)酮体的测定

酮体是乙酰乙酸、β-羟丁酸和丙酮的总称，是脂肪代谢的中间产物。健康动物尿中含有微量的酮体，用一般化学试剂无法检出。尿中出现多量的酮体称为酮尿。常用郎氏法或改良罗特拉(Rothera)氏法检测。

1. 郎氏法原理

丙酮或乙酰乙酸与亚硝基铁氰化钠作用后，再与氨液接触可产生紫红色化合物。冰醋酸可抑制肌酐产生类似的反应。

2. 改良罗特拉氏法原理

丙酮和乙酰乙酸在一定的酸碱度环境中，与亚硝基铁氰化钠及硫酸铵作用形成紫色化合物。

3. 临床意义

尿中出现酮体，主要是机体碳水化合物和脂肪代谢障碍，见于奶牛酮病、奶羊妊娠毒血症、仔猪低血糖等，也见于动物长期饥饿、犬和猫的糖尿病。

⋆技能操作

一、材料与设备

pH 试纸，尿蛋白检验试纸，尿糖检测试纸，尿潜血试纸，酸度计，硝酸，盐酸，冰醋酸，磺基水杨酸，浓氨水，硫酸铵，联苯胺，邻联甲苯胺，过氧化氢，对二甲氨基苯甲醛，无水碳酸钠，柠檬酸钠，亚硝基铁氰化钠，结晶硫酸铜，蒸馏水。

二、操作内容与方法

(一)尿液酸碱度(pH 值)的测定

1. 测定方法

酸碱度测定的方法有试带法、pH 试纸法、指示剂法、滴定法、pH 计法等。临床上常用的是试纸法，此法简便快捷。

取 pH 试纸一条浸入被检尿内，取出后比色，以判断尿液的 pH 值。

2. 注意事项

被检尿液一定要新鲜，因为放置时间过长，可导致尿中 CO_2 丢失和细菌分解尿素而释放出氨，使尿液变碱性。尿液 pH 值的变化将影响到尿液中结晶形成的类型。

(二)尿蛋白的测定

1. 加热醋酸法

取中试管一支，加供检尿(如为碱性尿，需加少许 10%醋酸，使之成为弱酸性)5～10mL，于酒精灯上加热至沸，如呈白色混浊或出现絮状沉淀，则为蛋白尿阳性。

如酸性尿的动物检尿在检验的过程中出现混浊现象，可滴加醋酸溶液数滴。若滴酸后混浊消失，为假阳性反应(由草酸盐或磷酸盐而生成的假阳性)；若滴酸后不消失并混浊加重或产生沉淀，则为阳性反应。

2. 磺柳酸法(磺基水杨酸法)

取酸化尿置于玻片上，滴加 20%磺柳酸溶液 1～2 滴，如尿中含有蛋白质或蛋白胨，即出现白色混浊。

3. 硝酸法

取一支小试管，先加入 35%硝酸 1～2mL，随后沿试管壁缓慢滴加尿液，使两液面重叠，静置 3～5min 观察结果，两液重叠面产生白色环者为阳性反应。白色越宽，表示蛋白质含量越高。

4. 试纸法

试纸法是用检验试纸和已知标准彩图进行肉眼对比，从而获得大概的含量，有半定量和定量试纸法。定量试纸法是把检验试纸插入自动尿分析仪中，可自动打印出所检样品的蛋白质含量。半定量试纸法可检出阳性 1＋到 4＋，它们分别为 30mg/dL、100mg/dL、300mg/dL、1000mg/dL 蛋白质，下面介绍的是半定量法。

(1)检查方法　由试纸瓶中取出试纸条(取后立即扭紧瓶盖以防瓶内试纸受潮影响有效期)，将试纸插入新鲜的未经离心的尿液中，立即取出试纸并在容器壁上沾去多余的尿液，迅速与瓶签上的标准比色板比色判定。

(2)注意事项　强碱性的尿液或混有洗必泰等消毒剂的尿液，可引用假阳性结果。因此，对强碱性尿，要用醋酸液调整其 pH 值至弱酸性。

尿蛋白检测还有试带法，用于尿蛋白定性或定量分析。

(三)尿潜血的测定

1. 联苯胺法

(1)试剂　联苯胺冰醋酸饱和液，3%过氧化氢溶液。

(2)方法　取供检尿 3～5mL 置洁净试管中煮沸，以破坏其他可能存在的过氧化酶。冷却后滴加冰醋酸使尿呈酸性，然后加入联苯胺冰醋酸饱和液数滴，再加 3%过氧化氢溶液数滴，混合，数秒钟后若呈现蓝色反应，表明尿蛋白为阳性。

(3)注意事项

①过氧化氢必须新鲜。

②玻璃器材必须十分清洁，否则可呈假阳性反应。

2. 试纸法

(1)试纸　市售尿潜血试纸。本试纸选用邻联甲苯胺作为呈色剂，可避免联苯胺有致癌作用的缺点。

(2)检查方法　把试纸插入尿中，取出 40s 后观察颜色变化，从而确定尿中血红蛋白含量。尿中血红蛋白含量能检出的级别有非溶血性微量、溶血性微量、少量(＋)、中等量(＋＋)和大量(＋＋＋)。

试纸法一般检验能力为 0.015～0.060mg/dL 游离血红蛋白，或每微升尿中含 5～20 个完整红细胞。非溶血性微量是指尿中含有完整红细胞超过 5 个/μL，在试纸上出现蓝色斑点，斑点状的绿色或蓝色说明尿中有完整的红细胞，弥漫性的绿色或蓝色为血红蛋白或肌红蛋白。为区分血尿与血红蛋白尿，可按表 9-1 鉴别之。

表 9-1　血尿与血红蛋白尿的鉴别方法

鉴别方法	血尿	血红蛋白尿
肉眼观察	常混浊不透明	常透明
静置后	有红色沉淀	无红色沉淀
显微镜检查	可发现完整红细胞	无完整红细胞
多次过滤	脱色	不脱色

(3)注意事项

①比重增加、蛋白质增多或含 5mg/100mL 以上抗坏血酸时，可使试纸的敏感性降低。

②混入某些氧化剂(如次氯酸盐)时，可引起假阳性结果。尿路感染时，细菌的过氧化酶也可引起假阳性结果(呈点状蓝色，容易误判为尿中有红细胞)。

(四)尿胆素原的测定方法

(1)试纸　艾氏试剂(对二甲氨基苯甲醛 2.0g，浓盐酸 20.0mL，蒸馏水加至 100mL)；10%醋酸。

(2)方法　先测定被检尿液的 pH 值，如为碱性，用 10%醋酸调至弱酸性。取中试管 1 支，加被检尿 9mL，再加艾氏试剂 1mL，充分混匀后静置 10min 观察结果。观察时在管底垫一张白纸，在明亮处自管口往管底观察其颜色变化，呈现樱桃红色为阳性。

(3)注意事项　注射或内服磺胺类药物后，尿中的磺胺与艾氏试剂作用产生黄色或杏黄色物质，影响判断。

(五)尿糖的测定

1. 试纸法

(1)尿糖试纸　市面上有售。

(2)方法　将试纸浸入尿液，湿透后取出，1min 后观察试纸颜色，并与标准比色板比较，即能得出测定结果。

2. 班氏试剂法

(1)班氏试剂　结晶硫酸铜 17.3g，无水碳酸钠 100.0g，柠檬酸钠 173.0g 及蒸馏水若干。先将无水碳酸钠和柠檬酸钠溶于 700mL 蒸馏水中，加热促其溶解，另将结晶硫酸铜溶于 100mL 蒸馏水中，待硫酸铜溶解后将其缓慢倾入前液中并加蒸馏水至 1000mL，过滤后保存于橙色瓶中备用。

(2)方法　取班氏试剂 5mL 于试管中，加尿液 0.5mL 充分混合，加热煮沸 1～2min，静置 5min，观察结果。管底出现黄色或黄红色沉淀者为阳性反应。沉淀越多表示尿葡萄糖含量越高。

(3)注意事项

①尿中如有蛋白质，先把尿加热煮沸，过滤后再检。

②尿液与试剂必须按要求加入，否则会出现假阳性反应。

(六)酮体的测定

1. 郎氏法

(1)试剂　亚硝基铁氰化钠、冰醋酸、浓氨水(28%)。

(2)方法　取被检尿液约 2mL 于小试管内，加入亚硝基铁氰化钠结晶数小粒，振荡使其溶解，再加冰醋酸 0.2mL(3～4 滴)，混匀后，将试管倾斜，沿管壁缓缓加入浓氨水 0.5～1mL，然后观察产生的现象。

(3)结果判定　在两液交界处呈现紫红色环即为阳性。根据颜色产生的时间，可做定量判定：立即出现深紫红色环(+++)、逐渐出现紫红色环(++)、10min 内出现淡紫色环(+)、10min 后不显色(-)。

2. 改良罗特拉氏法

(1)试剂　亚硝基铁氰化钠 0.5g，无水碳酸钠 10g，硫酸铵 20g。将此三种药物研磨均匀(不宜太细)，贮于棕色瓶中备用。若放置过久变黄，说明失效。

(2)方法　取粉剂约 0.1g 于载玻片上或反应盘内，加新鲜尿 2～3 滴使粉剂完全被尿液浸透。

(3)结果判定　粉剂呈紫红色为阳性反应，5min 后仍不显色者为阴性。根据显色快慢、色泽深浅也可以用(+～+++)号表示。

3. 注意事项

尿液采集后立即送检或冷藏，否则，室温下放置过久，丙酮会挥发而影响检验结果。

技能三　尿液的显微镜检查

★理论知识

一、尿中有机沉渣检查

正常尿液中含有少量来自泌尿生殖系统的上皮细胞和其他有形成分，尿液的显微镜检查主要检查尿沉渣。尿沉渣包括有机沉渣和无机沉渣两类。有机沉渣包括各种细胞和各种管型，无机沉渣包括碱性尿中的盐类结晶和酸性尿中的盐类结晶。尿液的显微镜检查可以补充理化检查的不足，即能查明理化检查不能发现的病理变化。一般有机沉渣的检查比理化检查更重要，不仅可确定疾病发生的部位，而且可了解病理性质，对肾脏和尿路疾病的诊断具有重要意义。

(一)正常情况

动物尿沉渣中如果见到少量红细胞或白细胞(1～2 个/HPF)、几个上皮细胞(成年母畜尿中含有大量鳞状上皮细胞)及偶尔见到透明管型，都视为正常尿液。

(二)尿中有机沉渣及临床意义

1. 上皮细胞

(1)肾上皮细胞　呈圆形或多角形，细胞核大而明显，核呈圆形或椭圆形，位于细胞中央。细胞浆中有小颗粒。尿中出现肾上皮细胞，表明肾实质损伤，见于急性肾小球肾炎、肾病等。

(2)肾盂及输尿管上皮细胞　比肾上皮细胞大，肾盂上皮细胞呈高脚杯状，细胞核较大，偏心位。输尿管上皮细胞多呈纺锤形，也有呈多角形及圆形者，核大，位于中央或略偏心位。尿中大量出现以上细胞则为肾虚炎、输尿管炎的症状。

(3)膀胱上皮细胞　为大而多角的扁平细胞的圆形或椭圆形的核，膀胱炎时在尿中大量出现，如图 9-1 所示。

2. 血细胞、白细胞及脓细胞

(1)红细胞　小而圆，淡黄褐色，无细胞核。尿中出现红细胞，见于肾炎、膀胱炎、尿道炎、结石及泌尿器官的出血。

(2)白细胞　比红细胞略大，有细胞核。尿中出现大量白细胞，见于肾及尿路的炎症。

(3)脓细胞　为变性的分叶核中性粒细胞。结构模糊，细胞核隐约可见，常聚集成堆。尿中出现多量脓细胞，见于肾炎、肾盂肾炎、膀胱炎和尿道炎。

3. 管型

管型是蛋白质在肾小管发生凝固而形成的圆柱状物质。如果尿中出现多量管型，表示肾脏实质受到严重损害。临床上常见的管型有以下几种，如图 9-2 所示。

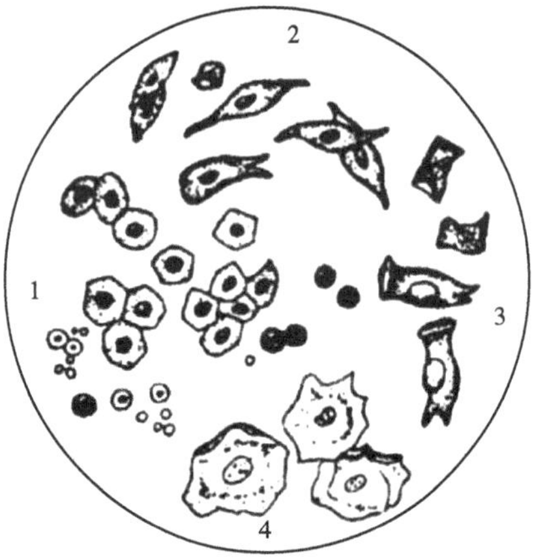

图 9-1　尿沉渣中的上皮细胞

1-肾上皮细胞　2-尿路上皮细胞
3-肾盂上皮细胞　4-膀胱上皮细胞

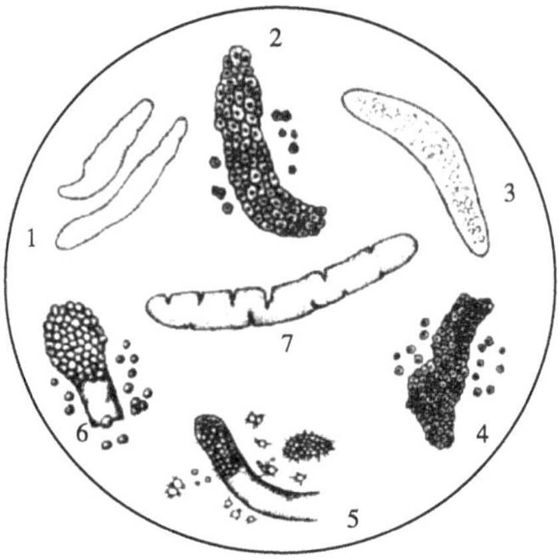

图 9-2　尿沉渣中的各种管型

1-透明管型　2-上皮细胞管型　3-颗粒管型
4-红细胞管型　5-脂肪管型　6-混合管型
7-蜡样管型

(1)透明管型　结构细致、均匀、透明，边缘明显伸直而少弯曲。

(2)上皮细胞管型　在蛋白质基质中嵌入肾上皮细胞而形成的管型。见于急性肾炎、慢性肾炎、间质性肾炎、肾病及某些化学物质中毒病(如银、汞中毒)等。

(3)颗粒管型　为肾上皮细胞变性、崩解或由血浆蛋白及其他物质等崩解的大小不等颗粒聚集而形成的管型，细胞结构不明显，管型表面散在有大小不等的颗粒。见于各种肾炎。

(4)红细胞管型　红细胞穿过肾小球或肾小管基底膜进入肾小管，在管型形成过程中嵌入蛋白质基质中而形成。常见于急性肾炎、慢性肾炎的急性发作期等。

(5)脂肪管型　为肾上皮细胞脂肪变性而形成，是较大的管型，在管型基质中含有脂肪滴或嵌入含有脂肪滴的肾小管上皮细胞。脂肪滴大小不等，呈卵圆形，有强的屈光性。常见于肾病综合征、肾炎及中毒性肾病等。

(6)混合管型　管型内含上皮细胞、红细胞、白细胞等各种成分。常见于肾盂肾炎、间质性肾炎等。

(7)蜡样管型　可能是在发生淀粉样变性的上皮细胞溶解后逐渐形成，或由颗粒管型衍化而来，是细胞崩解的最后产物，表明肾小管病变严重。特征为质地均匀、轮廓明显，具有毛玻璃样的闪光，表面似蜡块，长而直，很少有弯曲，较透明管型宽，称为假管型。

4. 黏液

黏液为均质物质，常呈细长、弯曲、缠绕的线状，在视野背景调暗时才能看到，黏附在其他物体上时看得更清楚。马肾盂和近端输尿管有黏液分泌腺，因此马尿中有黏液是正常现象，其他动物尿中有黏液，表明尿道受刺激或生殖道分泌物混入了尿液。

5. 脂肪滴

脂肪滴是一种具有折光性强、大小不一的物体，由于它总浮在表面，镜检时总不能和其他沉渣在一个焦点上同时见到。用苏丹Ⅲ可染成橘黄色至红色。正常猫尿中含有脂肪滴，其他动物则无，如有发现，要么由于人工导尿所致，要么存在甲状腺机能降低、糖尿病等。

6. 微生物

(1)细菌　尿中单个或成串的杆菌，一般可以辨认；单个球菌类似于微小结晶或碎片，在尿中呈布朗运动(液体分子运动)，即使在高倍显微镜下也无法辨认，但成串的球菌容易辨认。尿沉渣进行瑞氏或革兰染色时，细菌较容易辨认。

如果尿样收集适当，正常尿液中无细菌。如果在膀胱穿刺或无菌导尿的尿样中发现含有大量的细菌，尤其在尿沉渣中同时还含有大量白细胞和红细胞，可诊断为膀胱炎和肾盂肾炎。采集排尿中段尿样含有大量细菌时，除膀胱炎和肾盂肾炎外，还表明有尿道炎、子宫炎、阴道炎或前列腺炎。

(2)真菌　尿沉渣中有时可看到分节的真菌菌丝或出芽的酵母菌，这是尿污染造成的，临床上无意义。

7. 寄生虫

尿沉渣中能检验到有齿冠尾线虫(猪肾虫)、膨结线虫(犬和狼大型肾脏寄生虫)、皱襞毛细线虫(犬、猫和狐的膀胱寄生虫)等寄生虫的虫卵，有时可检验到犬恶丝虫的微丝蚴。

二、尿中无机沉渣检查

在尿沉渣中可观察到形态各异的盐类结晶，尿液中盐类结晶的析出与否决定于该物质的饱和度及尿液的 pH 值、温度和胶体物质的浓度。

1. 碱性尿中的无机沉渣(图 9-3)

(1)碳酸钙结晶　圆形，具有放射状线纹，此外，还有哑铃状、磨刀石状、饼干状等。草食动物尿中缺乏碳酸钙为病理状态，是尿变酸的特征。

(2)磷酸钙(镁)结晶　为无定形浅灰色颗粒，聚集成束。此结晶为碱性尿的正常成分。

(3)尿酸铵结晶　为黄色或褐色，圆形，表面有刺突。

(4)马尿酸结晶　为棱柱状或针状结晶，有时成束或交错的针状、扇形等。

2. 酸性尿中的无机沉渣(图 9-4)

(1)硫酸钙结晶　为长棱杆状物或针状状。见于酸性尿中。

(2)尿酸结晶　为棕黄色的磨刀石状、叶簇状、菱形片状或梳状等。见于肉食动物的正常尿中。

(3)草酸钙结晶　为四面八角体，如信封状，有十字形折光体。

图 9-3　碱性尿中的无机沉渣

1-碳酸钙结晶　2-磷酸钙结晶　3，4-尿酸铵镁结晶
5-尿酸铵结晶　6-马尿酸结晶

图 9-4　酸性尿中的无机沉渣

1-草酸钙结晶　2-硫酸钙结晶
3-尿酸结晶

*技能操作

掌握尿沉渣的显微镜检查方法，识别尿沉渣中见到的各种成分的形态并了解其诊断意义。

尿沉渣标本的制备与检查方法如下：

将尿液静置或低速(1500～2000r/min)离心 5～10min。倒去上清液，剩少量尿液，然后混合，用吸管吸少量混合液放在载玻片上，盖上盖玻片，在显微镜较暗视野下观察。观察到大体印象后再转换高倍镜仔细观察。

通常无需染色，即可进行尿沉渣检验。如果需要染色，有多种染色液可供选用。一般染色用 Sternheimer-Malbin 染色液，欲染细胞成分可用瑞氏染色液，欲染脂肪可用苏丹Ⅲ，欲染细菌可用革兰染色液。Sternheimer-Malbin 染色法为 0.2mL 尿沉渣加入一滴染液，混合后吸到载玻片上，用盖玻片覆盖，3min 后镜检。此时，红细胞染成淡紫色，多形核白细胞核染成橙红色，透明管型染成粉红色或淡紫色，细胞管型染成深紫色。

【链接】尿干化学分析仪和干化学试带

尿干化学分析仪是检测尿中化学成分的自动化仪器，尿干化学分析仪通常由机械系统、光学系统、电路系统三部分组成。机械系统主要功能是在微电脑的控制下，将待测试带送入预定的检测位置，将测定后试带输送到废物盒中。包括齿轮传输、胶带传输、机械臂传输、自动进样传输装置、样本混匀器、定量吸样针等。光学系统包括光源、单色光处理、光电转换三部分。光线照射到反应物表面产生反射光，光电转换器件将不同强度的反射光转换为电信号。

干化学试带是尿干分析仪的专用产品。干化学试带分单项试带和多联试带。单项干化学试带是最基本的结构形式。它以滤纸为载体，用各种试剂成分浸渍后干燥，作为试剂层，再在表面覆盖一层纤维膜，作为反射层。试带浸入尿液后，尿液与试剂发生反应，产生颜色变化。多联试带是将多种检测项目的试剂膜块按一定间隔、顺序固定在同一个试带上，可同时检测多个项目。多联试带采用多层膜结构。

不同型号的尿干化学分析仪使用配套的专用试带，且试剂模块的排列顺序也不相同。各试剂模块与尿中被测成分的反应呈现不同的颜色变化。通常情况下，试带上的试剂模块比检测项目多一个空白块，以消除尿液本身的颜色在试剂模块上所产生的检测误差。

目前临床实验室常用的检测带主要包括酸碱度、蛋白质、葡萄糖、酮体、胆红素、尿胆原、红细胞或血红蛋白或隐血、亚硝酸盐、白细胞、相对密度、维生素C和有形成分分析等。尿干化学分析仪主要优点是：检测标本用量较少；速度快、项目多；重复性好，准确性较高；适用于大批量标本筛检。虽然尿干化学分析仪的使用一般不受人为因素的影响，但尿液分析准确与否却受许多因素的影响，必须重视尿干化学分析和多联试带的质量控制，把握检查前、检查中、检查后的质量控制环节。

＊项目小结

尿液是血液经肾小球滤过、肾小管和集合管的排泌及重吸收的终末代谢产物，尿液的成分和形状反映了机体的代谢状况，也受机体各系统功能状态的影响。尿液检验包括尿液物理性质、化学性质和尿沉渣检验。本项目介绍了尿液标本的采集、各项尿液物理和化学检测的操作方法、步骤和临床意义。在【链接】中详细介绍了尿干化学分析仪和干化学试带进行尿液分析的内容、原理，为读者了解尿液检验先进的方法提供检索参考。

＊目标检测题

一、选择题

1. 下列药品中不适用于动物尿液标本防腐用的是(　　)。

A. 甲醛　　B. 甲苯　　C. 甲酸

D. 醛酸　　E. 硼酸

2. 下列中不属于管型病变表现的是(　　)。

A. 透明管型　　B. 颗粒管型　　C. 脂肪管型

D. 磷酸盐团管型　　E. 蜡样管型

3. 犬发生急性肾小球肾炎的时候，尿管型多为(　　)。

A. 细胞管型　　B. 透明管型　　C. 颗粒管型

D. 脂肪管型　　E. 蜡样管型

4. 尿液检查时，若见病犬尿液中有大量大圆上皮细胞，则多提示的疾病是(　　)。

A. 肾盂肾炎　　B. 输尿管炎　　C. 膀胱炎

D. 尿道炎　　E. 慢性肾炎

5. 下列中不属于酸性尿结晶的是(　　)。

A. 草酸钙结晶　　B. 尿酸结晶　　C. 尿酸盐结晶

D. 硫酸钙结晶　　E. 碳酸钙结晶

6. 犬发生肝炎时，尿液化学性质的改变是(　　)。

A. 蛋白尿　　B. 尿胆素原增高　　C. 尿酮体增高

D. 尿出胆红素　　E. 尿亚硝酸盐呈阳性

7. 尿液检查时，样品采集最好是(　　)。

A. 进食前的晨尿样品　　B. 药物治疗后的尿样品　　C. 进食后的尿样品

D. 尿管导出的尿样品　　E. 给予大量饮水后的尿样品

8. 正常情况下，健康动物的尿液每个高倍视野的尿沉渣中红细胞数不应多于(　　)。

A. 1 个　　B. 2 个　　C. 3 个

D. 4 个　　E. 5 个

9. 尿潜血实验不会出现阳性的是(　　)。

A. 血尿　　B. 肌红蛋白尿　　C. 血红蛋白尿

D. 药物性红尿　　E. 都出现

二、简答题

1. 尿液采集的方法有哪些？有何优缺点？
2. 尿液感观检查的内容是什么？有何临床意义？
3. 尿液化学检查的内容、原理、临床意义分别是什么？
4. 尿液的无视沉渣有哪些？有何临床意义？
5. 尿液的有机沉渣有哪些？简述其临床意义。

项目十 粪便检验

【知识目标】

掌握动物粪便检查的临床意义及检测方法。

【技能目标】

1. 能进行粪便的酸碱度测定。
2. 能进行粪潜血检查。

＊理论知识

一、粪便 pH 值

1. 正常情况

杂食与肉食动物粪便的酸碱度与饲料成分及肠内容物的发酵或腐败过程有关。草食动物的正常粪便呈弱碱性反应。但马的粪球内部常为弱酸性。肉食动物粪便呈弱酸性。

2. 临床意义

当肠管内糖类发酵过程旺盛时，粪便的酸度增加。当蛋白质腐败分解过程旺盛时，粪便的碱度增加，见于胃肠炎等。

二、潜血检查

1. 潜血概念

胃肠道有少量出血，红细胞被破坏，以致粪便外观无异常改变，显微镜下也不能证实。这种肉眼及显微镜均无法检测的微量血液称为潜血或隐血。

粪便潜血检查对消化道出血的早期诊断有重要价值。

常用的检验方法有联苯胺法和邻联甲苯胺法。两者的原理和检验方法基本一致。

2. 原理

血红蛋白有过氧化酶的作用，能分解过氧化氢而产生新生态氧，使联苯胺氧化为联苯胺蓝而呈现蓝色反应。

3. 临床意义

粪潜血检查结果阳性，提示出血性胃肠炎、牛创伤性网胃炎、真胃溃疡、犬钩虫病、消化道恶性肿瘤、肠结核、溃疡性结肠炎以及其他能引起胃肠道出血的疾病。

＊技能操作

一、材料与设备

pH 试纸，冰醋酸，联苯胺，过氧化氢，蒸馏水等。

二、操作内容与方法

(一)粪便 pH 值测定

一般是用 pH 试纸法测定粪便的 pH 值。取新鲜粪便(从粪的内外各层采取)2～3g，置于试管或小烧杯中，加中性蒸馏水 8～10mL，混匀后，用精密 pH 试纸测定。

(二)潜血检查

1. 试剂

联苯胺冰醋酸溶液：临用时取联苯胺少许(约一刀尖)于洁净的小试管中，加冰醋酸约 2mL，振荡，溶解；过氧化氢溶液。

2. 检查方法

用干净的竹制镊子选取绿豆大小的粪块，于干净载玻片上涂成约 1cm 的范围(如粪便干燥，可加少量蒸馏水)。然后将玻片在酒精灯上缓慢通过数次(破坏粪中的酶类)，待玻片冷却后，滴加联苯胺冰醋酸溶液约 1mL 及新鲜过氧化氢溶液 1mL，用竹或木牙签搅动混合，在白纸上观察。

也可以取粪便 100g 放入盛有 100mL 蒸馏水的量筒中搅匀并离心后，按尿潜血的方法进行检验。

3. 结果判定

60s 开始出现蓝色反应为痕迹反应，用“±”表示。

30s 开始出现蓝色反应为阳性反应，用“＋”表示。

15s 开始出现蓝色反应为强阳性反应，用“＋＋”表示。

3s 开始出现蓝色反应为最强阳性反应，用“＋＋＋”表示。

4. 注意事项

采食动物血粉、肉类及进食大量青绿饲料时可出现假阳性反应，因为青草中含有过氧化氢酶。因此，检查草食动物的粪便时应加热，以破坏酶的活性，防止干扰检验结果，肉食动物应禁食肉类食物 3d。所用的玻片、试管应经洗液浸泡，以防器材上黏附血液而产生假阳性，使判断失误。

【链接】

潜血检查供选择的方法很多，有本项目介绍的联苯胺法、邻联甲苯胺法，还有还原酚酮法、匹拉米酮法、无色孔雀绿法、愈创木酯法，干化学试带法、大便潜血测定仪等。粪便寄生虫检查见本书项目十三。

＊项目小结

本项目介绍了粪便的酸碱度和潜血检验的技能，粪便酸碱度测定介绍了试纸法，粪潜血检查介绍了联苯胺法的原理、操作方法、临床意义。

＊目标检测题

一、选择题

1. 关于粪便潜血，叙述正确的是(　　)。

A. 正常无潜血的粪便不呈现颜色反应

B. 呈现蓝色反应者为阳性

C. 蓝色出现越早，表明粪便内的潜血也越多

D. 粪中肉眼看不出的血液称为潜血

E. 肉食动物应禁食 1d 再进行检验

2. 阻塞性黄疸时，粪便性状为(　　)。

A. 脓血便　　B. 血便　　C. 沥青样便　　D. 淡黏土样便　　E. 稀粥样便

二、简答题

1. 简述潜血检查的基本原理。

2. 潜血检查的方法步骤如何？简述其结果判断方法和临床意义。

项目十一 肝功能检验

【知识目标】

通过本项目的学习，掌握肝功能检查的目的和临床意义，掌握这些检测项目的具体方法和操作步骤，为临床诊断奠定基础。

【技能目标】

1. 会使用分光光度计和其他方法进行肝功能检查。
2. 能配制相关试剂。

技能一　黄疸指数测定

★理论知识

一、黄疸指数概念

黄疸指数：是指血液中胆红素的浓度，如黄疸指数 12，表示胆红素浓度为 12mg/L。表示 100mL 的血中有 12mg 的胆红素。

方法：测定黄疸指数方法有 Harrison 氏法、目视比色法和光电比色法。

二、实验原理

1. Harrison 氏法

胆红素与氯化钡反应，形成钡盐沉积胆红素，滴加佛歇(Fouchet)氏试剂可将胆红素氧化成胆绿素，从而显绿色。

2. 目视比色法

1∶10 000 的重铬酸钾溶液的色度相当于未稀释血清的一个黄疸指数单位。

3. 光电比色法

同目视比色法。

三、临床意义

(1)黄疸指数增高　见于急性或慢性肝炎、中毒性肝炎、急性黄色肝萎缩、溶血性疾病、妊娠毒血症、阻塞性黄疸等。

(2)黄疸指数减少　见于再生障碍性贫血、继发性贫血等。

黄疸指数测定的临床意义与血清胆红素的测定相似，所以在临床上分析黄疸症状时，通常将两者结合起来，相互参考，更有诊断意义。

＊技能操作

一、Harrison氏法

1. 试剂

(1)佛歇(Fouchet)氏试剂　三氯化铁0.9g，三氯乙酸25g，加蒸馏水溶解并稀释至100mL置褐色瓶内，冷暗处保存，至少可稳定使用半年。

(2)氯化钡滤纸　将厚滤纸浸于100g/L氯化钡溶液内约5min，取出于室温下干燥，剪成50mm×36mm纸条，冷暗处保存。

2. 方法

在氯化钡滤纸中央加一滴血清，约30s后滴加1滴佛歇氏试剂，30s后在明亮的白光下观察颜色。

3. 结果判定

血清胆红素在12mg/L以下者，颜色不改变，判为阴性；20mg/L以上，呈现蓝色或绿色者为阳性。凡15mg/L以上者即可检出。

4. 注意事项

(1)如因非蛋白氮含量过高，也可发生混浊，此时可将滤液稀释后重新测定。

(2)血液样品不可用草酸铵作为抗凝剂。

二、目视比色法

1. 试剂

0.2%重铬酸钾溶液：重铬酸钾0.2g，置于100mL容量瓶中，加蒸馏水90mL及浓硫酸0.1mL，再加蒸馏水至刻度处，充分振摇混合。黄疸指数标准管按表11-1制备。

2. 方法

取血清0.2mL，放入与标准管口径相同的小试管内，加生理盐水0.3mL，混合后与标准管肉眼比色，与稀释血清色泽相同的标准管单位乘以5即得血清黄疸指数。如血清呈现高度黄疸时，可将血清以生理盐水稀释5倍以上再与标准管比色，结果乘以稀释倍数即可。

表 11-1 黄疸指数标准管的制备

0.2%重铬酸钾/mL	1	2	3	4	5	6	7	8	9	10	11	12	13	14	15	16	17	18	19	20
蒸馏水/mL	19	18	17	16	15	14	13	12	11	10	9	8	7	6	5	4	3	2	1	0
相当于黄疸指数单位	1	2	3	4	5	6	7	8	9	10	11	12	13	14	15	16	17	18	19	20

三、光电比色法

1. 试剂

1%重铬酸钾贮存液，0.1%重铬酸钾应用液，生理盐水。

2. 方法

按表 11-2 的方法进行。

表 11-2 黄疸指数光电比色法操作步骤

试剂	测定管/mL	标准管/mL
生理盐水	4.5	4.5
血清	0.5	—
标准应用液	—	0.5

用分光光度计测定，取 420nm 波长比色水校正零点，分别求出各管光密度。

【链接】721 型分光光度计的使用方法

(1)使用前检查仪器各部件是否正常，检查电源电压是否符合仪器要求。

(2)接通电源开关，打开比色槽箱盖，指示灯位于透光度“T”处，调节“%”电位钮，使显示屏显示“0”，预热 20min，再选择需要的单色光波长。用调零按钮校正显示屏为“0”。

(3)取 3 支比色杯，分别装入空白液、标准液和测定液至比色杯 3/4 处，用擦镜纸擦净外壁，依次放入比色槽内，使空白管对准光路。盖上暗箱盖，此时指示灯位于透光度“T”处，调节 100%按钮，使显示屏显示为 100。

(4)指针稳定后逐步拉出样品滑竿，分别读出标准管和测定管的光密度值，并记录。

(5)比色完毕，关上电源，取出比色皿洗净，倒置于滤纸上晾干，备用。

技能二 血清胆红素定性试验

＊理论知识

一、实验原理

血液中的直接胆红素或肝胆红素经过肝脏处理又和葡萄糖醛酸结合成水溶性物质，与重氮试剂偶联产生红色或紫红色的重氮胆红素；如未经肝脏处理的间接胆红素或血胆红素，与重氮试剂不产生反应，要经甲醇、乙醇等助溶剂作用后，才可和试剂产生红色或紫红色的重氮胆红素。

二、临床意义

(1)阻塞性黄疸、肝细胞性黄疸，立即呈直接阳性反应或呈直接迟缓反应。

(2)溶血性黄疸多为直接反应阴性或间接反应强阳性。

(3)血液中有胡萝卜素及其他药物引起黄疸，直接反应均为阴性。

*技能操作

一、材料与设备

(1)重(偶)氮试剂 甲液：氨基苯磺酸 1g，浓盐酸 15mL，蒸馏水加至 1000mL。乙液：亚硝酸钠 0.5g，蒸馏水加至 100mL。临用前，取甲液 5mL 加乙液 0.15mL(约 3 滴)混合即成应用液。

(2)95%甲醇或乙醇溶液。

二、操作内容与方法

(1)吸取血清(或血浆)1mL 加入小试管内。

(2)沿管壁慢慢加入重(偶)氮试剂应用液 0.5mL，使血清与试剂形成叠面，记录时间，观察反应。

三、判定标准

(1)30s 内重叠面出现红色或紫红色环的叫作迅速反应。

(2)30s 到 1min 内重叠面出现红色或紫红色环的叫作双相反应。

(3)1min 后重叠面出现红色或紫红色环的叫作迟缓反应。

(4)10min 后重叠面仍不见红色或紫红色环的叫作直接反应阴性。

(5)如果直接反应阴性，可将血清与试剂混合，加 95%乙醇 5mL，混合，静置 2～3min，出现红色的叫作间接反应阳性，否则，则为间接反应阴性。

技能三 血清蛋白质测定

*理论知识

血清蛋白质的测定包括血清总蛋白、白蛋白及球蛋白的测定。

一、实验原理

1. 血清总蛋白测定(双缩脲法)

蛋白质中的肽键(—CONH—)在碱性酒石酸钾钠铜盐溶液中与 Cu^{2+} 络合显紫红色，称为双缩脲反应。其颜色强度与血清白蛋白或球蛋白的含量成正比。

2. 血清白蛋白测定(溴甲酚绿法)

白蛋白具有与阴离子染料结合的特性，在 pH 4 左右，有非离子去垢剂聚氧乙烯月桂醚存在时，溴甲酚绿与白蛋白结合后由黄色变为绿色，其深浅与白蛋白的浓度成正比。可直接测定血清白蛋白含量。

3. 球蛋白测定(比浊法)

血清中球蛋白在硫酸铵的半饱和溶液中析出，使溶液变混浊，浊度的大小与球蛋白含量成正比。与同样处理的球蛋白标准液进行比较，可求出血清中的球蛋白含量。

二、临床意义

(1)正常情况下，幼畜、妊娠中期、泌乳期的血清总蛋白偏低。血清总蛋白随年龄的增长有升高的趋势。

(2)血清总蛋白、白蛋白及白蛋白/球蛋白比值减低，见于肝功能损害，如脂肪肝、肝硬变、中毒性肝实质性炎症；肾脏疾病，如肾炎、肾病等；胃肠道疾病以及恶性贫血、妊娠毒血症、恶病质等。

(3)球蛋白增高、血清总蛋白升高、白蛋白/球蛋白比值下降者，见于各种感染及慢性肝脏疾病等。

(4)血清总蛋白升高，但白蛋白/球蛋白比值不变者，见于各种原因造成的脱水。

(5)血清总蛋白、球蛋白均降低，白蛋白/球蛋白比值升高者，见于重度疾病的濒死期。

(6)Venturoli (1958)用电泳方法研究了牛在各种肝病时，血清蛋白质的变化(表11-3)。

表 11-3 牛在各种肝病时血清蛋白质的变化

健康牛与病牛	白蛋白/%	球蛋白/%			总蛋白/%	白蛋白/球蛋白
		甲	乙	丙		
健康牛	43.5	14.5	13.5	27.0	6.4	0.77
肝脏寄生虫病	34.5	14.8	15.8	35.3	6.1	0.52
肝脏棘球绦虫病	33.7	15.7	15.0	35.8	6.2	0.51
肝脏异物侵害	29.9	13.6	18.7	37.8	6.5	0.42
肝脏结核	22.9	14.2	17.7	45.1	8.3	0.29

*技能操作

掌握血清蛋白质测定的操作方法和临床意义。

一、血清总蛋白测定(双缩脲法)

(一)材料与设备

(1)双缩脲试剂　硫酸铜1.5g，酒石酸钾钠6.0g，分别用蒸馏水溶解后，混匀，再加入10%氢氧化钠300mL，随加随摇，最后加蒸馏水至1000mL。

(2)标准血清蛋白　收集混合血清，用凯氏定氮法定氮，也可用定值参考血清或标准液作标准。

(二)操作内容与方法

(1)按表11-4的方法进行。

表11-4　双缩脲法测定血清总蛋白

试剂	空白管/mL	标准管/mL	测定管/mL
待检血清	—	—	0.1
标准血清蛋白	—	0.1	—
蒸馏水	0.1	—	—
双缩脲试剂	5	5	5

(2)混匀后室温静置30min，用540nm波长比色，以空白管调零，读取测定管和标准管的光密度。

(3)计算公式

$$\text{血清总蛋白(g/L)}=\frac{\text{测定管光密度}}{\text{标准管光密度}}\times\text{标准血清浓度(g/L)}$$

二、血清白蛋白测定(溴甲酚绿法)

(一)材料与设备

(1)琥珀酸缓冲贮存液(0.5mol/L，pH 4)　溶解氢氧化钠10g，琥珀酸56g于800mL蒸馏水中，用氢氧化钠调pH至4.05～4.15，加水至1000mL。置4℃保存。

(2)溴甲酚绿贮存液(10mmol/L)　溶解溴甲酚绿1.75g于5mL 1mol/L氢氧化钠中，用蒸馏水250mL稀释。

(3)叠氮钠贮存液　叠氮钠40g溶于1000mL蒸馏水中。

(4)聚氧化乙烯月桂醚贮存液　聚氧化乙烯月桂醚25g，用80mL蒸馏水加温溶解后，加蒸馏水至100mL。

(5)溴甲酚绿试剂　于1000mL容量瓶中加蒸馏水40mL，琥珀酸缓冲贮存液100mL，溴甲酚绿贮存液8.0mL，并用蒸馏水将移液管内溴甲酚绿残液洗涤投入容量瓶内，加叠氮钠贮存液2.5mL，聚氧化乙烯月桂醚贮存液2.5mL，加蒸馏水至1000mL。配好的液体pH值为4.10～4.20。

(6)白蛋白标准液40g/L　也可用定值参考血清作白蛋白标准。于4℃保存。

(二)操作内容与方法

(1)按表11-5进行。

表11-5　血清白蛋白的测定

试剂	测定管/mL	标准管/mL	空白管/mL
待检血清	0.02	—	—
标准血清蛋白	—	0.02	—
蒸馏水	—	—	0.02
溴甲酚氯试剂	4.0	4.0	4.0

(2)混匀，室温放置10min，波长630nm比色，空白调零，读取各管的光密度。

(3)计算公式

$$血清总蛋白(g/L)=\frac{测定管光密度}{标准管光密度}\times 标准血清浓度(g/L)$$

三、球蛋白测定(比浊法)

(一)材料与设备

(1)饱和硫酸镁溶液　将硫酸镁溶于蒸馏水中，边加边搅拌，直到不能再溶解为止，静置取上清液即可使用。

(2)球蛋白标准液(30g/L)。

(二)操作内容与方法

(1)按表11-6进行。

表11-6　血清球蛋白的测定

试剂	测定管/mL	标准管/mL	空白管/mL
待检血清	0.05	—	—
标准血清蛋白	—	0.05	—
蒸馏水	2.95	2.95	3.0
溴甲酚氯试剂	3.0	3.0	3.0

(2)混匀，室温放置10min，波长540nm比色，空白调零，读取各管的光密度。

(3)计算公式

$$血清总蛋白(g/L)=\frac{测定管光密度}{标准管光密度}\times 标准血清浓度(g/L)$$

(三)判定标准(表 11-7)

表 11-7 健康动物血清蛋白的数值 g/L

动物	总蛋白	白蛋白	球蛋白	白/球
马	55～79	25～38	24～46	0.7～1.9
牛	62～82	28～39	29～49	0.6～1.3
猪	58～83	23～40	29～60	0.4～0.7
山羊	61～74	23～36	27～44	0.6～1.1
绵羊	59～78	27～37	32～50	0.4～0.8
犬	55～75	26～40	21～37	0.7～1.9
猫	57～80	24～37	24～47	0.6～1.2

技能四 血清谷丙转氨酶活力测定(金氏直接显色法)

＊理论知识

一、实验原理

血清中谷丙转氨酶作用于丙氨酸及α-酮戊二酸组成的基质，产生丙酮酸。产生的丙酮酸与2，4-硝基苯肼作用，形成丙酮酸二硝基苯腙，它在碱性溶液呈现棕红色，与丙酮酸标准液比色，可求其含量。

二、临床意义

(1)谷丙转氨酶存在于机体肝、心肌、脑、骨骼肌、肾及胰腺等组织细胞内，但以肝细胞及心肌细胞含量较多。

(2)谷丙转氨酶显著增高见于各种肝炎急性期及药物中毒性肝细胞坏死；中度增高见于肝硬化、慢性肝炎及心肌梗死；轻度增高见于阻塞性黄疸及胆道炎等。

＊技能操作

掌握血清谷丙转氨酶活力测定的操作方法。

一、材料与设备

(1)丙转氨酶基质液 精确称取α-酮戊二酸29.2mg、丙氨酸1.78g，放于100mL容量瓶内，先加pH 7.45的磷酸盐缓冲液约30mL，再加1mol/L的氢氧化钠0.5mL，完全溶解后，再以pH 7.45的磷酸盐缓冲液加至100mL刻度处，加氯仿数滴防腐，存放冰箱内备用。此基质液的pH值应为7.4，可用1周。

(2)2，4-二硝基苯肼溶液　称取2，4-二硝基苯肼19.8mg，加入1mol/L盐酸100mL，混合均匀，待完全溶解后，过滤，贮于棕色瓶保存。

(3)0.4mol/L氢氧化钠溶液　称取氢氧化钠16g，加水溶解至1000mL，用草酸溶液标定后应用。

(4)酸盐缓冲液(pH 7.4)　甲液：15mol/L磷酸氢二钠溶液：称取磷酸氢二钠(Na_2HPO_4)9.47g(或$Na_2HPO_4 \cdot 12H_2O$,23.87g)，溶于蒸馏水中，制成1000mL。乙液：15mol/L磷酸二氢钾溶液：称取磷酸二氢钾(KH_2PO_4) 9.078g，溶于蒸馏水中，制成1000mL。取甲液825mL，乙液175mL，混合，其pH应为7.4。

(5)丙酮酸标准液　精确称取丙酮酸钠22mg，置于100mL容量瓶中，加缓冲液至刻度处。

(6)标准曲线绘制　见表11-8。

表11-8　丙酮酸标准曲线　mL

试　管	1	2	3	4	5	6
丙酮酸标准液	0	0.05	0.1	0.15	0.2	0.25
谷丙转氨酶基质液	0.5	0.45	0.4	0.35	0.3	0.25
磷酸盐缓冲液	0.1	0.1	0.1	0.1	0.1	0.1
37℃水浴10min						
2，4-二硝基苯肼	0.5	0.5	0.5	0.5	0.5	0.5
37℃水浴20min						
0.4mol/L氢氧化钠液	5	5	5	5	5	5
相当于谷丙转氨酶或谷草转氨酶单位100mL	空白	100	200	300	400	500

混匀，用波长520nm滤光板比色，以空白管调零点，读取各管光密度。以浓度为横坐标，光密度为纵坐标，绘成标准曲线。

二、操作内容与方法

(1)详见表11-9操作。

表11-9　血清谷丙转氨酶活力测定的操作方法　mL

试　管	空白管	测定管
丙酮酸标准液	0.1	0.1
谷丙转氨酶基质液	—	0.5
混匀37℃水浴60min		
谷丙转氨酶基质液	0.5	—
2，4-二硝基苯肼	0.5	0.5
混匀37℃水浴20min		
相当于谷丙转氨酶或谷草转氨酶单位100mL	5.0	5.0

(2)混匀，放置 5min，用波长 520nm 滤光板比色，以空白管调零点，读取光密度。

(3)计算

①以空白管调零点，可直接查标准曲线。

②以蒸馏水调零点时，须从测定光密度中减去空白光密度，再查标准曲线。

三、判定标准

马，8%±6%；乳牛，16%±8%；水牛，36.60%±27.36%。

四、注意事项

(1)测定结果与作用时间、温度和 pH 值有密切关系，故操作时应准确掌握这些条件。

(2)溶血的标本不宜使用。

(3)标本采集后应当天测定，否则应分离血清，保存于冰箱内。

(4)标准曲线应经常绘制，以免因试剂、操作仪器等发生改变而引起误差。

技能五　血清谷草转氨酶活力测定(金氏直接显色法)

*理论知识

一、实验原理

血清谷草转氨酶作用于由天门冬氨酸及 α-酮戊二酸组成的基质，产生草酰乙酸。草酰乙酸脱羧后形成丙酮酸。丙酮酸与2,4-二硝基苯肼作用形成丙酮二硝基苯腙，它在碱性溶液中呈现棕红色。与同样处理的丙酮酸标准液进行比色，求其含量。

二、临床意义

(1)谷草转氨酶显著增高　见于各种急性肝炎、手术之后及药物中毒性肝细胞坏死。

(2)中度增高　见于肝硬化、慢性肝炎、心肌炎等。

(3)轻度增高　见于肌炎、胸膜炎、肾炎及肺炎等。

*技能操作

掌握血清谷草转氨酶活力测定的操作步骤和临床意义。

一、材料与设备

(1)谷草酶基质(pH 7.4)　精确称取 DL-天门冬氨酸 2.66g 及 α-酮戊二酸 29.2mg，放于烧杯内，加 1mol/L 氢氧化钠溶液 20.5mL，溶解后，置入 100mL 量瓶中，加 pH 7.4

缓冲液至刻度处。

(2)其他试剂　与谷丙转氨酶测定相同。

二、操作内容与方法

除基质液不同外，其他均与谷丙转氨酶相同。

三、判定标准(表 11-10)。

表 11-10　常见家畜血清谷草转氨酶活力正常值

家畜种类	测定头数	数值范围/%	测定者
马(公)	69	397.6±81.44	马"急性肠炎"研究所
马(母)	32	328.48±62.5	马"急性肠炎"研究所
空怀母驴	—	444.2±72.18	西北地区妊娠毒血症研究协作小组
怀骡母驴	—	504.09±106.36	西北地区妊娠毒血症研究协作小组
水牛	59	76.98±33.86	江苏农学院

【链接】溴磺酞钠(BSP)滞留试验：肝脏染料摄取和排泄功能的检验

BSP 为一种无毒染料，静脉注射一定量的 BSP 后，大部分与白蛋白及 α-球蛋白结合，随血流入肝脏被肝细胞摄取，在肝细胞内与谷胱甘肽等结合后，于短期内随胆汁排入肠道。当牛、马、绵羊肝脏有实质性损伤、肝细胞摄取与排泄功能障碍时，BSP 留于血中，检测血中 BSP 的滞留量，可借以判断肝脏受损伤情况。

此试验主要用于牛、马、绵羊等动物的肝功能检查。

*项目小结

肝功能检测是诊断肝脏疾病不可缺少的项目。本项目介绍了黄疸指数、血清胆红素、血清蛋白质、血清谷丙转氨酶、血清谷草转氨酶五个主要的肝功能项目的检验原理、方法和正常值，为临床肝脏疾病的诊断提供依据。

*目标检测题

一、选择题

1. 对于犬、猫肝损伤病例，进行血液生化检验应选择的特异性酶是(　　)。

A. 天门冬氨基转移酶　　B. 丙氨酸复基转移酶　　C. 碱性磷酸酶

D. 肌酸激酶　　E. 乳酸脱氢酶

2. 血清转氨酶升高见于(　　)。
A. 肝病　　B. 肾病　　C. 心脏病
D. 胃病　　E. 肺病
3. 黄疸的生化检验指标是(　　)。
A. 总胆红素　　B. 血清白蛋白　　C. 碱性磷酸酶
D. 谷氨酸氨基转移酶　　E. 天门冬氨酸氨基转移酶
4. 肝细胞炎症临床可出现(　　)。
A. 溶血性黄疸　　B. 阻塞性黄疸　　C. 实质性黄疸
D. 败血症　　E. 以上都是
5. 总胆红素增高，间接胆红素增高的检测，说明(　　)。
A. 正常情况　　B. 阻塞性黄疸　　C. 实质性黄疸
D. 溶血性黄疸　　E. 以上都不是

二、简答题

1. 黄疸指数测定的原理是什么?
2. 简述黄疸指数测定的操作方法和结果判定方法。
3. 血清胆红素定性试验的原理是什么?
4. 简述定量检测血清胆红素的临床意义。
5. 简述测定血清蛋白质的操作方法。
6. 测定血清谷丙转氨酶活力(金氏直接显色法)的原理是什么? 有何临床意义?
7. 简述测定血清谷草转氨酶活力(金氏直接显色法)的操作方法。
8. 简述肝脏染料摄取和排泄功能的试验的原理。

项目十二 血液生化检验

【知识目标】

通过本项目的学习，重点掌握血清中的葡萄糖、钠、钾、钙、镁、氯化物、无机磷的测定方法、注意事项及临床意义，为临床诊断提供依据。

【技能目标】

1. 能使用分光光度计。
2. 会配制相关试剂。
3. 能操作酸碱滴定管。

技能一 血糖测定

*理论知识

一、实验原理

无蛋白血滤液与碱性硫酸铜试剂混合加热后，滤液内的葡萄糖将二价的高铜[$Cu(OH)_2$]还原为一价的低铜(Cu_2O)，再加磷钼酸试剂后，生成蓝色的化合物钼蓝(MO_2O_8)，蓝色的深浅与葡萄糖浓度成正比。与同样处理的标准管比色，即可求得血液中葡萄糖的浓度。

二、临床意义

(1)血糖含量增高　见于酸中毒、脑脊髓炎、肾上腺素分泌增加及胰岛素分泌不足等；呕吐、腹泻和高热等，也可使血糖轻度增高。

(2)血糖含量减少　见于肝脏疾病、毒物中毒性疾病、营养不良与衰竭、饥饿、乳牛生产瘫痪等；新生仔猪的低血糖症时，血糖可显著降低。

＊技能操作

光电比色法(福林-吴法)测定血糖浓度。

一、材料与设备

(1)特制的血糖测定管　管末端成球形，便于存放液体，管本身与球部之间拉长成颈状，目的为减少反应物与空气接触，避免反应物重新氧化。

(2)碱性硫酸铜溶液

①在蒸馏水400mL中加入无水碳酸钠40g；在蒸馏水300mL中加入酒石酸7.5g；在蒸馏水200mL中加入硫酸铜结晶($CuSO_4 \cdot 5H_2O$)4.5g。以上分别加热溶解。

②冷却后，将酒石酸溶液加入碳酸钠溶液中，混合。再将硫酸铜溶液倾入，并加蒸馏水使总量为1L。

此试剂可在室温长期保存，如放置数周后有沉淀产生，可用滤纸过滤后再使用。

(3)磷钼酸试剂　取氢氧化钠40g溶于800mL蒸馏水中，加入磷钼酸70g、钨酸钠10g，煮沸20～50min，放冷后移入1000mL容量瓶，用少许蒸馏水洗涤原容器，合并洗液，加入85%浓磷酸250mL，用蒸馏水加至刻度。

(4)0.25%安息香酸和10%钨酸钠。

(5)1/3mol/L硫酸。

(6)葡萄糖标准贮备液(1mL含有2mg葡萄糖)　精确称取葡萄糖1g于500mL容量瓶中，加0.25%安息香酸至刻度。

(7)葡萄糖标准使用液(1mL含有0.1mg葡萄糖)　精确吸取贮备液5mL于100mL容量瓶中，加0.25%安息香酸加至刻度。

二、操作内容与方法

1. 制备无蛋白血滤液

(1)取50mL容量的三角烧瓶，加蒸馏水7mL。

(2)用奥氏吸管准确吸取抗凝血1mL，擦去吸管外血液，将吸管插入瓶底，缓缓加入血液(必须加得慢，否则血液附着吸管壁，影响结果)。加完后吸取瓶内水洗吸管一次。充分混匀。

(3)加1/3mol/L硫酸1mL，边加边摇动。

(4)加10%钨酸钠1mL，边加边摇动。

(5)用滤纸过滤，即得无蛋白血滤液。过滤所用滤纸、漏斗及试管均需干燥。所得滤液应澄清，否则须重复过滤。

2. 测血糖

取血糖测定管3支，标明标准、测定和空白，按表12-1步骤操作。

表 12-1 血糖测定法 mL

操作步骤	标准管	测定管	空白管
无蛋白血滤液	—	2	—
葡萄糖标准使用液	2	—	—
蒸馏水	—	—	2
碱性硫酸铜溶液	2	2	2
混匀，沸水中煮沸 8 min，取出后于冷水中 2～3min(勿摇动血糖管)			
磷钼酸试剂	2	2	2
混匀，室温静置 2 min(使 CO_2 逸出)			
蒸馏水加至	25	25	25
充分混匀后，用 620nm 波长或红色滤光片进行比色，以空白管校正光密度到零点，读取各管光密度数			

3. 计算

$$葡萄糖含量(mg/dL)=\frac{测定管光密度}{标准管光密度}\times 0.2\times\frac{100}{0.2}$$

单位转换：葡萄糖含量(mg/dL)＝葡萄糖含量(mg/dL)×0.055 51

4. 判定标准

部分动物血糖含量正常值(mmol/L)：牛，3.33～5.55；马，4.44～6.66；猪，2.78～5.55；犬，3.89～5.55；绵羊，2.22～3.33。

5. 注意事项

(1)若磷钼酸试剂出现蓝色，表示试剂已变质，应重新配制。

(2)碱性硫酸铜溶液如有红黄色沉淀，应重新配制。

(3)血液标本不能放置过久，否则血糖分解，致使血糖偏低，如不能及时操作，应制成无蛋白滤液，放入冰箱保存。

(4)严格掌握煮沸的温度和时间。待水沸腾后放入血糖管，并开始计数，若温度过低，则结果偏低，若时间太长，则结果偏高。

【链接】

血糖测定的方法除了光电比色法外，还有己糖激酶法、葡萄糖氧化酶法和便携式血糖仪快速测定法等。

技能二 血清钾测定(四苯硼钠比浊法)

★理论知识

一、实验原理

血清中钾离子与四苯硼钠作用，形成不溶于水的四苯硼钾，产生的浊度与钾离子的浓度成正比，故根据浊度可测得血清中钾的含量。

二、临床意义

动物体内绝大部分钾存在于细胞内，为维持细胞活动的重要阳离子。细胞外液中一定浓度的钾盐含量也是维持肌肉神经的正常功能所必须。钾盐由肠道吸收，约90%由尿液排出体外。某些疾病可因钾摄入过少或排出过多，或排出障碍使钾盐潴积，或在体内分布失常而形成血钾增高或减低。

(1)血清钾增高　见于肾上腺机能不全、肠阻塞、尿毒症及注射肾上腺素之后。

(2)血清钾减低　见于酸中度、昏迷、呕吐、腹泻、大手术后或因钾盐不足等。

*技能操作

掌握测定血清中钾含量的方法。

一、材料与设备

1. 仪器设备

分光光度计，离心机，刻度吸管等。

2. 试剂

(1)0.2mol/L磷酸氢二钠溶液　称取磷酸氢二钠7.16g，溶于100.0mL蒸馏水中。

(2)0.1mol/L枸橼酸溶液　枸橼酸2.1g，溶于100.0mL蒸馏水中。应用时取(1)液19.45mL，加(2)液0.55mL混合而成。

(3)1%四苯硼钠溶液　称取四苯硼钠1.0g，溶于20mL缓冲液中，加重蒸馏水至100.0mL。

(4)钾贮存标准液(1mL含有2mg钾)　精确称取干燥硫酸钾0.446g，置于100.0mL容量瓶中，用重蒸馏水溶解并稀释至刻度。

(5)钾应用标准液(1mL含有0.02mg钾)　吸取钾贮存标准液1mL，置于100.0mL容量瓶中，以重蒸馏水加至刻度。

二、操作内容与方法

(1)血清0.2mL中加入重蒸馏水1.4mL、10%钨酸钠溶液0.2mL及1/3 mol/硫酸溶液0.2mL，混匀。离心沉淀，取得上清液，按表12-2操作。

(2)计算

$$血清钾含量(mg/dL)=\frac{测定管光密度}{标准管光密度}\times 0.2\times\frac{100}{0.1}$$

单位转换：血清钾含量(mmol/L)＝血清钾含量(mg/dL)×0.025 58

表 12-2　血清钾测定法　mL

操作步骤	标准管	测定管	空白管
无蛋白血滤液	1.0	—	—
钾应用标准液	—	1.0	—
重蒸馏水	—	—	1.0
1%四苯硼钠溶液	4.0	4.0	4.0
混匀，10min 后用 250nm 滤光板进行光电比色，以空白管校正光密度到零点，分别读取各管读数			

三、判定标准

判定标准见表 12-3。

表 12-3　几种常见动物血清中钾、钠含量　mmol/L

动物种类	血清钾(K^+)	血清钠(Na^+)
牛	4.60(4.09～5.88)	154.43(141.38～165.30)
马	3.33(2.81～3.58)	148.77(145.73～152.25)
猪	5.88(4.86～5.88)	154.43(141.38～160.95)
犬	4.60(3.84～4.86)	156.60(147.90～165.30)
猫	3.07(2.81～4.09)	154.86(143.55～169.65)
家兔	4.09(2.81～5.12)	157.91(102.25～163.13)

四、注意事项

(1)细胞内的钾离子比血清内的含量高约 20 倍，因此，血清不能稍有溶血，否则会导致很大的误差，采血后趁血液未凝固之前，离心将红细胞除掉，待血浆凝固，分离血清。

(2)四苯硼钠的质量直接影响检验结果，应选择外观洁白，溶解度高，溶解后溶液清晰者。溶液最好经常更新。

技能三　血清钠测定(乙酸铀镁试剂法)

***理论知识**

一、实验原理

血清中钠离子与乙酸铀镁试剂作用，生成乙酸铀镁钠沉淀，然后以亚铁氰化钾与试剂中剩余的乙酸铀作用，生成棕红色的亚铁氢化铀，血清中的钠含量越高，则剩余的乙酸铀越少，显色越淡，反之则显色越深。故由剩余的乙酸铀量，可以间接计算出血清中钠的含量。

二、临床意义

正常时，钠盐自肠道吸收进入血流，然后自尿排出。体内的钠主要以氯化钠的形式存在于血清内。在红细胞内钠的含量极少。钠离子的主要功能为调节细胞外液及细胞内液的正常分布，维持体液的渗透压及酸碱平衡。

(1)血钠增高　主要见于肾上腺皮质机能亢进及补入过多的钠盐所致。

(2)血钠减少　见于严重的胃肠炎、液胀性胃扩张、日射病与热射病、大出汗等情况。此外，慢性肾小球肾炎并发尿毒症、代谢性酸中毒等，也可引起大量的钠、钾及氯化物由尿丢失。

＊技能操作

掌握测定血清中钠含量的方法。

一、材料与设备

(1)乙酸铀镁试剂　取乙酸铀 4g，乙酸镁 15g，冰醋酸 15mL，加入蒸馏水 75mL，煮沸 2min，冷却后加蒸馏水至 100mL；将上液移入 500mL 容量瓶中，无水乙醇加至 500mL，混匀，冰箱过夜。除去微量沉淀，上清液保存于棕色瓶中。

(2)1%乙酸　乙酸 1mL，蒸馏水 99mL。

(3)10%亚铁氰化钾液。

(4)钠标准贮备液(1000mmol/L)　精确称取干燥氯化钠 5.845g 于 100mL 容量瓶中，加蒸馏水至刻度。

(5)钠标准使用液Ⅰ(150mmol/L)　精确吸取贮备液 15mL 于 100mL 容量瓶中，加水至刻度。

(6)钠标准使用液Ⅱ(250mmol/L)　精确吸取贮备液 25mL 于 100mL 容量瓶中，加水至刻度。

二、操作内容与方法

具体方法见表 12-4。

表 12-4　血清钠测定法　　mL

操作步骤	标准管	测定管	空白管
血清	—	0.1	—
钠标准使用液Ⅰ	0.1	—	—
钠标准使用液Ⅱ	—	—	0.1
乙酸铀镁试剂	5	5	5
充分混匀，使生成沉淀，室温静置 10min，离心			
上清液	0.2	0.2	0.2
1%乙酸液	8	8	8
10%亚铁氰化钾	0.4	0.4	0.4
混匀，5～30min 内在 520nm 处比色，以空白管调零			

计算：

$$钠含量(mmol/L)=250-\frac{测定管光密度}{标准管光密度}\times 100$$

三、判定标准

常见动物血液中钠的含量，见表 12-3。

【链接】

临床上非常重视血清钾、钠浓度的测定，且多数情况下是同时测定的。测定的常用方法还有火焰发射光谱法(FES)、离子选择电极电位分析测定法(ISE)及原子吸收分光光度法。原子吸收光谱法测定灵敏、准确，但设备昂贵，需要特殊的元素灯，因此不能广泛使用。目前在人医临床应用最多的是离子选择性电极法。

技能四　血清氯化物的测定(硝酸汞法)

＊理论知识

一、实验原理

以标准硝酸汞溶液滴定血清中的氯化物，用二苯卡巴腙(又名二苯胺脲)作指示剂，硝酸汞与氯化物作用生成溶解而不离解的氯化汞。当滴定到达终点时，过量硝酸汞中的汞离子与二苯卡巴腙作用，生成紫红色的络合物，根据硝酸汞的用量，可求得标本中氯化物的含量。

氯离子是细胞外液中的主要阴离子，主要分布于血浆(清)、尿液中，在汗液及脑脊液中也有分布。氯和钠以氯化钠形式存在，在维持体内水、电解质及酸碱平衡方面起重要作用。血中的氯化物约有 1/3 分布于红细胞，2/3 分布于血浆，因此测定时一般采用血清或血浆。测定的方法有数种，下面仅介绍硝酸汞滴定法。

二、临床意义

氯化物的主要功能为维持血液与组织间渗透压的平衡，以及维持细胞外液的容量。氯化物进入畜体主要靠饮食摄入，由尿排出。

(1)氯化物增加　见于氯化物排出减少，如急性或慢性肾小球肾炎、尿结石、心力衰竭等；氯化物摄入过多主要见于静脉输入高渗盐水或生理盐水过多而肾排泄功能不良时。

(2)氯化物减少　见于剧烈腹泻、呕吐、多尿症等。

＊技能操作

掌握血清氯化物的测定方法。

一、材料与设备

(1)氯化钠标准液 取氯化钠(二级试剂)少许置小烧杯中，于110～120℃干燥3h，取出立即放入硫酸干燥器内，待冷却后，精确称取250mg置于500mL容量瓶中，加蒸馏水溶解，并稀释至500mL，混匀备用。

(2)硝酸汞标准液 称取硝酸汞0.75g，置于1000mL三角烧瓶中，加1mol/L硝酸，40mL，溶解后加蒸馏水至1000mL，再按下述方法标定并校正。

标定方法：取氯化钠标准液2.0mL于大试管中，加二苯卡巴腙指示剂1滴、乙醚0.5mL，以新配制的硝酸汞溶液滴定，至乙醚层出现淡紫红色时即为终点，用去的硝酸汞量应恰为2mL，否则应予调整至2mL为止。

(3)0.5%二苯卡巴腙 取二苯卡巴腙0.5g，溶于95%乙醇100mL内，置棕色滴瓶中，可保存一个月。

二、操作内容与方法

(1)取中试管1支，准确加入血清0.1mL、乙醚0.5mL、二苯卡巴腙1滴，振荡。

(2)以1mL刻度吸管取硝酸汞标准液滴定，边滴边振荡，至乙醚层出现淡紫红色振荡不退时为止。记录硝酸汞的用量。

$$\text{氯化钠含量(mg/dL)}=\text{硝酸汞用去的体积(mL)}\times 0.5\times\frac{100}{0.1}=\text{硝酸汞用去的体积(mL)}\times 500$$

血清氯化物也可以氯离子计算，其换算关系如下：

$$\text{氯含量(mg/dL)}=\text{氯化物(mg/dL)}\times 0.606$$

三、判定标准

血清氯化物正常值在500～750mg/dL，各地测定的数值见表12-5，可供参考。

表12-5 几种动物的血清氯化物正常值

动物种类	测定头数	变动范围/(mg/dL)	测定者
马	51	575.491±716.57	山西忻县地区胃肠炎协作组
骡	35	572.02±718.38	山西忻县地区胃肠炎协作组
黄牛	33	581.66±222.40	甘肃农业大学
水牛	161	574.51±91.90	江苏农业大学
猪	154	456.36±72.46	江苏农业大学

四、注意事项

(1)本法宜于弱酸性(pH 6左右)及中性溶液中测定，如溶液偏碱性，则加入指示剂后呈肉红色，可加入0.05mol/L硝酸数滴，待肉红色消退后再行滴定。当溶液过酸(pH<4时)，反应终点不明显。

(2)由乙醚层观察终点很明显，尤其对黄疸标本的测定结果更为可靠。夏天如室温太高，乙醚挥发太快，可酌情增加乙醚用量。

【链接】

氯化物的测定通常利用银或汞与氯离子结合生成不解离的氯化银或氯化汞，然后用不同的方法对标本中的氯化物进行测定。其常用测定方法除硝酸汞滴定法，还有硫氰酸汞比色法：既可手工操作，又可作自动化分析，准确度和精密度良好，是临床使用的常规方法；库伦滴定法：准确度高，被推荐为氯测定的参考方法；离子选择电极法：准确度和精密度良好；同位素稀释质谱法：为氯测定的决定性方法；酶法：准确简便，但国内尚未推广应用。

技能五　血清钙的测定

＊理论知识

一、实验原理

血清中的钙离子在碱性溶液中与钙红指示剂结合成可溶性的络合物，使溶液显红色。乙二胺四乙酸(简称 EDTA)对钙离子的亲和力大，能与该络合物中的钙离子结合，使指示剂重新游离在碱性溶液中显蓝色，故以 EDTA 滴定时，溶液由红色变为蓝色时，即表示终点的到达，以同样滴定已知钙含量的标准液，从而计算出血清标本中钙的含量，其反应式可简写为：

$$\text{EDTA 二钠} + Ca^{2+} \longrightarrow \text{EDTA 钙} + 2Na^{+}$$

二、临床意义

(1)血清钙含量增加　见于副甲状腺功能亢进，给予大量维生素 D 相钙剂及紫外线照射之后。

(2)血清钙含量减少　见于仔猪抽搐，犊牛抽搐，产后瘫痪，佝偻病，软骨症，血斑病，渗出性胸膜炎，维生素 D 缺乏，妊娠及副甲状腺机能减退等。

＊技能操作

采用 EDTA 滴定法。

一、材料与设备

(1)标准液(1mL 含有 0.1mg 钙)　取碳酸钙少量，置蒸发皿中，于 110～120℃ 干燥 2～4h，移入硫酸干燥器中冷却，精确称取干燥碳酸钙 250.0mg 于烧杯中，加蒸馏水 40mL 及 1mol/L 盐酸 5mL，溶解，移入 1000mL 容量瓶，以蒸馏水洗涤烧杯数次，洗液一并倾入容量瓶，加蒸馏水稀释至 1000mL。

(2)EDTA溶液 乙二胺四乙酸二钠150.0mg，1mol氢氧化钠溶液2.0mL，蒸馏水加至1000mL。

(3)钙红指示剂 称取钙红0.1g，溶于甲醇20.0mL中。

(4)0.2mol氢氧化钠溶液。

二、操作内容与方法

(1)按照表12-6操作。

表12-6 EDTA滴定法测定血清钙 mL

操作步骤	空白管	标准管	测定管
血清	—	—	0.2
钙标准液	—	0.2	—
蒸馏水	0.2	—	—
0.2mol氢氧化钠液	1.0	1.0	1.0
分别加钙红指示剂1滴，立即用EDTA溶液滴定，至溶液呈浅蓝色为止，记录各管消耗的EDTA的用量			

(2)计算

$$钙含量(mg/dL)=\frac{测定管用量-空白管用量}{标准管用量-空白管用量}\times 0.02\times\frac{100}{0.2}$$

三、注意事项

(1)准确掌握滴定终点是本法的关键，必须反复练习，细心观察，体会终点前(微紫蓝色或灰蓝色)与终点时(浅蓝色)的色调之不同。

(2)钙红指示剂在碱性溶液中不稳定，很快褪色，故每一管中加指示剂后应立即滴定。

(3)氢氧化钠溶液应在临用前取1mol/L，氢氧化钠加蒸馏水稀释成0.2mol/L氢氧化钠液，否则空白管消耗EDTA量增加。

四、判定标准

健康动物血清钙约为11～15mg/dL，各地的测定值如表12-7，可供参考。

表12-7 各地健康动物血清钙测量结果

动物种类	测定头数	变动范围/(mg/dL)	测定者
马	22	14.98±0.68	甘肃农业大学
骡	20	15.62±0.94	甘肃农业大学
驴	32	15.10±1.27	甘肃农业大学
黄牛	33	13.46± 1.37	甘肃农业大学
水牛	165	9.37±1.15	江苏农业大学
绵羊	14	14.1±0.85	内蒙古农牧大学

另据中国人民解放军昆明部队对 20 匹马血清钙测定结果：平均值为 10.20mg/dL，变动范围为 6.8～13.6mg/dL。

【链接】

血浆中的钙以三种形式存在。①非扩散钙：是指与血浆蛋白相结合的钙，占血浆总钙的 45%；②离子钙：是具有生理活性的部分，约占血浆总钙的 50%；③络合钙：主要指与枸橼酸结合的钙，是体内钙的一种运输方式，约占血浆总钙的 5%。钙离子和络合钙都能透过毛细血管壁，故统称为扩散钙。血钙的测定方法很多，一般可分为总钙测定法和离子钙测定法。前者包括同位素稀释质谱法、原子吸收光谱法、分光光度法和络合滴定法等。分光光度法中以甲基百里香酚蓝比色法和偶氮胂Ⅲ比色法最常用。络合滴定法简便易行，但判断终点受主观因素影响，有被淘汰趋势，但不少基层实验室仍沿用。离子选择电极法测定离子钙已在临床广泛应用。分光光度法已被广泛用自动生化分析仪分析。

技能六　血清无机磷的测定(磷钼酸法)

＊理论知识

一、实验原理

以三氯醋酸沉淀血清中的蛋白质，血清中的无机磷则保留在酸性的滤液中，加钼酸试剂于滤液，则与滤液中的磷结合而成磷钼酸，再以氯化亚锡还原成蓝色的化合物钼蓝，与同样处理之标准液比色，即可求得无机磷的含量。

二、临床意义

血液中的磷主要以四种形式存在，即无机磷、磷酸酯、磷脂和核酸磷，后三种为有机磷，它们与无机磷同时存在于血浆及细胞内。

(1)无机磷增高　见于肾功能不全、急性肝萎缩、急性肠阻塞及给予大量维生素 D 和紫外线照射等。

(2)无机磷减少　见于佝偻病、骨质软化症等，某些肾小管变性疾病及正常怀孕也可使血清磷轻度减少。

＊技能操作

了解磷钼酸比色法测定血清无机磷的原理和方法。

一、材料与设备

(1)10%三氯醋酸溶液。

(2)磷酸盐贮存标准液(1mL 含有 0.1mg 磷)　精确称取无水纯磷酸二氢钾 0.4389g，

溶于 1000mL 蒸馏水中，加氯仿数滴以防生霉。

(3)磷酸盐应用标准液(1mL 含有 0.01g 磷)　取贮存标准液 10.0mL，加蒸馏水稀释至 100.0mL。

(4)硫酸试剂　7.5%钼酸钠溶液 50mL 与 5mol/L 硫酸溶液 50mL 混匀备用。

(5)氯化亚锡贮存液　氯化亚锡 10.0g，溶解于浓盐酸 25.0mL 中，贮存棕色瓶中，置冰箱保存。

(6)氯化亚锡应用液　取贮存液 1.0mL，加蒸馏水稀释至 200.0mL，宜新鲜配制。

二、操作内容与方法

(1)采血后迅速分离血清，取血清 1.0mL，加 10%三氯醋酸 4.0mL，混匀，静置 1～2min 后过滤。每 2mL 滤液中含血清 0.4mL。操作步骤见表 12-8。

表 12-8　血清无机磷的测定　mL

操作步骤	测定管	标准管	空白管
无蛋白血滤液	2.0	—	—
磷酸盐应用标准液	—	2.0	—
蒸馏水，混匀	5.0	5.0	7.0
硫酸试剂	2.0	2.0	2.0
氯化亚锡应用液	1.0	1.0	1.0
立即混匀，静置 1min，用 640～700nm 滤光片，以空白管校正光密度至零，分别测定各管光密度			

(2)计算

$$血清无机磷含量(mg/dL)=\frac{测定管光密度}{标准管光密度}\times 0.02\times\frac{100}{0.4}$$

三、判定标准

健康动物的血清无机磷在 3～9mg/dL，各地报道的正常值如表 12-9 所列。

表 12-9　健康动物血清无机磷含量

动物种类	测定头数	变动范围/(mg/dL)	测定者
马	32	4.43±2.44	甘肃农业大学
骡	30	3.30±2.30	甘肃农业大学
驴	32	5.55±1.98	甘肃农业大学
黄牛	40	6.96±3.37	甘肃农业大学
水牛	65	5.28±1.27	江苏农学院
绵羊	40	3.78±0.78	内蒙古农牧大学
猪	160	6.30±1.43	江苏农学院

【链接】

动物体的磷目前还不能直接测定，血清无机磷的检测实际上是分析磷酸盐阴离子。国内常用的分析方法有 ANS 钼蓝比色法、孔雀绿直接显色法、紫外分光度法等。

技能七　血清镁含量测定(钛黄比色法)

＊理论知识

一、实验原理

血清中镁在氢氧化钠介质中形成氢氧化钠镁胶体粒子，后者与钛黄结合形成橘红色反应物。在一定范围内，显色强度与镁浓度成正比。聚乙烯醇有提高灵敏度与显色稳定性的作用。

二、临床意义

正常参考值：犬，0.79～1.06mmol/L；猫，0.62～1.03mmol/L。血清镁升高见于肾功能衰竭，甲状腺、甲状旁腺机能减退及多发性骨髓瘤。血清镁降低见于长期禁食，慢性腹泻，吸收不良；镁慢性肾炎多尿期，长期使用利尿剂治疗时；甲状腺、甲状旁腺机能亢进；糖尿病酸中毒期，醛固醇增多症，长期使用皮质激素治疗时。血清镁减少同时伴有钙减少时，可引起肌肉痉挛现象，幼畜的抽搐症与镁的缺乏有关。

＊技能操作

了解钛黄比色法测定血清镁含量的原理和方法。

一、材料与设备

(1)0.1mol/L 氢氧化钠溶液　取聚乙烯醇 1g，加无水乙醇 50mL 混匀，加蒸馏水 600mL，搅拌并稍加热助溶，加 10mol/L 氢氧化钠溶液 10mL，再加蒸馏水至 1000mL。

(2)2.5g/L 钛黄贮存液　取钛黄 0.25g 溶于蒸馏水并加至 100mL，贮于棕色瓶中，室温下保存 2 个月。

(3)250mg/L 钛黄应用液　取上述贮存液 10mL，加蒸馏水 90mL，贮于棕色瓶中，室温下可保存 1 个月。

(4) 50mmol/L 镁标准贮存液　取无水硫酸镁(AR 级)0.602g，溶于蒸馏水并加至 100mL。

(5)1mmol/L 镁标准应用液　取上述贮存液 2mL 加蒸馏水至 100mL。

二、操作内容与方法

(1)三支试管分别标明“测定”“标准”及“空白”。按表 12-10 的步骤操作。

表 12-10 钛黄比色法测定血清镁含量 mL

操作步骤	测定管	标准管	空白管
待测血清	0.2	—	—
镁标准应用液	—	0.2	—
蒸馏水	—	—	0.2
钛黄应用液	1.3	1.3	1.3
混匀			
0.1mol/L 氢氧化钠溶液	3.5	3.5	3.5
混匀，放置 15min，于分光光度计 540nm 波长处进行比色，以空白管调零，读取各管吸光度			

(2)计算

血清镁含量(mmol/L)=测定管光密度/标准管光密度

技能八 血清碱性磷酸酶测定(磷酸苯二钠法)

⋆理论知识

一、实验原理

碱性磷酸酶分解磷酸苯二钠，生成游离酚和磷酸，酚在碱性溶液中与 4-氨基安替比林作用，经铁氰化钾氧化生成红色醌的衍生物，根据红色深浅测定酶活力的高低。

金氏单位定义：100mL 血清在 37℃与基质作用 15min，产生 1mg 酚为 1 个金氏单位。

二、临床意义

碱性磷酸酶(ALP)是一组在碱性环境中水解磷酸酯的酶类，分子量随不同组织来源而不同，广泛分布在动物的骨、肾、肠、血清、胆汁等部位，但以骨骼、牙齿、肾和肝中含量较多。正常动物血清中的 ALP 主要来源于肝，少部分来自骨骼。血清 ALP 测定可用于肝胆系统及骨骼系统疾病的辅助诊断。

(1)碱性磷酸酶增加 见于骨内磷酸钙沉着增加的疾病，如骨质软化症、骨瘤、骨折愈合期等；肝脏疾病，如阻塞性黄疸、急性或慢性肝炎、肝硬化等；其他疾病，如佝偻病、生产瘫痪等。

(2)碱性磷酸酶减少 见于贫血、恶病质、重症慢性肾炎等。

⋆技能操作

了解磷酸苯二钠法测定血清碱性磷酸酶的基本方法。

一、材料与设备

(1)0.1mol/L碳酸盐缓冲液(pH 10.0)　溶解无水碳酸钠6.36g、碳酸氢钠3.36g、4-氨基安替比林1.5g于800mL蒸馏水中，将此溶液转入1000mL容量瓶中，加蒸馏水至刻度，置棕色瓶中贮存。

(2)20mmol/L磷酸苯二钠溶液　先将500mL蒸馏水煮沸，迅速加入磷酸苯二钠2.18g(磷酸苯二钠如含2分子结晶水，则应称取2.54g)。冷却后加氯仿2mL防腐，置冰箱保存。

(3)铁氰化钾溶液　分别称取铁氰化钾2.5g、硼酸17g，各溶于400mL蒸馏水中，二液混合后，加蒸馏水至1000mL，置棕色瓶中避光保存。

(4)标准贮存液(1mL含有1mg苯酚)　建议购买商品标准液或自行配制，其方法是将重蒸馏苯酚1.0g溶解于0.1mol/L盐酸中，并稀释至1000mL。

(5)苯酚标准应用液(1mL含有0.05mg苯酚)　苯酚标准贮存液5mL，加蒸馏水至100mL。只能保存2～3d。

二、操作内容与方法

(1)校正曲线的制作　按表12-11操作。

表12-11　校正曲线的制作

操作步骤	0	1	2	3	4	5
苯酚标准应用液/mL	0	0.2	0.4	0.6	0.8	1.0
蒸馏水/mL	1.1	0.9	0.7	0.5	0.3	0.1
碳酸盐缓冲液/mL	1.0	1.0	1.0	1.0	1.0	1.0
铁氰化钾溶液/mL	3.0	3.0	3.0	3.0	3.0	3.0
相当于金氏单位	0	10	20	30	40	50
充分混匀后，于510nm波长处进行比色，以零号管调零点，读取各管吸光度，并和相应单位绘制校正曲线						

(2)标本的测定　取16mm×100mm试管按表12-12进行编号与测定。

表12-12　血清碱性磷酸酶的测定　mL

操作步骤	测定管	对照管
血清	0.2	—
碳酸缓冲液	—	0.2
37℃水浴5min		
基质溶液(预温至37℃)	1.0	1.0
混匀，37℃水浴准确保温15min		
铁氰化钾溶液	3.0	3.0
血清	0	0.1
立即混匀，于510nm波长处比色，比色杯直径为1.0cm，用蒸馏水调零，读取各管吸光度，以测定管与对照管吸光度之差值查校正曲线，得酶活性		

三、注意事项

(1)铁氰化钾溶液中加入硼酸有稳定显色作用，此液应避光保存，如出现蓝绿色即弃去。

(2)基质中不应含游离酚，如空白管显红色说明磷酸苯二钠已开始分解，应弃去不用。

【链接】

血清碱性磷酸酶测定是临床常做的酶类检验项目之一。测定ALP的方法主要分为两种：一是测定底物解离下的磷酸根来计算酶活力，如卢-甘油磷酸钠法，但存在血清本身有磷酸根及磷酸化的缺点；二是测定底物解离磷酸根后的羟基化合物。

技能九 血浆二氧化碳结合力的测定

＊理论知识

一、实验原理

血浆中的碳酸氢钠与过量的已知量的盐酸反应，释放出二氧化碳。剩余的盐酸用标准的氢氧化钠溶液滴定，根据盐酸的消耗数量即可推算出血浆中二氧化碳的含量。

$$NaHCO_3 + HCl \longrightarrow H_2CO_3 + NaCl$$

$$H_2CO_3 \longrightarrow CO_2 + H_2O$$

$$HCl + NaOH \longrightarrow NaCl + H_2O$$

二、临床意义

1. 二氧化碳结合力增强

(1)代谢性碱中毒　由于碳酸氢钠过多所致，如胃酸分泌过多、小肠阻塞、呕吐、摄入碱过多等。

(2)呼吸性酸中毒　由于二氧化碳过多所致。当呼吸发生障碍时，二氧化碳不能自由呼出，血液中碳酸浓度增加，见于肺气肿、肺炎、心力衰竭等。

2. 二氧化碳结合力降低

(1)代谢性酸中毒　由于碳酸氢钠不足所致，见于长期饥饿、肾炎后期、严重腹泻、服用氯化铵过多等。

(2)吸性碱中毒　由于二氧化碳不足所致，如换气过度呼出二氧化碳过多，见于发热性疾病、脑炎等。

＊技能操作

了解血浆二氧化碳结合力测定的原理和方法。

一、材料与设备

(1)0.05%酚红氯化钠溶液　称取酚红 500mg 于烧杯中，加 0.1mol/L 氢氧化钠 14.1mL 及蒸馏水约 300mL，加热煮沸溶解。冷却后加氯化钠 8.5g，并加蒸馏水至 1000mL，过滤，贮存于棕色瓶中。本试剂应呈微黄之红色。

(2)0.01mol/L 盐酸氯化钠溶液　氯化钠 8.5g、1mol/L 盐酸 10.0mL，蒸馏水加至 1000mL。此液应予以标定。

(3)0.01mol/L 氢氧化钠溶液　氯化钠 8.5g、1mol/L 氢氧化钠 10.0mL，蒸馏水加至 1000mL，此液应予以标定。

(4)生理盐水(中性)液。

(5)乙醚。

二、操作内容与方法

(1)于草酸钾抗凝管中加入中性液体石蜡 0.5mL，采取静脉血 2～3mL，注入上述试管中，混匀。

(2)离心沉淀，分离血浆。

(3)取口径、厚度相同的试管 3 支，按表 12-13 操作。

表 12-13　血清中二氧化碳结合力测定　　mL

操作步骤	测定管	对照管	对照管
0.05%酚红	0.1	0.1	0.1
三支试管所显颜色应一致，其红色既不加深又不变黄，否则表示试管不洁，应换试管			
血浆	0.1	0.1	0.1
0.01mol/L 盐酸	0.5	0.5	—
剧烈振荡 1min	要	要	不要
0.9%氯化钠	2.0	2.0	2.5
乙醚	1 滴	1 滴	1 滴
用 0.01mol/L 氢氧化钠溶液滴定两支测定管至色泽与对照管一致，分别记录两测定管消耗的氢氧化钠的体积(mL)，求平均值后计算			

(4)计算

$$\text{每 100mL 血浆中二氧化碳的含量(mL)} = (0.5-\text{氢氧化钠消耗量}\times\text{校正系数})\times\frac{100}{0.1}\times 0.024$$

0.01mol/L 氢氧化钠应予以校正，求得校正系数。其方法是：取 0.01mol/L 盐酸 1.0mL 于清洁试管中，加入酚红指示剂 0.1mL、中性生理盐水 2.0mL，以 0.01mol/L 氢氧化钠滴定至微红色，保持 15s 不褪色为止，盐酸用量除以氢氧化钠用量，即为校正系数。例如：

用去氢氧化钠 0.9mL，则校正系数＝1/0.9＝1.11

用去氢氧化钠 1.1mL，则校正系数＝1/1.1＝0.91

技能十　血液非蛋白氮测定

＊理论知识

一、实验原理

血液中的非蛋白氮是指除蛋白质以外存在于血液中的其他所有含氮物质，包括尿素、尿酸、肌酸、肌酐、氨、氨基酸、谷胱甘肽及其他未知的含氮物质，其中，以尿素的含量最多，约占总非蛋白氮的 45％。

非蛋白血滤液内的含氮化合物被强酸消化后转变为硫酸铵，与氢氧化钠反应而生成氢氧化铵，再与纳氏试剂作用而显棕黄色，其含量与同样加纳氏试剂的标准铵盐溶液比色测定之。其反应式如下：

$$\text{含氮化合物} + H_2SO_4 \longrightarrow (NH_4)_2SO_4$$

$$(NH_4)_2SO_4 + 2NaOH \longrightarrow 2NH_4OH + Na_2SO_4$$

氢氧化铵与纳氏试剂中的碘化钾汞复盐（$HgI_2 \cdot 2KI$）作用，形成棕黄色的碘化双汞铵（$NH_2 \cdot Hg_2I_3$）。

$$2NH_4OH \longrightarrow 2NH_3 + 2H_2O$$

$$2(HgI_2 \cdot 2KI) + 2NH_3 \longrightarrow 2(NH_3 \cdot HgI_2) + 4KI$$

$$2(NH_3 \cdot HgI_2) \longrightarrow NH_2 \cdot Hg_2I_3 + NH_4I$$

二、临床意义

（1）非蛋白氮增高　非蛋白的含氮物质主要是蛋白质分解代谢过程中的废物，大部分从肾脏排出，故凡是机体蛋白质分解代谢增加时，如高热性疾病、急性传染病、严重灼伤等，血中的非蛋白氮增加；此外，肾脏排泄机能障碍，如亚急性及慢性肾炎及尿闭时，均可使血中的非蛋白氮浓度升高。

（2）非蛋白氮减少　在肝脏受害时，如急性黄色肝萎缩或中毒性肝炎时，血中非蛋白氮可显著减少。

＊技能操作

了解血液非蛋白氮测定的原理和方法。

一、材料与设备

（1）5％三氯醋酸溶液。

(2)浓硫酸。

(3)纳氏试剂　将碘化钾75.0g、碘55.0g、蒸馏水50.0mL及汞75.0g置于500mL锥形瓶内，用力摇荡约10min。至碘色将消失时，溶液即产生高热，将瓶浸在冷水中急剧振荡，一直到呈绿色液体为止。将上层清液倒入1000mL量筒内，并用蒸馏水洗涤残渣，将洗液也倒入量筒内，然后加蒸馏水稀释至1000mL，此为母液。用时取母液150mL，加10%氢氧化钠液700mL及蒸馏水150mL混合即成。

(4)硫酸铵标准液　将纯硫酸铵置于110℃烘箱内0.5h，使其干燥后置于干燥器内使其冷却。精确称取此干燥的硫酸铵4.716g置于1000mL容量瓶内，加蒸馏水使其溶解，再加浓盐酸1.0mL，最后以蒸馏水稀释至刻度。此液为贮存液，每毫升含有1mg氮。

临用前，取此贮存液12.5mL置500mL容量瓶中，加蒸馏水至刻度处。此液每毫升含有0.025mg氮。

(5)3%过氧化氢溶液。

二、操作内容与方法

(1)取一支离心管，准确加入5%三氯醋酸液4.8mL及血液0.2mL，充分混匀后，离心。

(2)准确吸取离心管上清液2.0mL于另一中号硬质试管中，加浓硫酸5滴和洁净玻璃珠1粒。

(3)用试管夹夹住试管，小心置于小火焰上加热，使其沸腾，但勿使溶液喷出(如溶液能保持均匀的沸腾，则不会喷出；若溶液停止沸腾，则必须摇动试管，否则溶液会因加热而喷出)。待溶液的水分几乎蒸发完毕并开始冒出白烟时熄火。稍待冷却，加3%过氧化氢1滴。

(4)继续以小火加热，直至溶液经黑色变为透明无色为止，熄火使其冷却，准确加入蒸馏水6.0mL，混匀。

(5)另取一试管，准确加入硫酸铵标准液1.0mL、浓硫酸5滴、3%过氧化氢液1滴、蒸馏水5.0mL，混匀。

(6)两管内各准确加入纳氏试剂3.0mL，混匀后比色。

(7)计算

$$血液非蛋白氮含量(mg/dL)=\frac{标准管光密度}{测定管光密度}\times 0.025\times \frac{100}{0.08}$$

三、注意事项

(1)由于纳氏试剂酸碱度不准，消化时间不到或加入纳氏试剂后放置的时间过长，均易发生混浊，应重新测定。

(2)如因非蛋白氮含量过高，也可发生混浊，此时可将滤液稀释后，重新测定。

(3)血液样品不可用草酸铵作为抗凝剂。

四、判定标准

健康动物血中的非蛋白氮一般在20～60mg/dL。根据中国农业大学的测定，猪为

17～32mg/dL。据甘肃农业大学报道，健康母驴为(44.47±31.39)mg/dL。据甘肃省兽医研究所测定，健康马为(42.87±5.04) mg/dL。另据报道，奶牛为 30～65 mg/dL；绵羊为 25～45 mg/dL；产卵鸡为 20～30mg/dL；犬为 20～40mg/dL；兔为 31～47mg/dL。

＊项目小结

血液生化检验项目很多，本项目介绍了血清葡萄糖、钠、钾、钙、镁、氯化物、无机磷及碱性磷酸酶、二氧化碳结合力和非蛋白氮的测定原理、操作方法与判定标准。各项生化指标的检验均有多种方法，本教材仅介绍了其中较为常用且设备条件好满足、费用不高的检验方法；在重点掌握所列方法的同时，在【链接】中还介绍了其他方法，引导兽医工作者不断接受新的方法、掌握新的技术。

＊目标检测题

一、选择题

1. 检查动物血糖时若血糖水平显著降低，则可见于(　　)。

A. 食入过多碳水化合物的饲料　B. 剧烈运动　C. 酮血症

D. 应激　E. 糖尿病

2. 一只 2 岁的哈士奇犬发病来动物医院就诊，临床可见流鼻液，咳嗽，精神沉郁，食欲减少，体温 39.8℃，呼吸困难，结膜暗红，病灶部肺泡音减弱，血液白细胞数增多。为确诊该病，还需进行的检查是(　　)。

A. B 超检查　B. 血液生化检验

C. 血液二氧化碳结合力测定　D. 胸肺部 X 线检查

E. 胸肺部叩诊检查

3～5 题共用题干：犬，7 月龄，吃不饱食，异嗜，生长缓慢，消瘦，喜卧，不愿站立，运动对两后肢出现跛行，站立时前肢腕关节向前方外侧屈曲，呈内弧形。

3. 该病例血液生化指标最常见的变化是(　　)。

A. 血清碱性磷酸酶活性升高　B. 血钙显著降低

C. 血清无机磷水平显著降低　D. 血清甲状腺激素水平显著升高

E. 血清甲状旁腺激素水平显著升高

4. 对该病进行确诊的最佳方法是(　　)。

A. 血清钙水平测定

B. 血清磷测定

C. 骨性碱性磷酸酶同工酶的测定

D. X 线摄影检查

E. 血清脯氨酸测定

5. 该病的初步诊断为(　　)。

A. 骨软病　　B. 纤维性骨营养不良　　C. 异食癖

D. 佝偻病　　E. 蛔虫感染

二、简答题

1. 如何测定血清中葡萄糖含量? 有哪些临床意义?
2. 如何测定血清钾含量? 在测定中应注意哪些事项? 临床意义有哪些?
3. 简述乙酸铀镁试剂快速比色法测定血清钠原理、操作方法、注意事项及临床意义。
4. 简述硝酸汞法测定血清氯化物的原理、步骤及临床意义。
5. 应用 EDTA 滴定法如何测定血清钙的含量? 有哪些临床意义?
6. 简述血清无机磷的测定方法及临床意义。
7. 简述钛黄比色法测定血清镁含量的原理、步骤及临床意义。
8. 简述血清碱性磷酸酶(ALP)测定原理、步骤。其注意事项及临床意义有哪些?
9. 简述血浆二氧化碳结合力的测定原理、步骤及临床意义。
10. 简述血液非蛋白氮测定原理、步骤及临床意义。

项目十三 动物寄生虫病实验室诊断技术

【知识目标】

通过本项目的学习，了解沉淀法和漂浮法的操作原理；观察和识别各种寄生于动物体内外的蠕虫、原虫和螨等寄生虫的形态结构，为动物寄生虫病的临床诊断提供依据；掌握蠕虫病、螨病、原虫病的实验室诊断方法、注意事项及临床诊断意义。

【技能目标】

通过掌握动物蠕虫病、螨病、原虫病实验室诊断的方法和操作步骤，能对动物寄生虫病做出诊断。

技能一　蠕虫病的实验室诊断技术

*理论知识

一、实验原理

由于蠕虫病的症状缺少特异性，仅仅依靠临床症状很难对家畜蠕虫病做出确切的诊断，所以在很大程度上依赖于实验室检查。实验室检查方法是指在被检家畜的粪、尿、血液中，对虫卵、幼虫、虫体或虫体碎片以及虫体刺激动物机体所产生的抗体等进行鉴定，以做出正确诊断。

寄生蠕虫大部分寄生于家畜的消化道，它们的卵、幼虫和某些虫体或虫体碎片通常和粪便一同排出。此外，与消化道相连的器官(如肝、胰)中的寄生虫的虫卵、呼吸道的寄生虫的虫卵或幼虫、在禽类泌尿生殖器官内的寄生虫的虫卵等同样出现在粪便中。因此，粪便检查法是诊断这类蠕虫病的主要方法。粪便检查包括以下三种方法。

1. 蠕虫虫体检查法

在消化道内寄生的绦虫常以含卵节片(孕卵节片)整节排出体外，有时一些蠕虫的完整虫体也可因寿命或受驱虫药的影响等而排出体外。

2. 虫卵检查法

虫卵检查法分为涂片检查法、集卵法和虫卵计数法。

3. 幼虫检查法

有些寄生虫(如网尾线虫)其虫卵在新排出的粪便中已变为幼虫。类圆线虫的卵随粪便排出后，在外界温度较高时，经0～12h后，即孵出幼虫，对粪便中幼虫的检查可用直接抹片或其他幼虫检查法。

二、临床意义

(1)蠕虫虫体检查法　粪便检查时发现虫体和孕卵节片，即可推断出该动物已经感染了此种寄生虫，可为临床诊断提供可靠依据。

(2)虫卵检查法　粪便检查时发现虫卵，即可推断出该动物已经感染了此种寄生虫，可为临床诊断提供可靠依据。进行虫卵计数可用于推断动物体内某种寄生虫的寄生数量，也可计数应用此驱虫药前后的虫卵数量，以检查驱虫效果。但虫卵计数所得数字受很多因素的影响，因此，只能对寄生虫的寄生量做一个大致的判断。虫卵计数经常被用作某种寄生虫感染强度的指标。

(3)幼虫检查法　粪便检查时发现幼虫，即可推断出该动物已经感染了此种寄生虫，可为临床诊断提供可靠依据。

(4)血液内蠕虫幼虫的检查　有些丝虫目线虫的幼虫可出现在血液中，血液中幼虫的检查对这些病的临床诊断具有重要意义。

(5)尿中蠕虫卵的检查　对泌尿系统的寄生蠕虫病的临床诊断具有重要意义。

⋆技能操作

了解沉淀法和漂浮法的操作原理。熟练识别各种寄生于动物体内外的蠕虫的形态结构。掌握蠕虫病的实验室诊断方法、判断标准及临床诊断意义。

一、材料与设备

盆(或桶)，铁针(或毛笔)，牙签，放大镜，大玻璃皿，三角烧瓶，烧杯，试管架，试管，载玻片，盖玻片，40～60目铜筛，260目绵纶筛兜，生物显微镜，体视显微镜。

甘油，甲醇，卢戈氏碘液，明矾苏木素染液，1%伊红染液，瑞氏染液，饱和盐水，饱和糖水，饱和硫酸镁，蒸馏水。

二、操作内容与方法

(一)粪便检查

检查时所采用的粪便材料，一般尽可能取新排出的，这样可以使虫卵保存固有的状态。有时可直接由动物直肠采粪，减少其他虫卵的污染，检查效果更好。

1. 蠕虫虫体检查法

操作方法：粪便中较大型的孕卵节片和虫体很容易发现，对于较小的，应先将粪便收集放于盆(或桶)内，加入5～10倍的清水，搅拌均匀，静置自然沉淀。15～20min后将上层液体倾去，重新加入清水，搅拌沉淀，反复操作，直到上层液体清澈为止。最后将上层液倾去，取沉渣置大玻璃皿中，先后在白色背景和黑色背景上以肉眼或借助于放大镜寻找虫体，发现虫体时用铁针或毛笔将虫体挑出供检查。

2. 虫卵检查法

(1)直接涂片检查法　是最简便和常用的方法，但检查时因被检查的粪便数量少，检出率也较低。当粪便中虫卵少时，不易查出虫卵。

检查时，先在载玻片上滴适量甘油与水的等量混合液，再用牙签挑取少量粪便加入其中，混合，夹去较大的或过多的粪渣，最后使载玻片上留有一层均匀的粪液(其浓度的要求是将此玻片放于报纸上，能通过粪液模糊地辨认其下方的文字)。在粪液上覆以盖玻片，置显微镜下检查。检查时应顺序地查遍盖玻片下的所有部分。

(2)集卵法　本法总的原则是利用各种方法，将分散在粪便中的虫卵浓缩到一起，再行检查，以提高检出率。

①沉淀法：取粪便5g，加清水100mL以上，搅匀成粪液，通过40～60目铜筛过滤，滤液收集于三角烧瓶或烧杯中，静置沉淀20～40min(使用离心机可加快沉降速度，提高样品检查效率)，倾去上层液，保留沉渣，再加水混匀，再沉淀，如此反复操作直到上层液体透明后，吸取沉渣检查。此法特别适用于检查吸虫卵。

②漂浮法：取粪便10g，加饱和食盐水100mL，混合，通过60目铜筛，滤入烧杯中，静置30min，则虫卵上浮，用一直径5～10mm的铁丝圈，与液面平行接触以蘸取表面液膜，抖落于载玻片上检查。此法适用于线虫卵、绦虫卵和原虫的检查。

也可以取粪便1g，加饱和食盐水10mL，混匀，两层纱布过滤，滤液注入一试管中，补加饱和盐水溶液使试管充满，使试管液面凸起，上覆以盖玻片，并使液体与盖玻片接触，期间不留气泡，静置20～30min后，取下盖玻片，覆于载玻片上检查。

在检查比重较大的后圆线虫卵时，则可先将猪粪按沉淀法操作，取得沉渣后，在沉渣中加入饱和硫酸镁溶液，用漂浮法收集虫卵。

③绵纶筛兜集卵法：取粪便5～10g，加水搅匀，先通过40～60目铜筛过滤；滤液再通过260目绵纶筛兜过滤，并在绵纶筛兜中继续加水冲洗，直到滤液清澈透明为止；而后挑取兜内粪渣抹片检查。此法适用于直径大于60μm虫卵的检查。

(3)虫卵计数法　测定每克家畜粪便中的虫卵数，以此推断家畜体内某种寄生虫的寄生数量。也可计数驱虫药应用前后的虫卵数量，以检查驱虫效果。虫卵计数的结果常以每克粪便虫卵个数(eggs per gram，EPG)表示。常用的测定方法有三种。

①斯陶尔氏法(Stoll's method)：在一玻璃容器上(如小三角烧瓶或大试管)容量为56mL和60mL处各做一个标记，先取0.4%氢氧化钠溶液注入容器内到56mL处，再加入被检粪便使液体升到60mL处，而后加入一些玻璃珠，振荡使粪便完全破碎，混匀；再在混匀的情况下以1mL的吸管取粪液0.15mL，滴于2～3张载玻片上，覆以盖玻片，在显微镜下循序检查，统计其中虫卵总数(注意不可遗漏和重复)。计数出的虫卵总数乘100即为每克粪便中的虫卵数。此法适用于大部分蠕虫卵的计数。

②麦克马斯特氏法(McMaster's method)：本法是将虫卵浮集于一个计数室中。计数

室是由两片载玻片制成，制作时为了使用方便，常将其一片切去一条，使之较另一片窄一些。在较窄的玻片上刻以 1cm 见方的划度二个，而后选取厚度 1.5mm 的玻片切成小条垫于二玻片间，以环氧树脂黏合。

取粪便 2g，放于乳钵中，先加水 10mL，搅匀后再加饱和盐水 50mL，混匀后，吸取粪液，注入计数室，置显微镜台上静置 1～2min。而后在镜下计数 $1cm^2$ 范围中的虫卵总数，求两个刻度室中虫卵数的平均数，乘以 200 即为 1g 粪便中的虫卵数，本法只适用于可被饱和盐水浮起的各种虫卵。

③片形吸虫卵的计数法：片形吸虫卵在粪便中量少、比重大，因此，要求采用特殊的方法，而在牛、羊也有所不同。

羊：称取羊粪 10g，置于 300mL 容量的瓶中，加入少量 1.6%氢氧化钠溶液静置过夜。次日，将粪块搅碎，再加入 1.6%氢氧化钠溶液至 300mL 刻度处，摇匀，立即吸取此粪液 7.5mL 注入离心管内，在离心机内以 1000r/min 速度离心 2min，倾去上层液体，换加饱和盐水，再次离心后，再倾去上层液体，再换加饱和盐水，如此反复操作，直到上层液体完全清澈为止。倾去上层液体，将沉渣全部滴于数张载玻片，检查全部所制的载玻片，统计其虫卵总数。以总数乘以 4，即为每克粪便中的片形吸虫虫卵数。

牛：在进行牛粪中片形吸虫卵计数时，操作步骤基本同上，但用粪量改为 30g。加入离心管中的粪液量为 5mL，因此最后计得虫卵总数乘以 2，即为每克粪便中虫卵总数。

(4)判断标准

①虫卵和虫体的形态鉴定：对各种家畜做粪便检查时，其常见虫卵和虫体的形态可参考图 13-1～图 13-3。

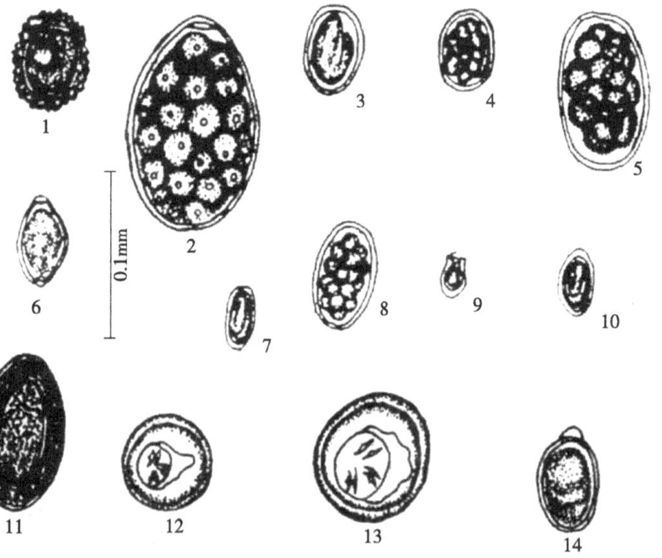

图 13-1　猪的常见蠕虫卵

1-猪蛔虫　2-布氏姜片吸虫　3-类圆线虫　4-长刺后圆线虫　5-有齿冠尾线虫
6-猪毛首线虫　7-六翼泡首线虫　8-有齿食道口线虫　9-华支睾吸虫　10-圆形蛔状线虫
11-蛭状巨吻棘头虫　12-盛氏许壳绦虫　13-陕西许壳绦虫　14-刚刺颚口线虫

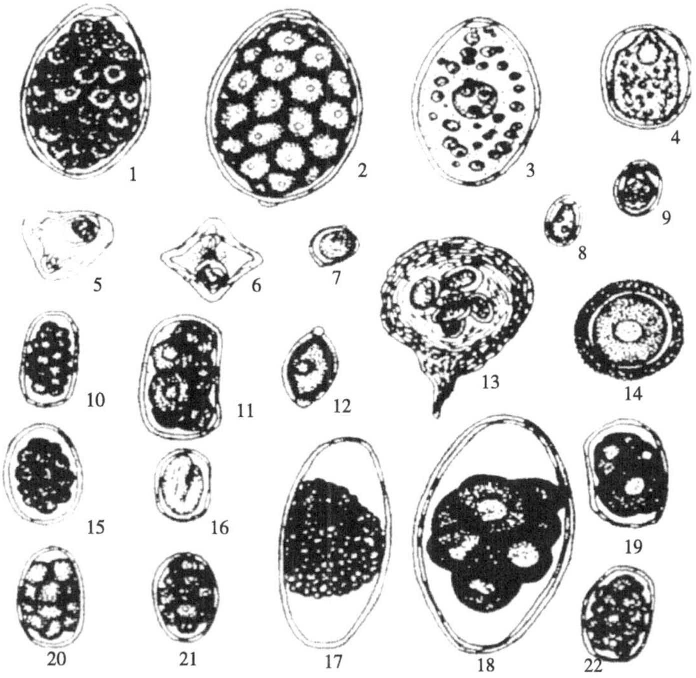

图 13-2 牛、羊的常见蠕虫卵

1-肝片形吸虫 2-大片形吸虫 3-同盘吸虫 4-日本分体吸虫 5-扩展莫尼茨绦虫 6-贝莫尼茨绦虫 7-无卵黄腺绦虫 8-双腔吸虫 9-胰阔盘吸虫 10-古柏线虫 11-牛仰口线虫 12-毛首线虫 13-曲子宫绦虫 14-牛新蛔虫 15-辐射食道口线虫 16-乳突类圆线虫 17-马歇尔线虫 18-细颈线虫 19-羊仰口线虫 20-毛圆线虫 21-捻转血矛线虫 22-哥伦比亚食道口线虫

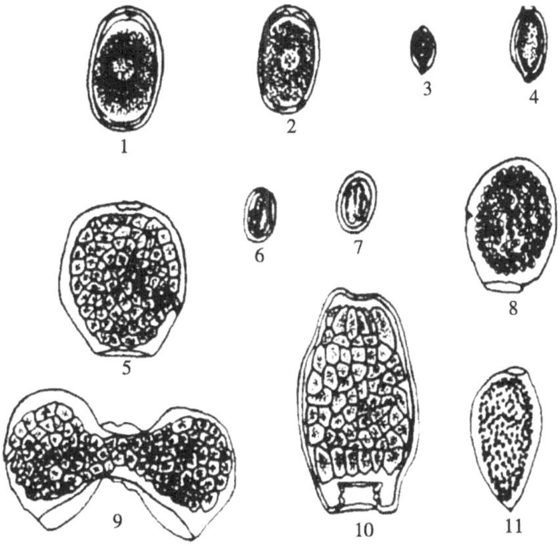

图 13-3 鸡常见蠕虫卵

1-鸡蛔虫 2-鸡异刺线虫 3-前殖吸虫 4-毛细线虫 5，9-棘盘赖利绦虫 6-鸡咽饰带线虫 7-长鼻咽饰带线虫 8-有轮赖利绦虫 10-四角赖利绦虫 11-节片戴文绦虫

②虫卵计数的结果可作为诊断寄生虫病的参考。当马每克粪便中的线虫卵数量达到含卵500枚时，为轻感染；800～1000枚时为中感染；1500～2000枚时为重感染。在羔羊还应考虑感染线虫的种类，一般每克粪便中含2000～6000枚虫卵时为重感染，在每克粪便中含虫卵1000枚以上，认为每日应给以驱虫；在牛每克粪便中含虫卵300～600枚时，即应给以驱虫。

在肝片吸虫，牛每克粪便中个的虫卵数达到100～200枚，羊达到300～600枚时即应考虑其致病性。

3. 幼虫检查法

(1)漏斗幼虫分离法　也称贝尔曼法(Baermann's technique)。取粪便15～20g，放在漏斗内的金属筛上(可将金属筛布剪成圆片，放于漏斗中)，漏斗下接一短橡皮管，管下再接一小试管。装置如图13-4所示。

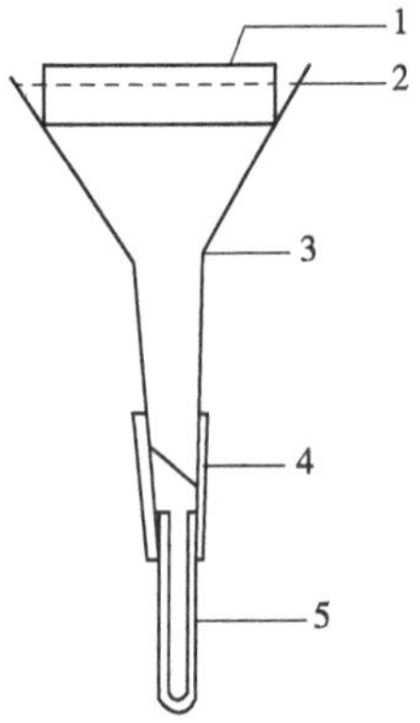

图13-4　贝尔曼幼虫分离装置示意

1-铜丝网筛　2-水平面　3-玻璃漏斗　4-乳胶管　5-小试管

将粪便放在漏斗内铜筛上，不必捣碎，加入40℃温水到淹没粪球为止，静置1～3h。此时大部分幼虫游走于水中，并沉于试管底部。拔取底部小试管，取其沉渣，在显微镜下检查。

(2)平皿法　特别适用于球状的粪便，取粪球3～10个，放于培养器或表面皿上，加少量40℃温水。10～15min后取出粪球，将留下的液体在低倍镜下检查。

用以上两种方法检查时，可见到运动活泼的幼虫；如欲致其死亡，做较详细的观察，可在有幼虫的载玻片上，滴加卢戈氏碘液，则幼虫很快死去，并染成棕黄色。

(二)血液内蠕虫幼虫的检查

检查血液中的幼虫的方法有以下几种：

(1)取新鲜血液一滴滴于载玻片上，覆以盖玻片，在低倍显微镜下检查，可见微丝蚴在其中活动。

(2)如血中幼虫量多，可推制血片，按血片染色法染色后检查。

(3)如血中幼虫较少，可采血一大滴，在载玻片上稍加涂抹，待其自然干燥，使结成一层厚血膜；而后将此载玻片翻转，血膜面向下斜浸入一小杯蒸馏水中，待其完全溶血，取出、晾干再浸入甲醇中固定10min，取出晾干后，以明矾苏木素染色，待血细胞的核染成深紫色，取出以蒸馏水冲洗1～2min，显微镜下检查。如见染色过深，则应以0.42%盐酸溶液褪色30s，如染色已适度则自来水中冲洗10min，而后以1%伊红染液染0.5～1min，水洗2～5min检查。

(4)如血中幼虫很少，可采血于离心管中，加入5%醋酸溶液以溶血。待溶血完成后，离心并吸取沉渣检查。

(三)尿液检查

寄生在泌尿系统的寄生蠕虫(如有齿冠尾线虫)，其虫卵常随尿液排出，可收集尿液进行虫卵检查。

检查方法：采用清晨排出的尿液，收集于烧杯中，沉淀30min后，倾去上层尿液，在杯底衬以黑色背景，肉眼检查即可见杯底粘有白色虫卵颗粒。虫卵黏性大，如欲将其吸出检查比较困难，须用力冲洗，方能冲下。

技能二　螨病的实验室诊断技术

＊理论知识

一、实验原理

螨类主要寄生于动物的体表或皮内，因此在诊断螨病时，必须刮取患部的皮屑，经处理后在显微镜下检查有无虫体和虫卵，做出确切的诊断。

各种动物的螨病是以临床症状和镜检患部皮屑中发现螨类虫体或虫卵作为诊断的依据。只具有类似螨病的症状，但在皮屑内没有检查到螨类或虫卵时，则不能确定为螨病。在螨病的诊断上，皮屑检查的结果是否正确，很大程度上决定于皮屑采取的部位和方法，因而在一次或两次在皮屑内没有找到虫体，不能轻易做出否定的结论。

二、临床意义

进行患部皮屑刮取物的检查可为螨病确诊提供依据。死虫检查法只能找到死的螨类，这在初步诊断时有一定的意义。活虫检查法可以发现有生活能力的螨类，可以确定诊断和检查用药后的治疗效果。

＊技能操作

能观察和识别寄生于动物体表的螨类的形态结构。掌握螨病实验室诊断的操作方法、判断标准。

一、材料与设备

外科刀，培养皿，放大镜，吸管，试管架，带塞试管，酒精灯，载玻片，盖玻片，生物显微镜(带油镜)，体视显微镜，恒温箱，离心机。

50%甘油，石蜡油，碘酒，煤油，10%氢氧化钠溶液，10%氢氧化钾溶液，酒精。

二、操作内容与方法

常用于螨病的诊断方法有螨的加热检查法、温水检查法、煤油检查法、皮屑溶解法和漂浮法等。如用动物体表采取的新鲜病料检查时，用上述方法进行检查均可；如用保存的含螨病料，只能进行皮屑溶解法和漂浮法的操作。

(一)病料的采取

在螨的检查中，病料采集的正确与否是影响螨病检查准确性的关键。应在患病皮肤与健康皮肤的交界处进行刮取，虫体在此处分布最多。采集时剪去该部的被毛，用经过火焰消毒的外科刀，在刀刃上蘸些50%甘油水，用手握刀，使刀刃和皮肤垂直，用力刮取病料，一直刮到微微出血为止，这对于检查寄生于皮内的疥螨尤为重要。刮取的病料置于消毒的小瓶或带塞的试管中供镜检。刮取病料处的皮肤用碘酒消毒。

采取蠕形螨病料时，要用力挤压病变部，挤出病变内的脓液，然后将脓液摊于载玻片上供检查。

(二)螨的检查方法

为了确诊螨病而检查患部的皮屑刮取物，一般有两种检查法，即死虫检查法和活虫检查法。

1. 皮屑内死虫检查法

(1)煤油浸泡法　将病料置于载玻片上，滴数滴煤油后，加盖另一块载玻片，用手搓动两块载玻片，使皮屑粉碎，然后在生物显微镜或体视显微镜下检查。由于煤油的作用，皮屑透明，螨体特别明显。

(2)皮屑溶解法　将病料浸入盛有10%氢氧化钠(或10%氢氧化钾)溶液的试管中，经1～2h痂皮软化溶解，弃去上层液体后，用吸管吸取沉淀物，滴于载玻片上加盖玻片检查。为加速皮屑溶解，可将病料浸入10%氢氧化钠(或10%氢氧化钾)溶液的试管中，在酒精灯上加热煮沸数分钟，痂皮全部溶解后将其倒入离心管中，用离心机离心1～2min后倾去上层液体，吸取沉淀物制片镜检。

2. 皮屑内活虫检查法

(1)直接检查法　在刮取皮屑时，刀刃蘸上50%甘油水溶液或石蜡油或清水，用力刮取，将粘在刀刃上的带有血液的皮屑物直接涂擦在载片上，置显微镜下检查。

(2)加热检查法　将病料置于培养皿中，在酒精灯上加热至37～40℃后，将培养皿放于黑色背景(黑纸、黑布、黑漆桌面等)上，用扩大镜检查，也可用体视显微镜检查。

(3)温水检查法　将病料浸入盛有45～60℃温水的玻璃皿中，或将病料浸入温水后放在37～40℃恒温箱内15～20min，然后置于生物显微镜或体视显微镜下检查。

(4)油镜检查法　主要用于螨病治疗后的效果检查，查看用药后虫体是否被杀死。主要是借助油镜检查螨体内淋巴液有无流动。检查时，将少许新鲜刮取的皮屑，置于载玻片中央，滴加1～2滴10%氢氧化钠(或10%氢氧化钾)溶液，不加热直接加上盖玻片并轻轻按压，使病料在盖玻片下均匀地扩散成薄层。用低倍镜检查发现虫体后，更换油镜检查。

三、判断标准

1. 皮屑内死虫检查法的判断标准

用煤油浸泡法和皮屑溶解法进行检查时，发现有死亡的螨类虫体，即可做出初步诊断。最好进一步采用皮屑内活虫检查法检查以便确诊。

2. 皮屑内活虫检查法的判断标准

(1)直接检查法的判断标准 看到有活的螨类虫体在活动，即可确诊为螨病。

(2)加热检查法的判断标准 发现移动的虫体可确诊。

(3)温水检查法的判断标准 若见虫体从痂皮中爬出，浮于水面或沉于皿底可确诊。

(4)油镜检查法的判断标准 活的虫体的肢末端部位，沿着虫体的边缘可明显地看出淋巴液在相通的腔内迅速移动。如果是死的虫体，淋巴液则完全不动。

技能三 原虫病的实验室诊断技术

＊理论知识

一、实验原理

原虫的种类繁多，寄生于动物的病原性原虫，主要有血液原虫、生殖道原虫、消化道原虫和组织内原虫等。将采集的含原虫的血液，制作血涂片标本，经染色、镜检易发现血浆或细胞内的虫体。有时为了观察活虫也可用压滴标本检查法。对球虫卵囊和结肠小袋虫可采集动物粪便，用粪便直接涂片法和漂浮法进行检查。生殖道原虫主要寄生于母牛的阴道与子宫的分泌物中、流产胎儿的羊水和羊膜中，也能存在于公牛的包皮鞘内。临床上在上述部位采集病料易检查出虫体，经实验室检查，只要能发现病原体就具有确诊意义。

二、临床意义

采集病畜的血液、尿液和生殖道样品，只要发现相应的虫体、卵囊、孢子化卵囊等便可确诊，具有重要的诊断意义。

＊技能操作

能观察和识别各种原虫的形态结构。掌握动物原虫病的实验室诊断方法、操作步骤、判断标准及临床诊断意义。

一、材料与设备

毛剪，镊子，药棉，培养皿，烧杯，吸管，试管架，试管，酒精灯，载玻片，盖玻片，生物显微镜(带油镜)，恒温箱，离心机。

酒精，甲醇，50%甘油，石蜡油，碘酒，苏木素染色液，瑞氏染色液，姬姆萨染色液，2%柠檬酸钠，2.5%重铬酸钾，生理盐水。

二、操作内容与方法

寄生于动物的病原性原虫种类繁多，其检查方法因种类不同而有所区别。本项目中主要介绍原虫病的病原检查法。

(一)血液内原虫的检查

1. 血液内的寄生性原虫的种类

血液内的寄生性原虫主要有伊氏锥虫、梨形虫(焦虫)和住白细胞虫等。

2. 血液内的寄生性原虫样品的采集

检查血液内的寄生性原虫多在耳静脉或颈静脉采取血液。采样时在耳尖剪毛后用酒精消毒，再用干棉花擦干，然后扎刺耳尖皮肤，待血液慢慢流出后立即采集。

3. 血液内的寄生性原虫的检查方法

将采集的含原虫的血液制作血涂片标本，经染色、镜检来发现血浆或细胞内的虫体。有时为了观察活虫也可用压滴标本检查法。

(1)涂片染色标本检查法　临床上最常用的血液原虫的病原检查方法，可适用于各种血液原虫的检查。多在耳尖采血(也可在颈静脉采血)。采新鲜血滴少许滴于载玻片一端，以常规方法推成血膜，干燥后，滴甲醇 2～3 滴于血膜上进行固定，然后用姬姆萨染色液或瑞氏染色液染色，干燥后在油镜下检查。

(2)鲜血压滴标本检查法　主要用于伊氏锥虫活虫的检查，在压滴的标本内，可以很容易观察到虫体的活泼运动。检查时，将血液滴在洁净的载玻片上少许，加上等量的生理盐水，混合后加上盖玻片，置于显微镜下先用低倍镜进行检查，发现有活动的虫体时，再换高倍镜检查。检查时，最好在温度适宜且光线较弱的环境下观察虫体。

(3)集虫检查法　当动物血液内虫体较少时，用上述方法检查病原就比较困难，甚至有时常能得出阴性结果，出现误诊。为此，临床上常用集虫法，将虫体浓集后再做相应的检查，以提高诊断准确性。常用于对伊氏锥虫和梨形虫病的检查。检查时，在离心管内先加 3～4mL 2%柠檬酸钠生理盐水，再加被检血液 6～7mL，充分混合后，500r/min 离心 5min，由于锥虫及感染有虫体的红细胞比正常红细胞的密度小，此时正常红细胞下降，而锥虫或感染有虫体的红细胞尚悬浮在血浆中；将红细胞上面的液体用吸管吸至另一离心管内，并在其中补加一些生理盐水，再 2500r/min 离心 10min，即可得到沉淀物。用此沉淀物做涂片、染色、镜检，可以容易地找到虫体。

马、牛的梨形虫及牛泰勒梨形虫和马锥虫形态见图 13-5 和图 13-6。

(二)粪便内原虫的检查

动物粪便内原虫的病原学检查主要是针对球虫卵囊和结肠小袋虫的检查，对动物生前诊断出原虫病具有重要意义。临床常用的方法有粪便直接涂片法和漂浮法。

1. 球虫卵囊的涂片法

与蠕虫病粪便检查的直接涂片检查法基本相同。即在载玻片上滴加 1 滴 50%甘油水溶液(或生理盐水、普通水)，取少量粪便与甘油水溶液混合，然后除去粪便中的粗渣，覆上

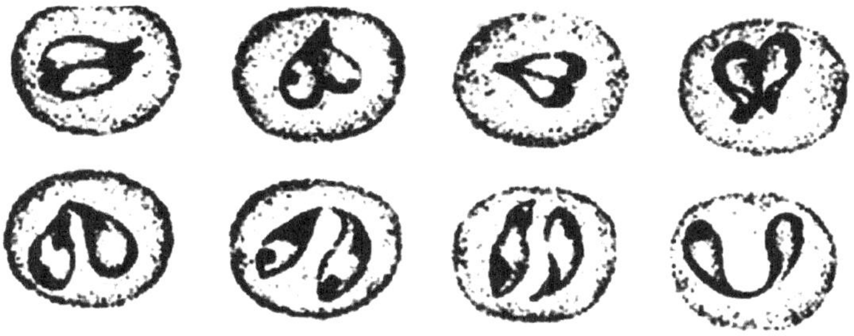

（a）

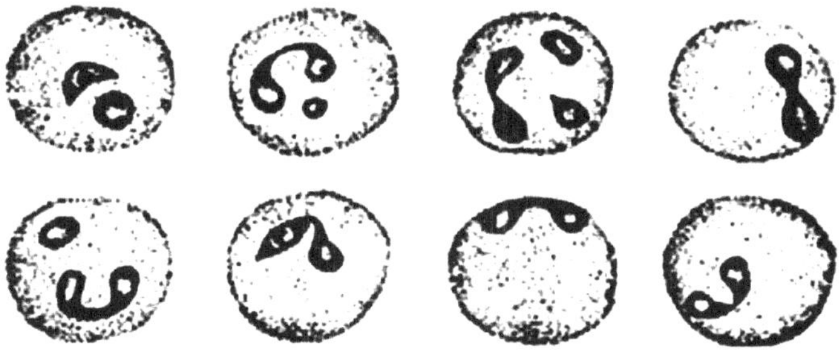

（b）

图 13-5 血液中的原虫图(一)

(a)马梨形虫 (b)牛梨形虫

（a）

（b）

图 13-6 血液中的原虫图(二)

(a)牛泰勒梨形虫 (b)马锥虫

盖玻片。先在低倍镜下检查，发现卵囊后，转换至高倍镜下详细检查。鸡、兔的球虫形态见图 13-7 和图 13-8。

2. 漂浮法

同本项目技能一。

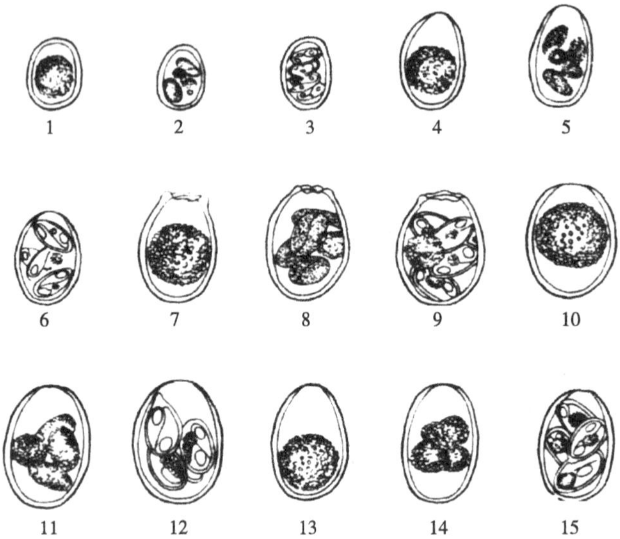

图 13-7　鸡的主要球虫

1～4-柔嫩艾美耳球虫　5～7-和缓艾美耳球虫　8，9-堆型艾美耳球虫
10～13-巨型艾美耳球虫　14，15-毒害艾美耳球虫

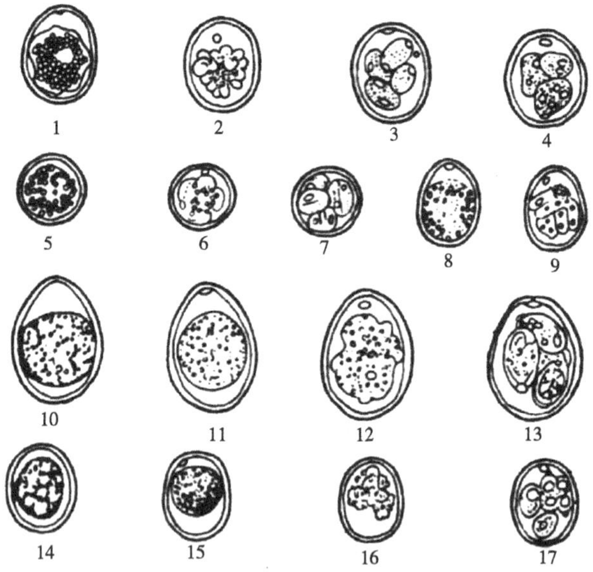

图 13-8　家兔的球虫

1～3-穿孔艾美耳球虫　4～6-中型区美耳球虫　7～9-大型艾美耳球虫
10～12-无残艾美耳球虫　13～17-兔艾美耳球虫

3. 球虫卵囊的孢子化培养

动物的球虫种类繁多，有时为了鉴别虫种，需要经过对卵囊的孢子化培养。即把含有球虫的粪便或是浓集后的卵囊放在培养皿内(或烧杯内)，加适量的 2.5%重铬酸钾溶液，在 25℃的恒温箱内培育，夏季可在室温的条件下培育，待其孢子化后再用直接涂片法或漂浮法检查。

(三)生殖道原虫的检查

以牛胎儿毛滴虫检查法为例，介绍生殖道原虫的检查方法。

1. 病料的采取

病料主要由母牛的阴道和公牛包皮鞘内采集。母牛可直接由阴道采取分泌物，一般先向阴道内注入5～10mL生理盐水，再用长柄镊子夹取棉球小心地擦拭阴道，然后把棉球上的液体物涂在载玻片上检查。公牛可用50～100mL 35℃左右的生理盐水注入包皮腔内，用一手将包皮口捏紧，用另一手托起、按摩包皮后部，如此反复按洗后，放开手指将洗液收集于广口瓶中待检查。

2. 原虫的涂片检查

将收集到的阴道或包皮鞘的洗涤液置于2000r/min下离心沉淀5min，取沉淀物涂片固定，用苏木素染液染色后镜检。

3. 虫体的活体检查

即将病料放在载玻片上，不做染色处理在镜下观察，可见到有略大于一般白细胞的虫体活动。

三、判断标准

对血液内原虫、粪便内原虫和生殖道原虫进行实验室检查时，不管用什么方法，只要能在病料中发现虫体、卵囊、孢子化卵囊等，即可做出确诊。

技能四　寄生虫标本的保存及送检

＊理论知识

生产实践中对寄生虫病的诊断，除了依据临床症状和进行流行病学的分析外，主要依靠虫体的病原检查，即依据发现有虫卵、幼虫及虫体的存在，才能确定有某种寄生虫病。对于采集的虫体(包括蠕虫、原虫和昆虫等)、血片及病变组织，在许多情况下，尚需将虫体及病料组织送到专门的机关检查，需要有正确的保存方法，才能供虫体鉴定，所以临床工作者掌握寄生虫虫体固定保存和邮寄的方法是十分必要的。

＊技能操作

掌握寄生虫标本的采集、保存和送检方法。

一、材料与设备

1. 仪器和用品

弯头解剖针，弯头镊子，毛笔，培养皿，吸管，试管，试管架，载玻片，盖玻片，标本瓶，胶布，细针，生物显微镜(带油镜)，恒温箱，离心机，生理盐水，薄荷脑酒精溶液等。

2. 固定液

(1)70%酒精。

(2)巴氏液　即福尔马林3份，生理盐水97份。

(3)酒精-福尔马林-醋酸固定液　95%酒精50份，福尔马林10份，醋酸2份，常水38份。

(4)劳氏(Looss)固定液　由饱和的升汞水溶液(约含升汞7%)100mL，加入冰醋酸2mL，混合即成。

(5)绦虫固定液　福尔马林15份，冰醋酸5份，甘油10份，70%酒精24份，常水46份。

(6)甘油酒精固定液　70%酒精95mL，甘油5mL。

(7)5%～10%福尔马林溶液。

二、操作内容与方法

(一)蠕虫的固定和保存法

1. 吸虫

(1)采集　在病料中发现吸虫时，对大的虫体应以弯头解剖针或弯头镊子轻轻地将虫体挑出，放于盛有生理盐水的培养皿内，用毛笔轻轻刷洗掉虫体表面的污物，待虫体自然死亡伸展后，用固定液固定。较小的虫体，要用毛笔或小吸管挑取或吸入含水的试管内，加塞后，用力摇荡数分钟，倒去生理盐水，待虫体自然死亡后用固定液固定。

(2)固定法　虫体在自然死亡或以薄荷脑酒精溶液(薄荷脑24g，95%酒精10mL)使虫体松弛后，用载玻片压平后固定，或将洗净后的吸虫放在两片载玻片间用细线紧扎压平后固定。常用的吸虫固定液有70%酒精、巴氏液和酒精-福尔马林-醋酸固定液等。用70%酒精固定0.5～3h，视虫体大小而定，再移至新的70%酒精中保存。

(3)保存　经固定液固定后的虫体，装在标本瓶内，加入适量的固定液。放入一个用铅笔注明含有动物种类、性别、年龄、编号、寄生部位、动物来源及日期的标签。加盖并用胶布封固后保存。

2. 绦虫

(1)采集　绦虫的头节牢固地固定在畜体的肠壁时，不可强行拉出，采集必须注意尽量保证虫体的完整性，将虫体连同器官一起放入清水中，让虫体自动退出，然后用毛笔洗去虫体上的污物，待其自然死亡，使虫体伸展后才可固定。

(2)固定法　完全死亡伸展开的大型绦虫(如猪带绦虫、牛带绦虫)经清水洗涤数次后，先用大玻璃板压平后放入固定液中固定。大型绦虫死亡伸展开后，可直接投入固定液中固定。绦虫常用的固定液有70%酒精、劳氏固定液和绦虫固定液等。

(3)保存　同吸虫保存法一样，但对大型绦虫或较多的虫体，为了不使互相扭结在一起，可选用大口的广口瓶进行保存。

3. 线虫和棘头虫

(1)采集 对于收集到的虫体，要先放入生理盐水的容器中，以防止虫体崩裂，同时要用毛笔仔细洗去虫体外部、口囊内和雄虫交合伞和雌虫生殖孔等处异物和杂质。

(2)固定法 在进行虫体固定时，都须使用热固定法，虫体才可即刻伸展开来，便于以后的虫体鉴别。虫体用生理盐水洗净后，用加热至70～80℃的70%酒精或巴氏液固定，冷却后移至新的70%酒精或巴氏液中保存。小型线虫(如旋毛虫、蛲虫、钩虫等)宜用甘油酒精加热固定，保存于80%酒精中。

(3)保存 虫体移入70%酒精或巴氏液中，加以详细的标签用胶布封固后保存。

(二)原虫包囊和虫卵的保存

汞碘醛液10mL与粪便1g混匀后密封在瓶内，其中的原虫包囊及虫卵可保存数月。也可在经浓集法处理的粪便沉渣中加等量的10%甲醛液(加热至70℃)，摇匀，用石蜡封固瓶口。

(三)昆虫标本的保存

(1)干标本保存 保存有翅昆虫成虫时，可用细针插虫体干制保存。大型昆虫(蝇、虻等)用较大的针从虫体背面、中胸右侧直插。注意保持一侧完整，以便鉴定。小型昆虫(蚊、蛉、蚋、蠓等)可用小号短针从胸部腹面两中足基部之间插入，不可刺透胸背，再用另一长针从软木片另一端插下。最后各插一硬纸片，记录名称、采集地点与时间，并将之插于昆虫盒软木板上或玻璃管的软木塞上。昆虫盒内放入纸包的樟脑粉即可。

(2)湿标本保存 用于保存有翅昆虫的卵和幼虫期及无翅昆虫和蜱螨类的发育各期。活标本先经加温的70%酒精(60～70℃)固定，1d后移至甘油酒精中；也可用5%或10%福尔马林和布氏(Bless)液(福尔马林原液7mL，70%酒精90mL，临用前加入冰醋酸3～5mL混合配成)固定保存。保存的标本须详细记录标本名称、宿主、采集地点、采集日期及采集者姓名。

(四)寄生虫虫体及组织病料的邮寄

临床上有时发现某些寄生虫虫体，需要送往外地的检验机关做进一步的鉴定，需要先包装好后送检或邮寄。

(1)蠕虫虫体 将需要送检的蠕虫标本，按正常采集和固定后，装入磨口的广口瓶中，加入适量固定液，注明合格的标签，用胶布牢固封好瓶口，将瓶子装入塑料袋内，外加合适大小的木箱，用棉花或纱布一类物品将标本瓶包裹塞紧，如果有多个瓶子一箱邮寄，需要将每个瓶间很好地分隔开，以免使瓶子碰撞打坏，其他按邮局的具体要求进行邮寄即可。最好是用硬质塑料瓶进行包装，安全效果更好。

(2)肌肉和组织标本 送检含有旋毛虫、住肉孢子虫的肌肉时，为了能便于检查虫体，需要将肌肉组织用5%～10%福尔马林溶液固定处理，然后把处理过的被检组织分别装在硬质塑料瓶(或玻璃广口瓶)中，在瓶内注放标签后，即可按上述虫体送检方法办理。

(3)蜱及螨类　螨类的刮取物也须用多量的开水急性灭活，然后离心或自然沉淀后，弃去上清液，将沉淀物用70%的酒精固定装瓶，添加标签后，同样按上述方法邮寄送检。蜱在采到以后，首先要用沸水给以急性杀死，以便其肢体伸展，然后用70%的酒精装瓶固定。

【链接】

1. 沉淀法的操作原理

吸虫卵的直径较大，密度也大，在水中沉降的速度比大部分粪渣的沉降速度要快得多。沉降20～40min，粪中的虫卵基本上都沉降到容器的底部，大部分粪渣还漂浮在上、中层液体中。倾去上、中层液体，保留沉渣，再加水混匀，再沉淀，如此反复操作直到上层液体透明后，倾去上清液，即可达到浓缩虫卵的目的。

2. 漂浮法的操作原理

线虫卵、绦虫卵和原虫的密度小，在饱和盐水、饱和糖水和饱和硫酸镁等溶液中会迅速上浮，静置30min，则虫卵上浮至液面，用一直径5～10mm的铁丝圈，与液面平行接触以蘸取表面液膜，抖落于载玻片上，即可达到浓缩虫卵的目的。

3. 绵纶筛兜集卵的原理

适用于检查直径大于60μm的虫卵。粪便经绵纶筛兜集卵法处理，粗大粪渣被铜筛扣留，纤细粪渣(直径小于40μm)和可溶性色素均被冲洗走而使虫卵集中。

4. 明矾苏木素染色液

明矾苏木素由甲乙二液合成：甲液以苏木素1.0g，无水乙醇12mL配成；乙液以明矾1.0g溶于240mL蒸馏水内。使用前临时以甲液2～3滴加入乙液数毫升内即成。

5. 螨病的类症鉴别

螨病的诊断必须详细观察病畜的临床症状和参考流行病学综合资料，依据实验室检查结果进行诊断。临床上要与下列疾病相鉴别。

(1)湿疹　某些动物发生湿疹时也能出现痒觉，有时还有皮脂结痂，但缺螨病的剧痒，特别当动物在暖舍中时痒觉不加剧；病变部形成的痂皮容易随被毛脱落；皮屑内无虫体。

(2)秃毛癣　本病在患部出现圆形、椭圆形界线明显的病变，病变上覆盖有浅灰色疏松的痂皮，易于剥落；患部经常融合形成大的不规则的癣斑，无痒觉。将病料用10%氢氧化钠溶液处理检查时，可见有发癣菌的芽孢或菌丝而无虫体。

(3)虱和毛虱病　当动物受大量虱和毛虱侵袭时，能引起发痒、脱毛和皮肤营养障碍，其症状有时和螨病相似。但皮肤发痒和形成痂皮的程度非常轻微；用手触摸仍柔软而有弹性；同时很容易发现虱，且在病料中没有虫体。

项目小结

动物寄生虫病在兽医临床上仅次于动物传染病，对养殖业造成极大的威胁，侵蚀动物寄生虫的种类主要有蠕虫、螨、原虫，本项目重点介绍蠕虫病、螨病、原虫病的实验诊断方法、注意事项及临床意义，为动物寄生虫病的临床诊断提供依据。还介绍了寄生虫标本的采集、保存和送检方法。

*目标检测题

1. 简述沉淀法检查粪便中肝片吸虫卵的操作步骤和方法。
2. 简述粪便中的后圆线虫的集卵检查法。
3. 螨病的实验室检查方法有哪些?

项目十四 血清学检验

【知识目标】

通过本项目的学习，了解凝集试验、沉淀试验、病毒中和试验和酶联免疫吸附试验(ELISA)的概念、类型及基本原理；掌握直接凝集、间接凝集、环状沉淀试验、絮状沉淀试验、单向琼脂扩散、双向琼脂扩散、病毒中和试验、酶联免疫吸附试验的操作技术。

【技能目标】

学会试剂的配制方法；无菌操作技术；微量移液器的使用方法；96孔微量板的使用方法。

技能一　凝集试验

⋆理论知识

血清学反应是免疫学实验中最基本的实验，它可以利用已知抗原检测未知的抗体，也可以用已知的抗体诊断未知的抗原，因此在临床免疫学诊断中具有十分重要的地位。目前，血清学试验虽已有很多发展，但仍归属于以下三类：凝集试验、沉淀试验和补体结合试验。

凝集反应有直接凝集试验、间接凝集试验、红细胞凝集抑制试验；根据不同的载体又分为间接血凝、间接乳凝、间接炭凝试验。

1．直接凝集试验

颗粒性抗原与相应的抗体在电解质参与下直接结合凝集，形成肉眼可见的小团块。有玻片法和试管法。

2．间接凝集试验

(1)原理　是将可溶性抗原或抗体吸附于某种与免疫无关的一定大小的颗粒载体表面，制成致敏载体，再与相应抗体或抗原作用，在电解质存在的适宜条件下，被动地使致敏载体凝集，称为间接(或被动)凝集试验。常用间接凝集试验来测定待检血清中细菌、病毒、螺旋体、寄生虫等抗原及自身抗体。

(2)载体　载体可用红细胞、聚苯乙烯乳胶、活性炭等颗粒。

兽医临床用得较多的载体是红细胞，红细胞是大小均一的载体颗粒，最常用的为绵羊、犊牛、家兔、鸡的红细胞及O型人红细胞。新鲜红细胞能吸附多糖类抗原，但吸附蛋白质抗原或抗体的能力较差。致敏的新鲜红细胞保存时间短，且易变脆、溶血和污染，只能使用2～3d。为此，一般在致敏前先将红细胞醛化，可长期保存而不溶血。常用的醛类有甲醛、戊二醛、丙酮醛等。红细胞经醛化后体积略有增大，两面突起呈圆盘状。

醛化红细胞具有较强的吸附蛋白质抗原或抗体的能力，血凝反应的效果基本上与新鲜红细胞相似。如用两种不同醛类处理效果更佳。也可先用戊二醛，再用鞣酸处理。醛化红细胞能耐60℃加热，并可反复冻融不破碎，在4℃可保存3～6个月，在－20℃可保存一年以上。

*技能操作

熟悉平板凝集试验和试管凝集试验的操作技术。通过对凝集结果的观察和记录，了解凝集的判定和对被检动物试验结果的判定。了解间接血凝反应试验过程和操作方法。

一、材料与设备

布氏杆菌抗原(牛、羊、猪)，待检血清，试管，玻片，牙签，生理盐水，0.5%石炭酸生理盐水，96孔或72孔血清板，移液器，稀释棒，振荡器。

二、操作内容与方法

颗粒性抗原(细菌、红细胞、乳胶等)与相应抗体可发生特异性结合，在一定条件下(电解质、pH值、温度、抗原抗体比例适合等)出现肉眼可见的凝集小块，称为凝集反应。参与反应的抗原称为凝集原，抗体称为凝集素。凝集反应的试验有直接凝集试验、间接凝集试验两种。

(一)直接凝集试验

1. 玻片法

此法简单迅速，常用于细菌鉴定或畜禽传染病的诊断，如布氏杆菌病、鸡白痢等。

(1)方法　将已知抗原血清1～2滴滴于洁净的玻片上，取待检菌液加入其中并用牙签混合均匀，2～10min后观察。

(2)结果　出现凝集块为阳性；虽有凝集但不结成块为可疑；不凝集者为阴性。

2. 试管法

试管法是一种定性、定量的方法，通常用已知抗原检测待检血清中相应抗体的含量。

(1)方法

①取9支小试管排列于试管架上，并依次编号。

②于第 1 管中加 0.9mL 生理盐水，其他各管加 0.5mL 生理盐水。

③吸取 0.1mL 待检血清于第 1 管混匀，并吸 0.5mL 移入第 2 管混匀，再从第 2 管中吸 0.5mL 移入第 3 管混匀；如此连续稀释至第 7 管，混匀后吸 0.5mL 弃去。第 8 管加 0.5mL 经稀释(1∶50)的诊断血清，作为对照。第 9 管为空白对照。如此待检血清的稀释倍数为 1∶10，1∶20，1∶40，1∶80，1∶160，1∶320，1∶640。

④在每支试管内分别加入 0.5mL 已知菌液，轻摇试管使其充分混匀。

⑤置 37℃温箱中 4～10h，取出后放室温 18～24h，然后观察并记录结果。

(2)结果

＋＋＋＋：液体完全透明，菌体完全被凝集呈伞状沉于管底，振荡时，沉淀物呈片状、块状或颗粒状(即 100％的菌体被凝集)。

＋＋＋：液体略混浊，菌体大部分被凝集于管底，振荡时呈片状或颗粒状(75％菌体被凝集)。

＋＋：液体不透明，管底有明显凝集片，振荡时有块状或小片絮状物(50％菌体被凝集)。

＋：液体不透明，仅管底有少许凝集，其余无显著的凝集块(25％菌体被凝集)。

－：液体混浊，管底无凝集，菌体不被凝集，但由于菌体自然下沉，在管底中央可见圆点状沉淀，振荡后立即散开呈均匀混浊。

(二)间接凝集试验

1. 醛化红细胞的制备

(1)采集的动物红细胞用 10～20 倍的 0.15mol/L pH 7.2 的磷酸盐缓冲液离心洗涤 4 次(2000r/min)，每次离心后用吸管吸取沉积于离心管红细胞上层的白色物质，以洗去红细胞表面的胶体物质，使之成为红细胞泥。在洗涤的过程中如果出现溶血现象则红细胞不能再用。

(2)沉积红细胞 1 份加冷的含 3％甲醛的 pH 7.2 的磷酸盐缓冲液 8 份，摇匀，盖上瓶盖，置于 4％～6％冷藏室内并经常摇动，24h 后取出置于 20～22℃环境中 4h。

(3)再按 1 份红细胞泥，2 份冷的 36％～38％的甲醛混匀，置 4～6℃下 24h 并不时摇动，后转入室温 24h。

(4)用生理盐水洗 4～5 次，以洗去甲醛，最后配成 10％的红细胞，用 0.01％硫柳汞或叠氮钠防腐，置于冰箱冷藏保存备用，可用半年以上。

2. 操作过程

现以新城疫为例介绍血凝试验(HA)微量法操作过程，见表 14-1。

(1)96 孔 V 形微量反应板上进行，自左向右各孔加 50 μL 生理盐水。

(2)于左侧第 1 孔加 50μL 病毒原液或收获液，混合均匀后，吸 50μL 至第 2 孔，混合均匀后，吸 50μL 至第 3 孔，依次倍比稀释，至第 11 孔，混匀后弃去 50μL，稀释后病毒稀释度为第 1 孔 1∶2，第 2 孔 1∶4，第 3 孔 1∶8……最后 1 孔为对照。

(3)从左向右依次向各孔加 1％鸡红细胞 50μL，置微型混合器上振荡 1min 后固定转圈振荡反应板，使血球与病毒充分混合，在 37℃温箱中作用 15～30min 后，待对照红细胞已沉淀可观察结果。

表 14-1 血细胞凝集(HA)试验步骤

孔 号	1	2	3	4	5	6	7	8	9	10	11	12
病毒稀释度	1∶2	1∶4	1∶8	1∶16	1∶32	1∶64	1∶128	1∶256	1∶512	1∶1024	1∶2048	血细胞对照
生理盐水/μL	50	↘50	↘50	↘50	↘50	↘50	↘50	↘50	↘50	↘50	↘50	↘50
病毒/μL	50	50	50	50	50	50	50	50	50	50	50	弃去 50
1%鸡红细胞/μL	50	50	50	50	50	50	50	50	50	50	50	50
37℃ 15～30min												
结果判定	#	#	#	#	#	#	#	+++	++	+	−	−

3. 结果判定

以 100%凝集(血球呈颗粒性伞状凝集沉于孔底)的病毒最大稀释孔为该病毒血凝价，即一个血凝单位，不凝集者红细胞沉于孔底呈点状。

从表 14-1 看出，本病毒的血凝价为 1∶128，则 1∶128 的 0.1mL 中有 1 个凝集单位，1∶64，1∶32 分别为 2、4 个凝集单位。或将 128/4=32，即 1∶32 为 4 个凝集单位，第 12 孔为血细胞对照，应不凝集。

附：红细胞凝集抑制试验(HI)见表 14-2。

①根据 HA 试验结果，确定病毒的血凝价，配成 4 个血凝单位病毒溶液。

②在 96 孔 V 形微量反应板上进行，用固定病毒稀释血清法，自第 1 孔至第 10 孔各加 50μL 生理盐水，11 孔和 12 孔分别为 4 单位病毒液和抗新城疫血清对照。

③第 1 孔加新城疫阳性血清 50μL，混合均匀后，吸 50μL 至第 2 孔，依次倍比稀释至第 10 孔，吸弃 50μL，稀释后血清浓度为第 1 孔 1∶2，第 2 孔 1∶4，第 3 孔 1∶8……

④第 1 孔至第 11 孔各孔加 50μL 4 单位病毒液，第 12 孔加 50μL 血清，混合均匀，置 37℃温箱中作用 15～30min。

⑤自第 1 孔至第 12 孔各孔加 1%鸡红细胞 50μL，充分混合后置 37℃温箱中再作用 15～30min，待 4 单位病毒已凝集红细胞可观察结果。

⑥结果判定：以 100%抑制凝集的血清最大稀释度孔为该血清的滴度，即血清效价。凡是已知新城疫阳性血清抑制者，该病毒为新城疫病毒。

表 14-2 红细胞凝集抑制(HI)试验步骤

孔 号	1	2	3	4	5	6	7	8	9	10	11	12
病毒稀释度	1∶2	1∶4	1∶8	1∶16	1∶32	1∶64	1∶128	1∶256	1∶512	1∶1024	病毒对照	血清对照
生理盐水/μL	50	↘50	↘50	↘50	↘50	↘50	↘50	↘50	↘50	↘50	↘	
新城疫抗体/μL	50	50	50	50	50	50	50	50	50	50	弃去 50	50
4 单位病毒/μL	50	50	50	50	50	50	50	50	50	50	50	
37℃ 15～30min												
%鸡红细胞	50	50	50	50	50	50	50	50	50	50	50	
37℃ 15～30min												
结果判定	−	−	−	−	+	++	#	#	#	#	#	−

从表 14-2 看出，该血清的 HI 效价为 1∶128，通常用以 2 为底的负对数(－log2)表示，其 HI 的效价恰与板上出现的 100％抑制凝集血清最大稀释孔数一致，如第 7 孔完全抑制，则其 HI 效价为 7，即 1∶128。

技能二　沉淀试验

＊理论知识

可溶性抗原与相应抗体特异性结合，两者比例适当并有电解质存在及一定的温度条件下，经一定的时间，可形成肉眼可见的沉淀物，称为沉淀反应。参与反应的抗原称为沉淀原，如细菌外毒素、菌体裂解体、病毒、异体血清和组织浸出液等。抗原为多糖、蛋白质、类脂等。与相应的抗体相比，抗原分子小(小于 20μm)，单位体积中所含抗原量多，具有较大的反应面积。为了使抗原抗体之间比例适合，不使抗原过剩，故一般均应稀释抗原，并以抗原最高稀释度仍能与抗体出现沉淀反应为该抗体的沉淀反应效价(滴度)。

沉淀试验可分为液体中的沉淀试验(环状沉淀试验与絮状沉淀试验)和琼脂凝胶中进行的琼脂扩散试验。琼脂扩散试验包括双向琼脂扩散试验和单向琼脂扩散试验，琼脂扩散试验又可与电泳技术结合，发展为免疫电泳、对流电泳以及火箭电泳等技术并广泛应用于血清学试验中。因此，在血清学基础实验中的沉淀试验还是血清学反应的核心内容。

1. 沉淀试验

(1)环状沉淀试验　主要用于鉴定微量抗原，流行病学用于检查媒介昆虫体内的微量抗原等，也可用于鉴定细菌多糖抗原。

(2)絮状沉淀试验　可溶性抗原与抗体在试管内以适当比例混合后，在电解质存在的条件下，出现絮状的沉淀物。通常在抗原与抗体比例最合适的试管出现沉淀物最快，量最多；相反，抗原或抗体过剩均会抑制沉淀的出现。

2. 琼脂扩散试验

(1)双向琼脂扩散　免疫琼脂双向扩散是将可溶性抗原和抗体分别加到琼脂板上相应的小孔中，两者各自向四周扩散，如抗原与抗体相对应，两者相遇即发生特异性结合，并在比例适合处形成白色沉淀线。

(2)单向琼脂扩散　单向琼脂扩散反应是指可溶性抗原或抗体分子，其中一种固定在琼脂凝胶中；另一种则自由扩散。一般将一定量的抗体混合于琼脂凝胶内倾注于玻璃板上，待胶凝固后打孔，将标准抗原和未知抗原分别加入孔中，使其在凝胶中向四周扩散。抗原与相应抗体在琼脂胶内结合后形成白色沉淀环，沉淀环直径的大小与抗原的浓度成正比。它是一种定性和半定量的反应。

＊技能操作

掌握环状沉淀试验、絮状沉淀试验、双向琼脂扩散试验、单向琼脂扩散的操作过程。

一、材料与设备

载玻片，琼脂板打孔器，微量加样器，湿盒，载玻片，小试管，移液管，玻璃毛细吸管，不锈钢吸管，平皿，优质琼脂粉，pH 7.2 PBS，待检血清(1∶20)，诊断血清，标准抗原，可溶性抗原(牛血清白蛋白)，兔抗牛血清白蛋白抗血清。

二、操作内容与方法

(一)环状沉淀试验

在小试管中加入已知抗血清至管底，然后小心从管壁将稀释的抗原叠加其上，强反应可在1～2min内出现白色的环状沉淀；弱反应出现较迟，可在1h判定，3～5h再观察一次后综合评定。

测定抗血清效价时可先将抗原做对倍稀释，用毛细滴管将抗血清加入多个小孔底部，再将不同稀释度的抗原叠加其上，出现沉淀环的抗原最大稀释倍数即为血清的沉淀价。

现以测定兔抗牛血清白蛋白抗血清的效价为例试述其检测方法。

(1)用1∶25的牛血清白蛋白1mL，用生理盐水以对倍稀释法稀释成1∶50，1∶100，1∶200，1∶400，1∶800，1∶1600，1∶3200的抗原溶液。

(2)取9支洁净干燥的小试管，每支小试管加入1∶2的兔抗牛血清白蛋白抗血清0.5mL。

(3)用移液管吸取上面已稀释好的牛血清白蛋白(抗原)，从最大稀释度开始，沿着管壁徐徐加入各小试管中，使之与下层抗体之间形成交界面，切勿摇动混匀，第8管加入生理盐水及第9管加入兔抗血清以作对照。

(4)静置15～30min，观察在两液面交界处有无白色环状沉淀物出现。

(5)结果记录　凡有白色环状沉淀物者记“＋”，没有沉淀者记“－”。最大稀释度的抗原与抗体交界面之间还出现白色环状沉淀者，此管的抗原稀释倍数即为抗体(沉淀素)的效价。

(二)絮状沉淀试验

通常用5支试管，先将抗原从1∶10开始对倍稀释，每管0.5mL；抗血清用1∶(5～40)四个稀释度，每管0.5mL。振荡混匀放置室温中，在黑暗背景下观察记录最早出现反应的试管，数小时后比较各管混浊度，以反应出现最早且混浊度最大的试管定为该抗原抗体的最适比。

有两种方法：一种是将恒定量的抗体分别与一系列稀释的抗原溶液在试管内混合；另一种是将恒定量的抗原分别与一系列稀释的抗血清在试管内混合，随后观察各管沉淀物出现的时间和量。本试验常用于毒素、类毒素、抗毒素的定量测定，还用于已知抗原测血清中的相应抗体等。

(三)琼脂扩散试验

1. 双向琼脂扩散

(1)制板

①将 0.8g 琼脂粉溶于 0.85%生理盐水中，趁热倾倒于玻璃平皿上，厚度为 2～3mm。

②打孔：将制备好的琼脂平板打孔，一般由 1 个中心孔和 6 个周边孔组成，中心孔径 2～4mm，周围孔与中央孔间距为 4～6mm，打孔后挑出孔内琼脂块。

③封底：将打过孔的琼胶平板轻轻在酒精灯火焰上过数次加热后融封孔底。

(2)加样　将琼脂扩散抗原加到中央孔中，周围孔加经热灭活的待检血清，设阴性血清和阳性血清对照。37℃作用 24～48h 后观察结果。

(3)结果判定　在抗原孔与待检血清孔之间出现白色沉淀线，抗体可判为阳性；如待检血清抗体水平较低，可以观察到与待检血清相邻的阳性血清沉淀线末端略向抗原弯曲。阴性血清与抗原孔之间则没有沉淀线。

(4)注意事项　加样时不要将琼脂划破，以免影响沉淀线的形成。反应时间要适宜，时间过长，沉淀线可解离而导致假阴性。加样时不同浓度抗体和抗原不要混淆，以免影响试验结果。试验前应做预试验，确定抗体的稀释度。

2. 单向琼脂扩散

(1)琼脂板的制备　将混有诊断血清 1∶80 的琼脂浇板，制成厚约 2mm 的琼脂板。待琼脂凝固后，用打孔器打孔，孔径 3mm，孔距 15mm。

(2)把标准抗原稀释成 1∶10，1∶20，1∶30，1∶40 四个梯度。

(3)用加样器吸取各种稀释度的标准抗原和待检血清按序号加入相应的孔中，每孔 5μL。

(4)扩散　将琼脂板放入保湿盒内置 37℃温箱中，24h 后取出观察结果。

(5)结果判定　发现沉淀环的大小与抗原的浓度成反比，基本成线性相关。其大小不仅与孔中抗原的浓度相关，而且和琼脂中抗体的浓度有关。

技能三　中和试验

＊理论知识

病毒或毒素与相应的抗体结合，抗体中和了病毒或毒素，使其失去了对易感动物的致病力，这种试验称为中和试验。病毒中和试验主要有以下几种：简单定性中和试验、固定血清稀释病毒法、固定病毒稀释血清法和空斑减少试验。现以伪狂犬病毒为例，介绍固定病毒稀释血清法的操作过程。

＊技能操作

熟悉中和试验的操作技术原理，掌握中和试验的操作过程和临床意义。

一、材料与设备

CO_2培养箱，倒置显微镜，72 孔或 96 孔血清板，多道可调微量移液器，振荡器，0.25%胰酶、BHK-21 细胞，DMEM 培养基等。

二、操作内容与方法

1. 0.25%胰酶(Trypsin)的配制

称取 250mg 胰酶加入 100mL Hank's 液，充分溶解后，过滤除菌，－20℃保存。

2. 病毒半数组织细胞感染量($TCID_{50}$)的测定

(1)病毒培养和收获　将伪狂犬病毒接种于长成单层的 BHK-21 细胞，接种量为液体培养基量的 10%，37℃培养，待出现病变后，冻融，收获病毒。

(2)病毒的滴定　用 DMEM 培养基将伪狂犬病毒做连续 10 倍稀释，每个稀释度取 100μL 加入 96 孔细胞培养板中，随后加入经 0.25%胰酶消化的 BHK-21 细胞 100μL(细胞含量以 10^5 个/mL 左右为宜)，每个稀释度作 8 个重复，并设空白细胞培养对照。置 37℃的 5%CO_2培养箱中。

(3)$TCID_{50}$计算　逐日观察细胞病变，并记录细胞病变孔数，直到对照细胞老化脱落为止。按照 Reed-Muench 法(半数细胞中毒浓度 TC_{50})计算病毒的 $TCID_{50}$。

3. 中和试验

将无菌采集的待检猪血清置 56℃水浴灭活 30min。用 DMEM 培养基做倍比稀释，在细胞培养板各孔中加入 50μL 培养基，随后在第 1 孔中加入经待检猪血清 50μL 混合后，用微量移液器取出 50μL，加到第 2 孔中，混匀后取出 50μL 再加入第 3 孔中，依此类推。血清稀释度即为 1∶2，1∶4，1∶8……每份待检血清稀释度做 2～4 个重复。将 50μL 含 200 个 $TCID_{50}$的病毒液加入不同稀释度血清孔中，37℃作用 1h，每孔中再加入 100μL 经胰酶消化分散的 BHK-21 细胞，同时设病毒对照、阳性血清对照、阴性血清对照，待检血清对照、正常细胞对照。

4. 计算

抗体中和效价逐日观察，直至细胞对照出现老化脱落为止，按 Reed-Muench 法，计算抗体中和效价。如抗体效价为 1∶2 及以上，则判为伪狂犬病毒抗体阳性。

技能四　酶联免疫吸附试验

★理论知识

酶联免疫吸附实验(ELISA)是目前应用最多的一种免疫酶技术，是将特异性抗体结合到固相载体上形成固相抗体，然后和待检血清中的相应抗原结合形成免疫复合物，洗涤后再加酶标记抗体，与免疫复合物中抗原结合形成酶标抗体-抗原-固相抗体复合物，加底物显色，判断抗原含量。

＊技能操作

熟悉 ELISA 的操作技术原理，掌握 ELISA 的操作过程和临床意义。

一、材料与设备

96 孔平底微量反应板，微量移液器，酶标测定仪，恒温箱，保湿盒；诊断用病毒抗原和正常细胞对照抗原、酶标抗体、病毒标准阳性血清和标准阴性血清在使用前按说明书规定用血清稀释液稀释至工作浓度；抗原稀释液、血清稀释液、洗涤液、封闭液、底物溶液、终止液等，均按试剂盒说明书的要求配制；被检样品（如血清）按要求用血清稀释液稀释。

二、操作内容与方法

实验方法有很多种，现以双抗夹心法为例介绍传染性法氏囊病病毒检测的操作过程。

1. 操作步骤

(1)病毒特异性抗体(IgG)包被酶标反应板，4℃过夜或 37℃放置 2～4h。

(2)洗涤　用 PBST(含 0.05%Tween-20 的 PBS 溶液)洗涤 3 次。

(3)加待检病料(病料处理：传染性法氏囊病鸡法氏囊组织按 1∶5 加生理盐水捣碎、离心取上清液)置于盒中，37℃孵育 1h。

(4)洗涤　同(2)。

(5)加酶标抗传染性法氏囊病毒特异性抗体(IgG)，37℃孵育 1h。

(6)洗涤　同(2)。

(7)加底物显色，2mol/L 硫酸溶液终止反应。

(8)洗涤　同(2)。

(9)加底物溶液 TMB-H_2O_2，37℃或室温下显色 10～30min。

(10)用 2mol/L 硫酸溶液终止反应。

(11)酶标测定仪上测定吸收值 OD_{450}(用 TMB-H_2O_2显色)或 OD_{490}(用 OPD-H_2O_2显色)。

2. 结果判定

计算 P/N 比值(P 为阳性对照血清及待检血清的 OD 值。N 为阴性对照血清的 OD 值)，若 $P/N \geq 2$，则样品判为阳性。

＊项目小结

血清学反应是免疫学实验中最基本的实验，在临床免疫学诊断中具有十分重要的地位，是兽医临床工作者一项必须具备的新技术。本项目介绍了免疫学诊断中用得最广的凝集试验、沉淀试验、病毒中和试验以及酶联免疫吸附试验(ELISA)，重点介绍其概念、类型及基本原理和操作技术。

★目标检测题

1. 直接凝集试验的原理及其操作方法有哪些？
2. 简述间接凝集试验的原理和操作方法。
3. 简述中和试验的原理、操作过程。
4. 沉淀试验的种类、原理有哪些？简述其操作步骤。
5. 酶联免疫吸附试验(ELISA)的原理及应用有哪些？

模块三

兽医临床常用治疗技术

项目十五 药物敏感试验方法

【知识目标】

了解药物敏感试验在兽医临床中的意义，熟悉药物敏感试验的原理。

【技能目标】

基本掌握药物敏感实验中试管稀释液法和药敏纸片扩散法的操作与结果判定。

＊理论知识

一、实验原理

抗生素在畜禽疾病的防治过程中发挥了巨大的作用，但由于抗生素的广泛应用，常导致耐药菌株产生。各种病原菌对不同的抗菌药物的敏感性不同，细菌的药物敏感试验是用于测定细菌对不同抗菌药物的敏感度，或测定某种药物的抑菌(或杀菌)浓度，为临床用药的选择或为新的抗菌药物的研究提供可靠依据。

药敏试验有稀释法(试管稀释法、微量稀释法、平板稀释法等)、扩散法(药敏纸片琼脂扩散法等)，本项目介绍常用的两种药敏试验方法，即试管稀释法和药敏纸片琼脂扩散法。

二、临床意义

测定细菌对抗菌药物的敏感度，可供临床诊断上正确选用药物。

＊技能操作

掌握试管稀释法和药敏纸片扩散法进行抗菌药物敏感试验的操作、结果判定方法及其意义。

一、材料与设备

恒温箱，酒精灯，试管架，试管，接种环，镊子，记号笔；普通琼脂平板，肉汤培养基，药物纸片；大肠杆菌菌种，枯草杆菌或其培养物，各种抗菌药物等。

二、操作内容与方法

1. 试管稀释法

(1)取 10 支无菌试管，标号后除第 1 管外，每管加肉汤培养基 1mL。

(2)在第 1、第 2 管中各加已稀释的单体抗菌药液(每毫升药液中含药量：抗生素 1280 单位或 μg，磺胺药 25 600 单位或 μg，药物稀释液(表 15-1)1mL，混匀。

表 15-1　各种药物的稀释液

药　物	溶　剂
青霉素 G	pH 6.0 磷酸盐缓冲液
半合成青霉素类	pH 6.0 磷酸盐缓冲液
头孢菌素类	pH 6.0 磷酸盐缓冲液
氨基糖苷类	pH 7.8 磷酸盐缓冲液
四环素类	先用少量 0.37% HCl 溶液溶解，再用 pH 4.5 磷酸盐缓冲液稀释
硫酸多粘菌素 B	pH 6.0 磷酸盐缓冲液
林可霉素	pH 7.8 磷酸盐缓冲液
红霉素	先用少量乙醇溶解，再用 pH 7.8 磷酸盐缓冲液稀释
氯霉素类	先用少量乙醇溶解，再用 pH 6.0 磷酸盐缓冲液稀释
甲氧苄氨嘧啶	先用 0.1mol/L 乳酸溶解，再用蒸馏水稀释
各种磺胺药	无菌蒸馏水
万古霉素	无菌蒸馏水
两性霉素 B	无菌蒸馏水
呋喃妥因	丙酮
呋喃唑酮	丙酮

(3)从第 2 管吸 1mL 加入第 3 管，混匀。依此法加样稀释至第 9 管。第 9 管抽 1mL 弃去。第 10 管作为不加药对照。

(4)于每管中加菌液 0.1mL，混匀。

(5)培养 24h，观察。

(6)判定。以培养基混浊程度来判定细菌对药物的敏感程度。最高稀释度的抗菌药物仍能抑制细菌生长为最低抑菌浓度。

2. 药敏纸片琼脂扩散法(简称纸片法)

(1)无菌操作取菌种或细菌培养物，在普通琼脂平板表面密集均匀划线。

(2)在平皿底部背面用记号笔标记各种抗菌药物名称，如青霉素、庆大霉素、黄连素等。

(3)用灭菌镊子夹取上述药物纸片，按标记位置轻轻贴在已接种好细菌的琼脂培养基的表面，一次放好，不能移动，各纸片间的距离应大致相等(图 15-1)。

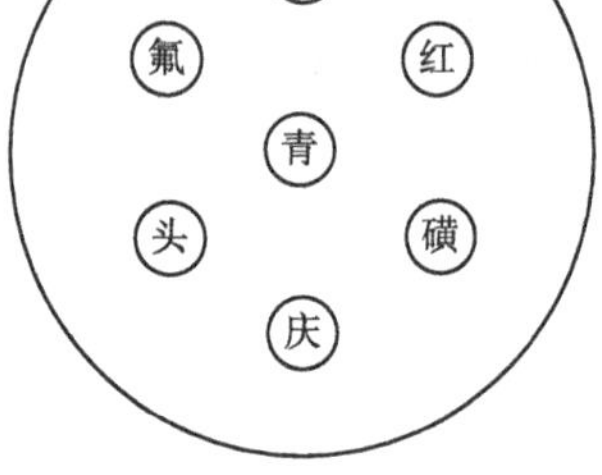

图 15-1　药物试验纸片的贴法

(4)平皿倒置，于37℃恒温箱中培养6h、12h、24h，取出观察并记录，分析结果。根据纸片周围有无抑菌圈及其直径大小，按表15-2标准确定细菌对抗菌药物的敏感度。

表15-2　细菌对不同抗菌药物敏感度标准

药物名称	抑菌圈直径/mm	敏感度
青霉素	<10 11～20 >20	不敏感 中度敏感 高度敏感
链霉素、土霉素、新霉素 四环素、磺胺	<10 11～15 >15	不敏感 中度敏感 高度敏感
庆大霉素、卡那霉素	<12 13～14 >14	不敏感 中度敏感 高度敏感
氯霉素、红霉素	<10 11～17 >17	不敏感 中度敏感 高度敏感
其他	<10 11～15 >15	不敏感 中度敏感 高度敏感

附：药敏纸片的制作

(1)制作备用纸片　取新华1号定性滤纸，用打孔机打出直径6mm的纸片。

(2)消毒灭菌　取上述小圆纸片装于青霉素小瓶内，每瓶50片，瓶口用单层牛皮纸包扎，经高压灭菌(0.2MPa压力15～20min)后真空干燥，备用。

(3)药物稀释　选择符合质量要求的单体药物并用分析天平称取一定的量，用一定的溶剂溶解并稀释。各种药物的稀释液见表15-1。

(4)纸片加药　每个小圆纸片(50片)加已稀释的药水0.25mL，做好药物名称标记，用牛皮纸封口。

(5)干燥　置真空干燥箱内快速干燥12～24h，取出重新标记好药名、产地、批号、纸片制作时间等，瓶盖换成防潮的橡皮塞，瓶底加干燥剂，冷藏保存备用。保存期为6个月。

三、注意事项

(1)严格执行操作规程，如药物的稀释液选择、药敏纸片的保管和使用方法、培养基制作过程的无菌操作等。

(2)磺胺类药物用无胨培养基，因蛋白质会使磺胺失去作用。

＊项目小结

细菌学检查是动物病原学诊断的一种基本方法，也是兽医工作者一项最基本的实验操作技术。本项目介绍了细菌标本片制备、细菌分离培养、细菌生化特性试验、消毒的方法与灭菌技术等，为了规避养殖过程中滥用药物而给养殖户带来不必要的损失，本项目编写了细菌简易药物敏感试验方法等内容。

＊目标检测题

试述药敏试验的操作过程及结果确定。

项目十六 投药法

【知识目标】

掌握各种投药的基本方法。

【技能目标】

1. 熟练使用常用的投药器具。
2. 能进行灌角、灌药瓶、胃管投药。
3. 能进行片剂、丸剂、舔剂给药。

技能一　水剂灌药法

＊理论知识

水剂灌药法适用于少量的水剂药物或散剂及研碎的片剂等加适量的水而制成的溶液、混悬液、中药煎剂等。多用于牛、马、犬、猫等动物，其次是猪、羊。

＊技能操作

一、材料与设备

灌角，灌药瓶(长颈的塑料瓶、橡胶瓶)，竹筒(斜口)，药匙或不接针头的注射器，开口器，盛药盆等。

二、操作内容与方法

(一)马属动物的灌药法

(1)站立保定，用一条软细绳从柱栏前方的横木穿过，一端制成圆套从笼头鼻梁下面穿出，套在上腭切齿后方，另一端由马主人拉紧将马头吊起，使口角与耳根连线呈水平，并由马主人另手把住笼头。

(2)术者站在马侧前方，一手持盛药液的灌角(或灌药瓶)，自一侧口角通过门、臼齿间的空隙插入口中送向舌根，翻转灌角并提高把柄将药液灌下，而后取出灌角，待其咽后再灌，直至灌完。

(二)牛的灌药法

(1)站立保定，助手一手握角根，另一手握鼻中隔，或安装牛鼻钳，使口角与眼角连线呈水平。

(2)术者站在牛头右侧斜前方，左手从牛的右侧口角处伸入口腔，并压着舌头，右手持盛有药液的灌药瓶，自牛的左侧口角伸入舌背部，抬高瓶底并轻轻振抖，如用橡胶瓶时可压挤瓶体，促进药液流出，待其咽后再灌，直至灌完；但不要连续灌，以免误咽。

(三)羊的灌药法

(1)由畜主或助手提住羊角，或一手托住下颌，一手固定头部。

(2)术者一手从口角处伸入口腔，轻压舌头，另一手持药瓶从另一侧口角伸入口腔，把药灌入。

(四)猪的灌药法

(1)哺乳仔猪给药时，助手右手握两后肢，左手从耳后握住头部，使猪呈腹部向前，头在上的姿势；并用拇指、食指压住两边口角，猪口腔自然张开。术者用药匙或注射器(不连接针头)自口角处徐徐灌入药液；投入药后使其闭嘴，可自行咽下。

(2)仔猪、育成猪或后备猪灌药时，助手握住两前肢，使腹部向前将猪提起，并将后躯夹于两腿之间，或将猪仰卧在猪槽中。灌药时一手用小木棒(或开口器)将嘴撬开，另手用药匙或小灌角进行灌服。

(五)禽的灌药法

一人握住禽的两腿及两翼，灌药者一手拇指和食指将禽嘴打开，另一手持药匙或注射器将药液徐徐滴入口中使其咽下，直至灌完。

(六)犬、猫的灌药法

通常将犬、猫站立保定，助手固定头部上、下颌，投药者一手持药瓶或抽满药液的注射器，另一手自一侧打开口角，自口角缓缓灌入或注入药液，让其自咽，咽完再灌。

三、注意事项

(1)灌药前应将动物保定，操作须谨慎细心，切忌粗暴，防止将药物灌入气管和肺中，防止被动物抓伤、咬伤。

(2)每次灌入的药量不宜过多，不宜过急，不能连续灌，以防误咽。

(3)头部吊起或仰起的高度，以口角与眼角连线呈水平为佳，不宜过高。

(4)灌药中，患病动物如发生强烈咳嗽时，应立即停止灌药，并放低动物头部，促使药液咳出，安静后再灌。患肺部疾病特别是异物性肺炎时灌药要十分慎重。

(5)动物(猪、羊)在嚎叫时声门开张，应暂停灌药，待停叫后再灌。

(6)当患病动物咀嚼吞咽时，如有药液流出，应以药盆接取，以免不必要的流失。

技能二　胃管投药法

＊理论知识

当水剂药量较多，药品带有特殊气味，经口不易灌服时，一般都可用胃管经鼻道或口腔投给，用于人工喂饲流食，中毒或过食后洗胃；也可用于食道探诊(探查其是否畅通)、抽取胃液、排出胃内气体及胃内容物。

＊技能操作

一、材料与设备

胃管，开口器，漏斗，注射器。根据动物种类及大小合理选用。

二、操作内容与方法

(一)马属动物胃管投药法

(1)病马保定，畜主站在马头左侧握住笼头，固定马头。

(2)术者站于马头稍右前方，用左手无名指与小指伸入左侧上鼻翼的副鼻腔，中指、食指伸入鼻腔，与鼻腔外侧的拇指固定内侧的鼻翼。

(3)右手持胃管将前段通过左手拇指与食指之间沿鼻中隔徐徐插入胃管，并加以固定，防止患病动物骚动时胃管滑出。

(4)当胃管抵达咽部后，随患病动物咽下动作将胃管插入食道。动物拒绝下咽、推送困难时不要强行推送，应稍停或轻轻抽动胃管，诱发吞咽动作，顺势将胃管插入食道。

(5)判定胃管正确插入食道后，用一捏扁的洗耳球连接胃管，如果不出现充气现象，即可灌药；也可将胃管推送至颈部下 1/3 处，外连接漏斗，先投少量清水证明无误后，即可投药。

(6)投药结束，再投入少量清水，冲净胃管内残留的药液，折叠胃管末端(或堵塞胃管口)，然后再慢慢抽出胃管。用完的胃管清洗后放在 2%煤酚皂溶液中浸泡消毒，清洗后备用(图 16-1)。

(二)牛胃管投药法

牛经鼻胃管投药法(图 16-2)与马基本相同。牛经口胃管投药法操作如下。

(1)保定栏内站立保定，安装牛鼻钳，或一手握住角根，另一手握鼻中隔，使牛头稍抬高固定，然后装上横木开口器(或特制开口器)，并用绳系在两角根后部。

图 16-1　马胃管投药法

图 16-2　牛胃管投药法

图 16-3　猪胃管投药法

(2)术者取胃管，从开口器的中间孔插入，前端抵达咽部时，轻轻来回抽动以刺激吞咽动作，随动物吞咽时将胃管插入食道中，以后的操作与马的相同。

(3)最后取下开口器，解除保定。

(三)猪、羊胃管投药法

助手抓住动物的两耳(或羊角)。将前躯夹于两腿之间，如果是大猪可用鼻端固定器固定，并装上横木开口器(或特制开口器)固定于两耳后。术者取胃管，从开口器的中间孔插入食道内，以后的操作要领与牛的经口胃管投药法相同，如图 16-3 所示。

(四)犬、猫、兔胃管投药法

保定动物，使其头部前伸。将开口器放入口内，一般情况下动物会自动咬紧开口器，或抓住嘴稍加用力即可固定。将胃管沿开口器小孔插入口中，经口咽部送入食道内，验证无误后，再送入一定深度，然后接上注射器或漏斗，慢慢灌入药液，如图 16-4、图 16-5 所示。

图 16-4　犬胃管插入

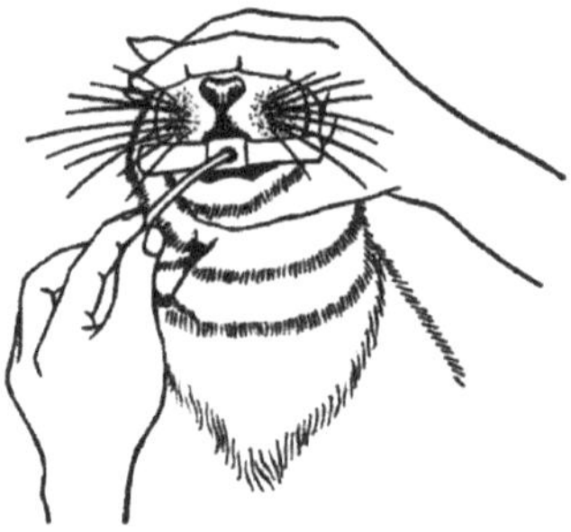

图 16-5　猫胃管插入

三、注意事项

(1)胃管投药前应根据动物的种类和大小选择相应的开口器、口径及长度和软硬适宜的橡胶管(胃管)。开口器(尤其横木开口器)应压住动物舌部，以免舌的活动将胃管推出或咬断。

(2)胃管及其他用具使用前应以温水清洗干净，将胃管前端涂以润滑剂，然后盘成数圈(涂油端向前上方，另端向前下方)备用。

(3)患病动物呼吸极度困难或有鼻炎、咽炎、喉炎时，应禁用胃管给药。

(4)当胃管进入咽部或上部食道时，有时会发生呕吐，此时应该放低动物头部，以防呕吐物误入气管中；如果呕吐物很多，则应抽出胃管，待吐完后再投。

(5)经鼻插入胃管，有时会引起鼻出血。少量出血时，可将动物头部适当抬高或吊起，冷敷额鼻部，并不断淋浇冷水；出血过多冷敷无效时，可采用1%鞣酸棉球塞于鼻腔中，或皮下注射0.1%盐酸肾上腺素(牛、马5mL，猪、羊1mL)，必要时可注射全身止血药。

(6)插入或抽动胃管时要小心、缓慢，不宜粗暴。

(7)胃管投药时，必须正确判断是否插入食道，否则，会将药液误灌入气管和肺内，引起误咽性肺炎，甚至造成死亡。判断方法见表16-1。

表16-1 判断胃管插入食道或气管的鉴别要点

鉴别方法	插入食道内	误入气管内
胃管送入时的感觉	插入时稍感前方有阻力	无阻力
观察咽、食道及动物的动作	胃管前端通过咽部时可引起吞咽动作或伴有咀嚼，动物安静	无吞咽动作，可引起剧烈咳嗽，动物表现骚动不安
触摸颈沟部	可摸到胃管	无
将胃管外端放入水中	水内无气泡发生或者出现与呼吸节律无关的气泡	随呼吸动作出现规律性气泡
将胃管外端放到耳边听	听到不规则的“咕噜”声或水泡声，无气流冲击耳边	随呼吸动作出现有节奏的呼出气流
用鼻嗅诊胃管外端气味	有胃内酸臭味	无
观察排气与呼气动作	不一致	一致
捏扁橡皮球后再接于胃管外端	不再鼓起	鼓起
向胃管内做充气反应	随气流进入，颈沟部可见明显波动	不见波动

(8)药物误投入呼吸道的表现及其抢救措施。药物误投入呼吸道后，动物立即表现不安，频频咳嗽，呼吸急促，鼻翼开张或张口呼吸；然后出现肌肉震颤、出汗，黏膜发绀，心跳加快，心音增强；数小时后体温升高，肺部出现明显广泛范围的啰音，并进一步表现为异物性肺炎的症状。如果投入大量药液时，可造成动物窒息或迅速死亡。

在投药过程中，应密切注意患病动物的表现，一旦发现异常，首先，应立即停止投药并使患病动物低头，促进咳嗽，咳出药液；其次，可采用强心剂或给予呼吸中枢兴奋剂，同时应大量注射抗生素，直至恢复；严重者按异物性肺炎的疗法进行抢救。

技能三　片剂、丸剂、舔剂投药法

＊理论知识

片状、丸状或粉末状的药物以及中药的饮片或粉末，尤其对苦味健胃剂，常用面粉、糠麸等赋形药制成糊剂或舔剂，经口投服以加强健胃的效果。

＊技能操作

一、材料与设备

舔剂一般可用光滑的木板或竹片，丸剂、片剂可徒手投服，必要时用特制的丸剂投药器。

二、操作内容与方法

(1)将动物保定。

(2)术者或助手打开或撬开动物口腔，另一手持药片、药丸或用竹片刮取舔剂，或用镊子夹住药片(丸)，自另一侧口角送入舌根部投药(反转竹片将药剂抹在舌背面)，急速抽出手、竹片或镊子等，使其闭口，并用右手掌托其下颌骨，使头稍抬高，让其自行咽下(或外部刺激咽部，促进快速吞咽)。

(3)如用丸剂投药器，先将药丸装入投药器内，术者持投药器自动物一侧口角伸入并送向舌根部，迅速将药丸打(推)出后，抽出投药器，待其自行咽下。

(4)投药后视其需要可灌少量饮水。

技能四　拌料、饮水投药法

＊理论知识

当发病动物尚有食欲、饮欲时，或群体动物发病以及进行药物预防时使用拌料、饮水投药法。该方法在猪、禽类中使用最多。

＊技能操作

一、拌料投药

首先根据动物的数量、采食量、给药剂量计算出药物和饲料的用量，准确称取后将所用药物先混入少量饲料中，反复拌和，然后再用饲料逐级增量拌和，直至将饲料混完。充分混匀后将混药饲料喂给动物，让其自由采食。对于个体发病动物，也可将个体剂量的片剂、散剂或丸剂药物包入大小适中的面团、馒头、肉块中，让其单独自由吞食。

二、饮水投药

根据群体动物饮水总量计算出药物的量，用二步递增稀释法或多步递增稀释法把药物加入水中，搅匀，让其自由饮水。

三、注意事项

(1)准确掌握药物拌料、饮水的浓度　按照拌料或饮水给药标准，准确、认真计算所用药物剂量，如按畜禽每千克体重给药，应严格按照个体体重计算出畜禽群体体重，再按要求将药物加入饲料或饮水中内。要特别注意药量过小起不到作用及药量过大引起畜禽中毒的可能。

(2)药物与饲料必须混合均匀　特别在大批量饲料拌药时，更需多次逐级增量稀释，以达到充分混匀的目的。切忌将全部药量一次加入所需饲料中，因为简单混合会造成部分畜禽药物中毒而大部分畜禽吃不到药物，达不到预防疾病的目的或贻误病情。

(3)密切注意不良反应　有些药物混入饲料后，可与饲料中的某些成分发生拮抗作用。例如泰妙菌素与饲料中的盐霉素混饲后，就会发生中毒反应。鸡的饲料中长期混合磺胺类药物时，就容易引起维生素B或维生素K缺乏，此时就应适当补充这些维生素。

(4)饮水给药要特别注意药物是否溶于水　因此，要选择水溶性的药物作为饮水给药。饮水给药要做到当天加药当天用完，以免药物失效。

★项目小结

投药法是将水剂、片剂、丸剂、散剂等经口(鼻)投入体内的一种方法，在兽医临床上用得非常广。本项目介绍了常用的水剂灌药法，胃管投药法，片剂、丸剂、舔剂投药法，拌料投药法等。对各种投药法应用范围、操作方法、注意事项进行了详细的介绍，为不同种类、不同治疗目的动物提供了非常实用、可供选择的投药方法。

★目标检测题

1. 动物的给药方法有哪几种？如何正确选择合适的方法？
2. 何谓投药法？常见有哪几种投药法？投药时有哪些注意事项？
3. 投送胃管前应注意哪些问题？操作时如何判断胃管是否进入食道内？

项目十七 常用注射方法

【知识目标】

掌握各种常用注射方法。

【技能目标】

1. 熟练使用常用注射器。
2. 能进行肌肉注射、皮下注射、静脉注射。
3. 能进行一些特殊的注射方法。

技能一 肌肉注射

★理论知识

肌肉注射是兽医临床上较常用的给药方法。由于肌肉内血管丰富，药物注射后吸收较快，且肌肉内感觉神经较少，注射疼痛轻微，因此，一般刺激性较强和较难吸收(如水剂、乳剂、油剂等)的药液及血管内注射有副作用的药液等均可用肌肉注射。许多疫(菌)苗也常用肌肉注射的方法进行接种。

★技能操作

一、材料与设备

根据动物种类和注射部位不同，选择大小适当的注射针头，犬、猫一般选用 7 号，猪、羊用 12 号，牛、马用 16 号。

二、注射部位

凡是肌肉丰满的部位均可进行肌肉注射，但应注意避开大血管及神经。大动物及犊牛、驹、羊等多在肩前颈部及臀部；猪在耳根后、臀部或股内侧(图 17-1)；禽类在胸肌、翼根内侧肌肉或大腿部肌肉；犬、猫、兔等小动物在背最长肌、股内外侧(但后肢肌肉注射，由于疼痛剧烈，可能引起跛行)。

图 17-1 猪、马肌肉注射部位

三、操作内容与方法

(1)动物保定，局部常规消毒处理。

(2)左手的拇指与食指轻压注射局部，右手持注射器，使针头与皮肤垂直，迅速刺入肌肉内。一般刺入 2～4cm(小动物酌减)，然后用左手拇指与食指握住露出皮外的针头结合部分，以食指指节顶在皮上，再用右手抽动针管活塞，观察无回血后，即可缓慢注入药液。如有回血，可将针头拔出少许再行试抽，见无回血后方可注入药液。注射完毕，用左手持酒精棉球压迫针孔部，迅速拔出针头。

图 17-2 猪的肌肉注射

(3)对于牛、马等大动物，为安全起见，也可以右手持注射针头，迅速用力刺入注射部位，然后以左手扶针头，右手连接注射器，再行注射药液(图 17-2)。

四、注意事项

(1)由于肌肉组织致密，肌肉注射时一般不宜注入大量药液。

(2)强刺激性药物如水合氯醛、钙制剂、浓盐水等，不能肌肉注射。

(3)注射针尖如接触神经时，动物骚动不安，应变换方向后再行注射。

(4)针体一般刺入 2/3 深度，不宜全部刺入，以防折断。一旦针头和注射器的结合头折断，应立即拔除；如不能拔出时，将动物保定好，进行局部麻醉后，迅速切开注射部位组织，用小镊子、持针钳或止血钳拔出折断的针体。

(5)长期进行肌肉注射的动物，注射部位应交替更换，以减少硬结的发生。

(6)两种以上药液同时注射时，要注意药物的配伍禁忌，必要时可在不同部位注射。

技能二 皮下注射

⋆理论知识

将药液注射于皮下结缔组织内，经毛细血管、淋巴管吸收进入血液循环，发挥药效作用，而达到防治疾病的目的。凡是易溶解、无强刺激性的药品及疫苗、菌苗、血清、抗蠕虫药(如伊维菌素)等，都可进行皮下注射。

⋆技能操作

一、材料与设备

根据注射药量多少，可用 2mL、5mL、10mL、20mL、50mL 的注射器及相应针头。当抽吸药液时，先将安瓿封口端用酒精棉消毒，并随时检查药品名称、有效期及质量。

二、注射部位

多选在皮肤较薄、活动性较大，且富有皮下组织的部位。大动物多在颈部两侧；猪在耳根后或股内侧；羊在颈侧、肘后或股内侧；兔在背部皮下；犬、猫在颈侧、背部两侧或股内侧；禽类在翼下。

三、操作内容与方法

(1)将动物保定。

(2)注射部位首先进行剪毛、清洗、擦干；对术者的手指及注射部位进行消毒。

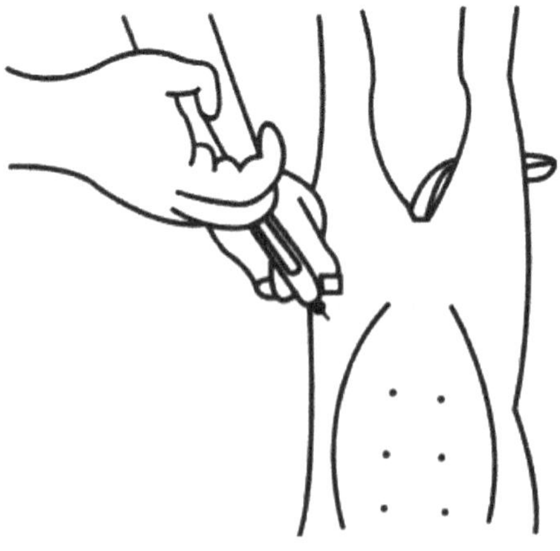

图 17-3 猪的皮下注射

(3)注射时，术者左手中指和拇指捏起注射部位的皮肤，同时用食指尖下压使其呈皱褶陷窝，右手持连接针头的注射器，针头斜面向上，从皱褶基部陷窝处与皮肤成 30°～40°角，刺入针头的2/3(根据动物体型的大小，适当调整进针深度)，此时如感觉针头无阻抗，且能自由活动针头时，左手把持针头连接部，右手抽吸无回血即可注射药液。如需注射大量药液时，应分点注射。注完药液后，左手持酒精棉球按住刺入点，右手拔出针头。必要时可对局部进行轻轻按摩，促进吸收。当要注射大量药液时，应进行深部皮下组织注射(图 17-3)。

四、注意事项

(1)刺激性强的药品不能皮下注射，特别是对局部刺激较强的钙制剂、砷制剂、水合氯醛及高渗溶液等易诱发炎症，甚至导致组织坏死。

(2)每一注射点不宜注入过多的药液，如需大量注射药液时，需将药液加温后分点注射。长期注射时应经常更换注射部位，建立轮流交替注射计划，达到在有限的注射部位吸收最大药量的效果。

技能三　静脉注射

*** 理论知识**

静脉注射应用范围：用于大量的输液、输血；以治疗为目的的急需速效的药物(如急救、强心等)；或注射药物有较强的刺激作用，又不能皮下、肌肉注射，只能通过静脉注射才能发挥药效的药物(如氯化钙、高渗盐水等)。

*** 技能操作**

一、材料与设备

(1)根据注射用量可备 50～100mL 注射器及相应的注射针头或连接乳胶管的针头。大量输液时则应分别使用 250mL、500mL、1000mL 输液瓶，一次性输液器和相应型号的针头。

(2)其他用品　包括注射盘，注射器及针头，瓶套，开瓶器，止血带，血管钳，胶布，剪毛剪，无菌纱布，药液，输液卡，输液架。

二、注射部位

牛、马、羊、骆驼、鹿等均在颈静脉的上 1/3 与中 1/3 的交界处，猪在耳静脉或前腔静脉；犬、猫在前肢腕关节正前方偏内侧的前臂皮下静脉或后肢跖部背外侧的小隐静脉；禽类在翼下静脉；特殊情况下，牛也可在胸外静脉或乳房静脉。

三、操作内容与方法

(一)牛的静脉注射

牛的颈静脉位于颈静脉沟内。皮肤较厚且敏感，一般应用突然刺针的方法进针。助手将牛的头部安全固定。术者左手中指及无名指压迫颈静脉的下方，或用一根细绳或乳胶管在颈部的中 1/3 下方缠紧，使静脉怒张，右手持针头，对准注射部位并使针头与皮肤垂直，用腕力迅速将其刺入血管，见有血液流出后，将针头再沿血管向前推送，然后连接输液瓶上的输液管，药液即可徐徐注入血管中。

(二)马的静脉注射(图 17-4)

(1)马的颈静脉比较浅显，位于颈静脉沟内。术者用左手拇指横压注射部位稍下方的颈静脉沟，使脉管充盈怒张。

(2)手持针头，使针尖斜面向上在压迫点前上方约 2cm 处，使针尖与皮肤成 30°～45°角，迅速准确地刺入静脉内，感到空虚并见有回血后，再沿脉管向前进针。松开左手，同时用拇指与食指固定针头的连接部，靠近皮肤，放低右手，此时即可推动针筒活塞，徐徐注入药液。

(3)可按上述原则，采取分解动作的注射方法，即按上述操作要领，先将针头或连接输液管的针头刺入静脉内，见有回血时，再继续向前进针，松开左手，连接注射器或输液瓶的输液管，即可徐徐注入药液。如为输液瓶时，应先放低输液瓶，验证有回血后，再将输液瓶提至与动物头同高，并用夹子将输液管近端固定于颈部皮肤上，使药液徐徐注入静脉内。

(4)注射完毕，左手持酒精棉球压紧针孔，右手迅速拔出针头，然后涂 5%碘酊消毒。

(三)猪的静脉注射

(1)耳静脉注射法　将猪站立或侧卧保定，耳静脉局部剪毛、消毒。具体操作如下：一人用手压住猪耳背面耳根部静脉管处，使静脉怒张，或用酒精棉反复涂擦，并用手指弹叩，以引起血管充盈。术者用左手把持耳尖，并将其托平；右手持连接注射器的针头或头皮针，沿静脉管的路径刺入血管内，轻轻抽动针筒活塞，见有回血后，再沿血管向前进针(图 17-5)。松开压迫静脉的手指，术者用左手拇指压住注射针头，连同注射器固定在猪耳上，右手徐徐推进针筒活塞或高举输液瓶即可注入药液。注射完毕，左手拿灭菌棉球紧压针孔处，右手迅速拔针。为了防止血肿或针孔出血，应压迫片刻，最后涂擦碘酊。

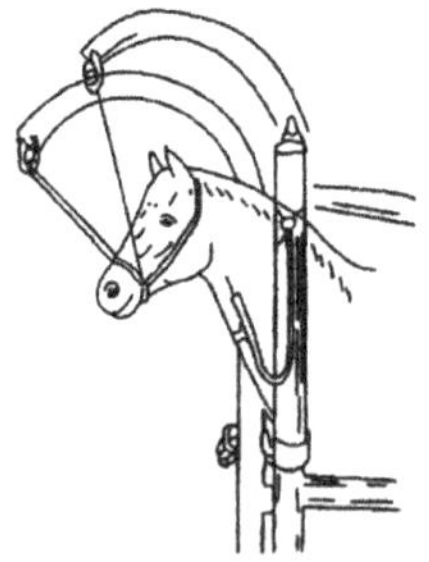

图 17-4　马颈静脉注射

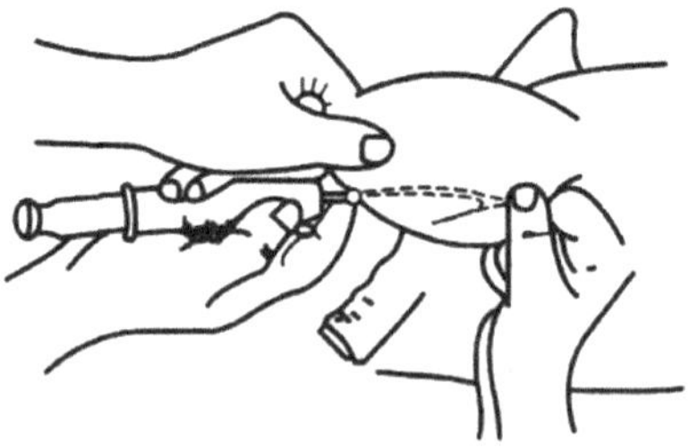

图 17-5　猪的耳静脉注射

(2)前腔静脉注射法(图 17-6)　用于大量输液或采血。前腔静脉是由左右两侧的颈静脉和腋静脉在第一对肋骨间的胸腔入口处的气管腹侧面汇合而成。注射部位在第一肋骨与胸骨柄结合处的前方。由于左侧靠近膈神经，易损伤，故多于右侧进行注射。选用 7～9 号针头。针头刺入方向，呈近似垂直并稍向中央及胸腔倾斜，刺入深度依猪体大小而定，一般为 2～6cm。

(3)取站立或仰卧保定　站立保定时的注射部位在右侧，于耳根至胸骨柄的连线上，距胸骨端 1～3cm 处。术者拿连接针头的注射器，针头近似垂直并稍斜向胸腔中央方向刺向第一肋间胸腔入口处，边刺入边抽动注射器活塞或内管，见有回血时，标志已刺入前腔静脉内，即可徐徐注入药液。猪仰卧保定时，胸骨柄可向前突出，并于两侧第一肋骨与胸骨结合处的直前侧方呈两个明显的凹陷窝，用手指沿胸骨柄两侧触诊时感觉更明显，多在右侧凹陷窝处进行注射。先固定好猪两前肢及头部，消毒后，术者持连接针头的注射器，由右侧沿第一肋骨与胸骨结合部前方的凹陷窝处刺入，并稍斜刺向胸腔中央方向，边刺边回抽，见回血后，即可注入药液，注完后左手持酒精棉球紧压针孔，右手拔出针头，涂抹碘酊消毒(图 17-7)。

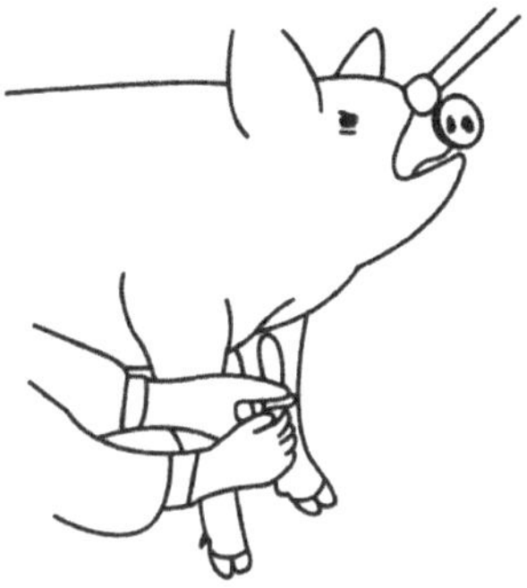

图 17-6 猪的前腔静脉注射

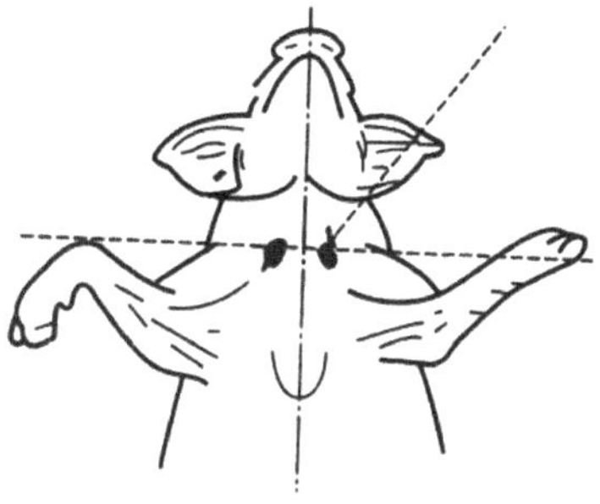

图 17-7 猪仰卧保定时的前腔静脉注射法

(四)犬的静脉注射

(1)前肢皮下静脉(也称头静脉)注射法(图 17-8) 此静脉位于前肢腕关节正前方稍偏内侧。犬可侧卧、伏卧或站立保定，助手或犬主人从犬的后侧握住犬的肘部，使皮肤向上牵拉和静脉怒张，也可用止血带或乳胶管结扎，使静脉怒张。操作者位于犬的前面，注射针由近腕关节 1/3 处刺入静脉，当确定针头在血管内后，针头连接管处可见到回血，再顺静脉管进针少许，以防犬骚动时针头滑出血管；松开止血带或乳胶管，即可注入药液，并调整输液速度。静脉输液时，可用胶布缠绕固定针头。注射完毕，以干棉签或棉球按压穿刺点，迅速拔出针头，局部按压或嘱畜主按压片刻，防止针孔出血。

(2)后肢外侧小隐静脉注射法(图 17-9) 此静脉位于后肢胫部下 1/3 的外侧浅表皮下，由前斜向后上方，易于滑动。注射时，使犬侧卧保定，局部剪毛消毒。用乳胶带绑在犬股部，或由助手用手紧握股部，使静脉怒张。操作者位于犬的腹侧，左手从内侧握住下肢以固定静脉，右手持注射针由左手指端处刺入静脉。

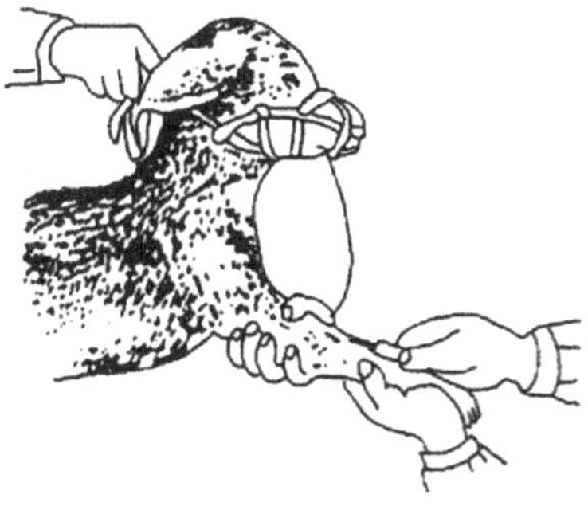

图 17-8 犬前肢内侧皮下静脉注射

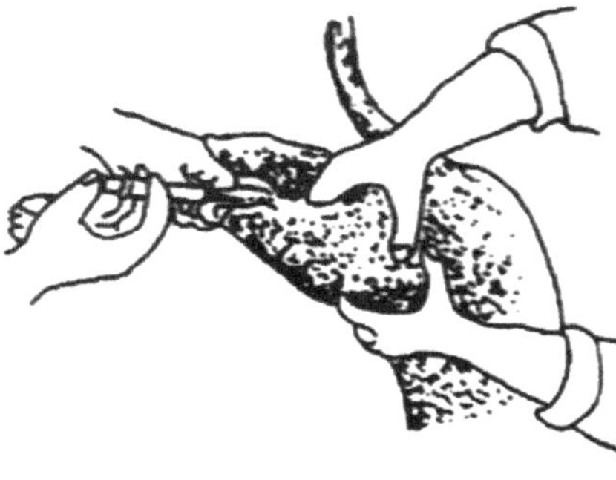

图 17-9 犬后肢外侧小隐静脉注射

(3)后肢内侧面大隐静脉注射法　此静脉在后肢膝部内侧浅表的皮下。助手将犬背卧后固定，伸展后肢向外拉直，暴露腹股沟；在腹股沟三角区附近，先用左手中指、食指探摸股动脉跳动部位，在其下方剪毛消毒；然后右手持针头，由跳动的股动脉下方直接刺入大隐静脉管内。注射方法同前述的后肢小隐静脉注射法。

(五)禽的静脉注射

鸡、鸭、鹅等禽类一般在翼下静脉的基部进行静脉注射。将其仰卧固定，拉开一翅，内侧面向上，在翅中部羽毛较少的凹隐处(腋窝)可见一条较粗的翼根静脉，其延伸段较细称为翼下静脉，鸭的称为腋静脉。注射时先将腋窝消毒，用左手压住静脉向心端，使血管扩张充盈，然后将连接注射器的针头刺入，见有回血，放开左手，用拇指固定针头，右手将药液慢慢注入，注毕对局部进行消毒处理。

四、注意事项

(1)严格遵守无菌操作规程，对所有注射用具及注射部位均应严密消毒。

(2)根据动物种类、注射药液的多少等，选用恰当的注射器及相应的注射针头，并检查针头是否畅通。

(3)动物必须保定确实，进针和注射过程中均应防止动物骚动，以免针尖划破血管使药液漏入皮下。

(4)注射时要明确注射部位，进针前应使静脉充分怒张，进针要准，做到一针见血，防止乱刺，以免引起局部血肿或静脉炎。当刺入后不见回血时，应耐心判断，找出原因。如刺入皮下而未进入血管时，不要急于拔出针头，可适当调整角度和深度，再行刺入；当反复刺入血管而不见回血时，可能是针头被血凝块堵塞，应更换针头。

(5)针头刺入脉管后，需再顺静脉插 1～3cm，并要将针头固定。中、小动物可用手固定注射针头；输液量大、时间长者，宜用胶布缠绕粘固或用夹子固定，防止动物骚动使针头脱出血管外。

(6)注射时要排尽注射器或输液管中的气泡。

(7)混合注射多种药液时应注意配伍禁忌，油类制剂不能作静脉注射。

(8)大量输液时，药液要加热至动物体温程度，且注射速度不宜过快，大动物以 40mL/min，中、小动物 5～10mL/min 为宜。

(9)输注过程中要经常注意动物的表现，如有骚动、出汗、气喘、肌肉震颤等征象时，应立即停止注射；当发现药液输入突然过慢或停止以及注射局部明显肿胀时，应检查回血情况。可放低输液瓶，或一手捏紧输液管上部，使药液停止下流，再用另一只手在输液管下部突然加压或拉长，并随即放开，利用产生的一时性负压，看其是否回血。

(10)静脉注射药液的温度要接近于动物的体温，冬天进行静脉注射时需先将药液进行温热后再使用。

(11)犬和猪静脉注射时，宜从末端血管开始，以防再次注射时发生困难。

(12)对极其衰弱或心功能障碍的患畜静脉注射时，尤其应注意输液反应，对心肺功能不全者，要控制注射速度和输入量，防止发生肺水肿。

技能四　腹腔注射

＊理论知识

当静脉管不宜输液时可用腹腔注射法。腹腔内注射在大动物较少应用，而在小动物的治疗上则经常采用。在犬、猫也可注入麻醉剂。本法还可用于腹水的治疗，利用穿刺排出腹腔内的积液，借以冲洗、治疗腹膜炎。

＊技能操作

一、材料与设备

根据动物的大小或治疗目的来选用器材。大动物用20号长针头，小动物用6～8号针头，并分别连接于相应的针管上。为排除腹腔内的积液或洗涤腹腔，通常要使用套管针。

二、注射部位

牛、羊在右侧肷窝部；马在左侧肷窝部；犬、猫、兔、小猪在耻骨前缘3～5cm，腹正中线旁1～3cm(膝皱褶前到脐部)，大猪可在两侧后腹部注射。

三、操作内容与方法

大动物站立保定，中、小动物倒提后肢保定(腹部面向术者)或仰卧并稍抬高后躯保定。局部剪毛、消毒。左手把握动物的腹侧壁，右手持连接针头的注射器或连接输液管的针头于注射部位垂直刺入2～3cm，针头进入腹腔后抵抗力突然减弱，回抽无血及粪便残渣，缓慢注入药液或进行输液，注射药物时阻力较小。注毕拔出针头，局部消毒。图17-10为猪的腹腔注射。

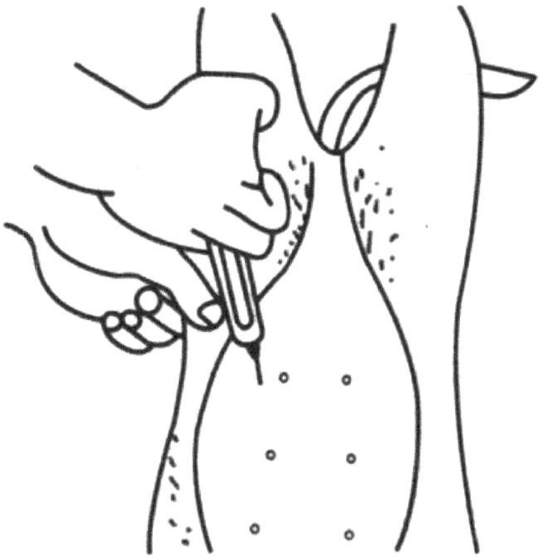

图17-10　猪的腹腔注射

四、注意事项

腹腔注射宜用无刺激性的药液；如进行腹腔大量补液，则宜用等渗溶液，并最好将药液加温至接近体温的程度；腹腔内有各种内脏器官，在注射或穿刺时，容易受损伤，因此要特别注意；小动物腹腔内注射宜在空腹时进行，防止腹压过大而误伤其他脏器。

技能五　气管注射

＊理论知识

气管注射应用于气管及肺部疾病的治疗。临床上常将抗生素注入气管内治疗支气管炎和肺炎，也可用于肺脏的驱虫；注入麻醉剂以治疗剧烈的咳嗽。

＊技能操作

一、材料与设备

根据动物种类和注射药液的不同，选择大小适当的注射器及相应针头。

二、注射部位

一般在颈部气管的上 1/3 处或颈部中央处、腹侧面正中、两个气管软骨环之间进行注射。

三、操作内容与方法

动物仰卧、侧卧或站立保定，使前躯稍高于后躯，局部剪毛消毒。术者一手持连接针头的注射器，另一手握住气管，于两个气管软骨环之间，垂直刺入气管内(牛可采用先进针再连接注射器的方法)，如有突然落空感，或摆动针头感觉前端空虚，回抽有大量气体进入注射器，即可缓缓滴入药液。注完后拔出针头，涂擦碘酊消毒。图 17-11 为猪的气管注射。

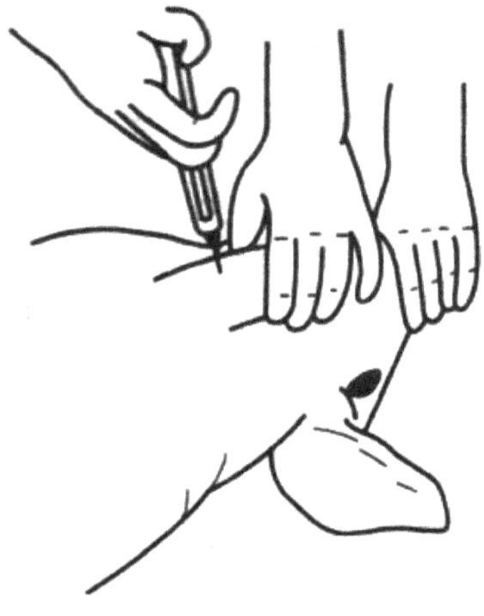

图 17-11　猪的气管注射

四、注意事项

(1)注射前宜将药液加温至与畜体同温，以减轻刺激。

(2)注射过程如遇动物咳嗽时，则应暂停注射，待安静后再行注入。

(3)注射速度不宜过快，最好一滴一滴地注入，以免刺激气管黏膜，咳出药液。

(4)如果病畜咳嗽剧烈，或为了防止注射诱发咳嗽，可先在颈下皮下注射 2%盐酸普鲁卡因溶液 2～5mL(大动物)，降低气管黏膜的敏感性，然后再注入药液。

(5)油剂、糖剂、红霉素等不能作气管注射。

(6)注射药液量不宜过多，药物剂量以肌肉注射量的 1/4～1/3 为宜，药液总量大动物控制在 20mL 以内，中等动物控制在 5mL，小动物为 1～2mL，量过大时，易由于发生气管阻塞而引起呼吸困难。

技能六　瓣胃注入

＊理论知识

将药液直接注入瓣胃中，主要用于治疗瓣胃阻塞和某些特殊药品给药(如治疗血吸虫的吡喹酮等)。

＊技能操作

一、材料与设备

15cm(16～18 号)长的针头，注射器，硫酸镁、生理盐水、植物油或其他药品等)。

二、注射部位

瓣胃位于右侧第 7～10 肋间，肩关节水平线上下 3cm 范围内。其注射部位在右侧第 9 肋间与肩关节水平(图 17-12)。

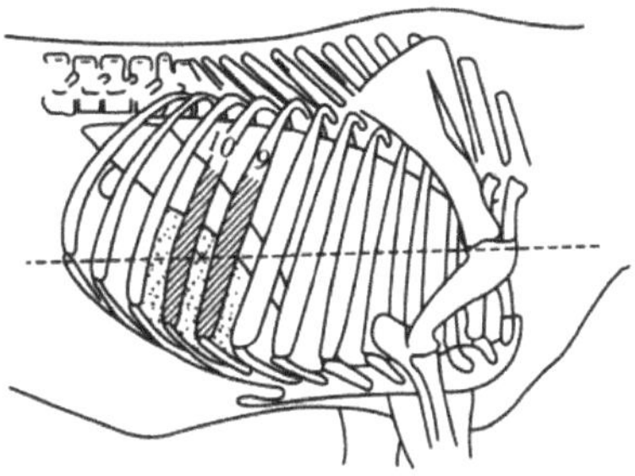

图 17-12　牛的瓣胃注射部位

三、操作内容与方法

术者左手稍移动皮肤，右手持针头垂直刺入皮肤后，使针头朝向左侧肘头左前下方，刺入深度为 8～10cm(羊稍浅)，先有阻力感，当刺入瓣胃内则阻力减小，并有沙沙感。此时注入 20～50mL 生理盐水，再回抽，如混有食糜或胃内容物时，即为正确，可开始注入所需药物。注射完毕后迅速拔出针头，术部擦涂碘酊，也可用碘仿火棉胶封闭针孔。

四、注意事项

(1)操作过程中宜将病畜保定，注意安全，以防意外。

(2)注射中病畜骚动时，要确实判定针头是否在瓣胃内，而后再行注入药物。

(3)在针头刺入瓣胃后，回抽注射器，如有血液或胆汁，表明是误刺入肝脏或胆囊。

(4)瓣胃内注射，可每日注射 1 次，最多连注 2～3 次。

技能七　皱胃注入

＊理论知识

皱胃注入用于牛的皱胃阻塞或皱胃变位的诊断；或通过针头向皱胃内注入所需药液，

用于治疗某些皱胃疾病。

★技能操作

一、材料与设备

15cm(16～18 号)长的针头，注射器，注射用药品。

二、注射部位

牛的皱胃位于右腹部第 9～13 肋间的肋骨弓区，当发生皱胃阻塞时，此区域出现局限性膨大，可作为刺入部位(右侧第 11～13 肋骨下缘)；当发生皱胃变位时，左侧肋弓处突起明显，叩诊时发出高亢的叩击钢管音，可选择此处进行穿刺。

三、操作内容与方法

将动物站立保定，注射局部剪毛、消毒。术者持 16～18 号针头，先刺穿皮肤，调整针头使其朝向对侧肘突方向刺入 5～8cm，手感刺入坚实物，此时可以连接注射器，向内注入少量(50～100mL)生理盐水，并立即回抽，如见回抽液中混有胃内容物，pH 值为 1～4，表明针头已准确刺入皱胃内，根据需要可以抽取皱胃内容物进行实验室检验，也可以注入所需药物。之后，立即拔出针头，局部做消毒处理。

四、注意事项

保定要确实，注药前或骚动后一定要鉴定针头确实在皱胃内，方可再注入药物。

技能八　乳房注入

★理论知识

乳房注入用于治疗奶牛、奶山羊的乳房炎，或通过导乳管送入空气，治疗奶牛生产瘫痪。

★技能操作

一、材料与设备

导乳管(或尖端磨得光滑钝圆的针头)，50～100mL 注射器或输液瓶，乳房送风器及药品。

二、操作内容与方法

(1)将动物站立保定。挤净乳汁，清洗乳房并拭干，用70%酒精消毒乳头。

(2)用左手将乳头握于掌内，轻轻向下拉，右手持消毒的导乳管，自乳头口徐徐插入。

(3)再以左手把握乳头及导乳管，右手持注射器与导乳管连接(或将输液瓶的乳胶导管与导乳管连接)，然后徐徐注入药液。

(4)注射完毕，拔出导乳管，以左手拇指与食指捏闭乳头开口，防止药液外流。右手按摩乳房，促进药液充分扩散。

(5)如治疗产后瘫痪需要送风时，可使用乳房送风器(或100mL注射器或消毒后手用打气筒)。送风之前，在金属滤过筒内，放置灭菌纱布，滤过空气，防止感染。先将乳房送风器与导乳管连接(或100mL注射器接合端垫2层灭菌纱布与导乳管连接)。4个乳头分别充满空气，充气量以乳房的皮肤紧张、乳腺基部的边缘清楚变厚、轻敲乳房发出鼓音为标准。充气后，可用手指轻轻捻转乳头肌，并结系一条纱布，防止空气溢出，经1h后解除。

(6)如为了洗涤乳房注入药液时，将洗涤药剂注入后，随后即可挤出，反复数次，直至挤出液体透明为止，最后注入抗生素溶液(图17-13)。

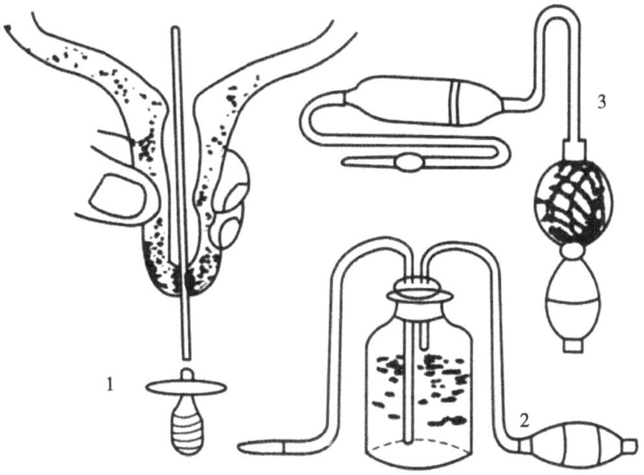

图17-13　乳房注入法

1-插入乳导管　2-注药瓶　3-乳房送风器

(引自沈永恕，兽医临床诊疗技术，2006)

三、注意事项

(1)导乳管前端在使用前必须涂布经过消毒的润滑油。若使用针头，尖端一定要磨光滑，防止损伤乳头管黏膜。

(2)送风时要遵守无菌操作规程，以防感染，特别使用注射器送风时更应注意。

(3)注射前挤净乳汁，注射后要充分按摩，注药期间不要挤乳。

(4)注入药液一般以抗生素溶液为主，洗涤药液可用0.1%雷夫奴尔溶液、生理盐水及低浓度青霉素溶液。

＊项目小结

注射法是防治畜禽疾病时常用的给药方法。与其他给药方法相比，具有操作简便、用药准确、疗效迅速、节省药物等特点，在兽医临床上得到广泛的应用。本项目介绍临床比较常用的注射方法如皮下注射、肌肉注射、静脉注射、腹腔注射，以及特殊的注射方法如气管、瓣胃、皱胃、乳房内注射等。

＊目标检测题

一、选择题

1. 不得用于皮下注射的药物是(　　)。

A. 疫苗　　B. 血清　　C. 伊维菌素　　D. 0.9%氯化钠　　E. 10%氯化钙

2. 在处方中经常使用 im、iv、ih 其分别表示(　　)。

A. 肌肉注射、静脉注射、腹腔注射　　B. 肌肉注射、静脉注射、皮下注射

C. 静脉注射、肌肉注射、腹腔注射　　D. 皮下注射、静脉注射、肌肉注射

E. 皮下注射、静脉注射、腹腔注射

3. 犬常用的静脉注射部位是(　　)。

A. 颈静脉　　B. 耳静脉　　C. 前腔静脉　　D. 股内侧静脉　　E. 桡静脉

4. 关于动物肌肉注射给药，叙述错误的是(　　)。

A. 用于注射刺激性较强或难以吸收的药物

B. 用于不宜或不能作静脉注射，要求比皮下注射更迅速发生疗效者

C. 注射药物种类较多，不能全部进行静脉注射者

D. 其中以颈部和臀部肌肉为最常用

E. 氯化钙由于刺激性强，不宜静脉注射，可进行肌肉注射

5. 皮下注射时药物吸收(　　)。

A. 较快　　B. 较慢　　C. 较完全　　D. 较好

6. 猪的静脉注射常用(　　)。

A. 耳静脉　　B. 颈静脉　　C. 后腔静脉

D. 前腔静脉　　E. 尾部静脉

7. 需要长期反复多次作静脉注射时，选择注射部位应(　　)。

A. 由前到后　　B. 由上到下　　C. 由小到大

D. 由远端到近端　　E. 由近端到远端

8. 给小猪腹腔注射时，宜采用(　　)。

A. 侧卧保定　　B. 仰卧保定　　C. 站立保定

D. 后肢倒提保定　　E. 绳套保定

二、简答题

1. 怎样确定猪、牛、马的肌肉注射部位？操作时应注意哪些事项？
2. 静脉注射的适用范围有哪些？操作时应注意哪些事项？
3. 简述腹腔注射、气管注射、瓣胃注射、乳房注射的操作方法及注意事项。

项目十八 常用穿刺技术

【知识目标】

掌握各种常用穿刺技术。

【技能目标】

1. 能进行瘤胃穿刺和马(骡)盲肠穿刺。
2. 能进行胸腔穿刺。

技能一　瘤胃穿刺

＊理论知识

瘤胃穿刺的应用范围：①牛、羊瘤胃急性臌气时的急救排气；②向瘤胃内注入药液进行治疗；③采取瘤胃内容物。

＊技能操作

一、材料与设备

大套管针或注射针头，羊可用较长的肌肉注射用针头；外科刀与缝合器材等。

二、穿刺部位

左侧肷窝部，由髋结节向最后肋骨所引水平线的中点，牛距腰椎横突下方 10～12cm，羊距腰椎横突下方 3～5cm。也可选在瘤胃隆起最高点穿刺。

三、操作内容与方法

牛、羊站立保定，术部剪毛、消毒。在术部切一小口(羊一般不切口)，左手将局部皮肤向上提起，右手持套管针向对侧肘头方向刺入 10～14cm 深，然后固定套管，拔出针芯，缓慢排出气体。如放气过程中，套管堵塞，可插入内针疏通。气体排除后，为防止复发，可经套管向瘤胃内注入防腐制酵药。操作完毕后，插入针芯，同时压住针孔皮肤，再拔出套管针，局部涂以碘酊处理，如图 18-1 所示。

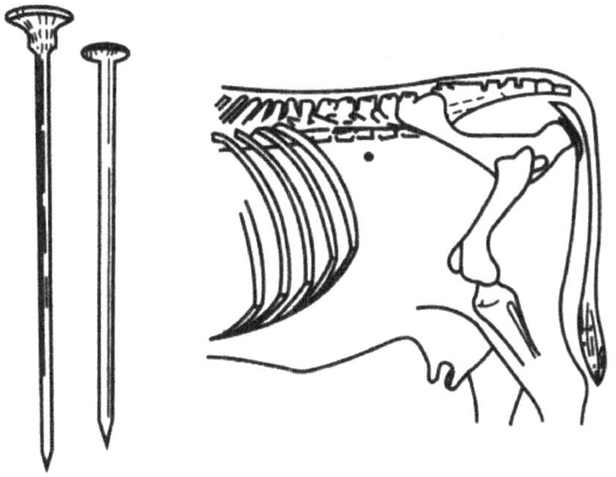

图 18-1　牛瘤胃穿刺部位和套管针

在紧急情况下，无套管针或注射针头时，可就地取材，如取竹管、鹅翎或静脉注射针头等进行穿刺，以挽救病畜生命，然后再采取抗感染措施。

四、注意事项

(1)放气速度不宜过快，应间歇性放气，以防止发生急性脑缺血性休克，同时注意观察病畜的表现。

(2)根据病情，为了防止臌气继续发展，避免重复穿刺，可将套管针固定，留置一定时间后再拔出。

(3)穿刺和放气时，应注意防止针孔局部感染。因为放气后期往往伴有泡沫样内容物流出，污染套管针口周围并易流进腹腔，从而继发腹膜炎。

(4)经套管针注入药液时，注药前一定要确切判定套管针仍在瘤胃内后，才可实施药液注入。

(5)需要拔出套管时，应先插回针芯或用手指压住针孔，并向下压迫套管周围的皮肤，再拔出套管针或注射针。

技能二　腹膜腔穿刺

★理论知识

腹膜腔穿刺的应用范围：①用于原因不明的腹水，穿刺抽液检查积液的性质以协助明确病因；②采集腹腔积液，以帮助对胃肠破裂、膀胱破裂、肠变位、内脏出血、腹膜炎等疾病进行鉴别诊断；③排出腹腔的积液进行治疗；④腹腔内给药或洗涤腹腔。

＊技能操作

一、材料与设备

腹腔穿刺套管针或 16 号静脉注射针头。

二、穿刺部位

牛、羊在脐与膝关节连线的中点；马在剑状软骨突起后 10～15cm，白线两侧 2～3cm 处；犬在脐至耻骨前缘的连线中央，白线两侧。

三、操作内容与方法

大动物采取站立保定，小动物采取平卧位或侧卧位保定，术部剪毛消毒。术者左手固定穿刺部位的皮肤并稍向一侧移动，右手控制套管针或针头的深度，垂直刺入腹壁 3～4cm，待抵抗感消失时，表示已穿过腹壁层，即可回抽注射器，抽出腹水放入备好的试管中送检。如需要大量放液，可接一橡皮管，将腹水注入容器，以备定量和检查。橡皮管可夹一输液夹以调整放液速度。小动物可采用注射器抽出。放液后拔出穿刺针，用无菌棉球压迫针孔片刻，覆盖无菌纱布，用胶布固定。

洗涤腹腔时，马属动物在左侧肷窝中央；牛、鹿在右侧肷窝中央；小动物在肷窝或两侧后腹部。右手持针头垂直刺入腹腔，连接输液瓶胶管或注射器；注入药液，再由穿刺部排出，如此反复冲洗 2～3 次。

四、注意事项

(1)确实保定动物，注意人、畜安全。

(2)术者用手恰当控制穿刺针刺入深度，不宜过深，以免刺伤肠管。

(3)抽、放腹水引流不畅时，可将穿刺针稍做移动或稍变动体位，抽、放液体速度不可过快。

(4)用于腹腔冲洗或向腹腔内注入的药液应加温至接近动物体温。

(5)穿刺过程中应注意动物的反应，观察呼吸、脉搏和黏膜颜色的变化，发现有特殊变化时应停止操作，并进行适当处理。

技能三　关节穿刺

＊理论知识

关节穿刺的应用范围：用于诊断和治疗关节疾病，如采取关节液检验，排除积液，注入药液或冲洗关节腔等。

＊技能操作

一、材料与设备

5～10mL 注射器，针头，3%～5%碘酊，75%酒精，剪毛剪等。

二、穿刺部位

临床穿刺的关节主要有系关节(球关节)、腕关节、跗关节等。

三、操作内容与方法

站立或横卧保定，术部剪毛消毒。

系关节(球关节)穿刺：在掌(跖)骨、系韧带和近籽骨上缘所形成的凹陷内，针头与掌骨侧面成45°由上向下刺入3～4cm，完毕即拔出针头，局部用碘酊消毒。

腕关节(腕桡关节)穿刺：在关节外侧的前界为桡骨，后界为腕外屈肌腱，下界为副腕骨上缘的三角形凹陷中，针头向副腕骨上方，由前内方向桡骨刺入2.5～3cm。也可在屈曲腕关节情况下，由前方刺入腕桡关节和腕间关节。

跗关节(胫距关节)穿刺：在骨膜盲囊以前内方或后内方施行，前内方在关节的屈面、胫骨内髁的前下方凹陷内，针头水平刺入1.5～3cm，穿刺完后术部碘酊消毒。

四、注意事项

(1)穿刺器械及手术操作均需严格消毒，以防关节腔继发感染。

(2)穿刺前，必须了解所要穿刺关节的形态、构造，以免损伤其他组织(血管、神经或韧带)。

(3)当针头正确刺入关节腔时，可见有液体流出，如无液体流出可压迫关节囊或用注射器抽吸，但不可过深地刺入关节腔内，以防损伤关节软骨。

技能四 胸腔穿刺

＊理论知识

胸腔穿刺的应用范围：用于排出胸腔的积液、血液，或注入药液及冲洗治疗；也可用于检查胸腔有无积液，或采集胸腔积液，以鉴别其性质，帮助诊断。

＊技能操作

一、材料与设备

套管针或16～18号长针头；胸腔洗涤剂，如0.1%雷夫奴尔溶液、0.1%高锰酸钾溶液、生理盐水(加热至与体温等温)等。

二、穿刺部位

牛、羊、马在右侧第6肋间或左侧第7肋间，猪、犬在右侧第7肋间，与肩关节水平线交点下方2～3cm处，胸外静脉上方约2cm处。

三、操作内容与方法

大动物站立保定，犬、猫侧卧保定或取犬坐姿势，术部按常规剪毛、消毒，犬、猫先用盐酸普鲁卡因局部浸润麻醉。术者一手将术部皮肤稍向前移动，一手持适当大小的灭菌套管针(如无套管针，可用12～14号注射针头代替，针柄连接一小段胶管，接上注射器，防止空气进入胸腔)，沿肋骨前缘垂直刺入。刺入深度，大动物2～4cm，小动物1～2cm，当感觉阻力突然消失时，即表示刺入胸腔。拔出套管针芯，或用与胶管连接的注射器抽取胸腔积液。穿刺采样或排液(气)完毕后应立即插回套管针针芯，然后一手紧压术部皮肤，一手拔出穿刺针，术部消毒。

四、注意事项

(1)穿刺或排液过程中，应注意无菌操作，并防止空气进入胸腔。
(2)排出积液和注入洗涤剂时应缓慢进行，同时注意观察病畜有无异常表现。
(3)穿刺时必须注意并防止损伤肋间血管与神经。
(4)套管针刺入时，应以手指控制套管针的刺入深度，以防刺入过深损伤心、肺。
(5)穿刺过程中遇有出血时，应充分止血，改变位置再行穿刺。
(6)进行药物治疗时，可在抽液完毕后，将药物经穿刺针注入。

技能五　脓肿穿刺

＊理论知识

脓肿穿刺的应用范围：主要用于脓肿的诊断和脓汁的清除。

＊技能操作

一、材料与设备

75％酒精，3％～5％碘酊，注射器及相应针头，消毒药棉等。

二、穿刺部位

一般在肿胀部位下方或触诊松软部。

三、操作内容与方法

常规消毒术部。左手固定患处，右手持注射器使针头直接穿入患处，然后抽动注射器内芯，将病理产物吸入注射器内。也可由一助手固定患部，术者将针头穿刺到患处后，左手将注射器固定，右手抽动注射器内芯。

四、注意事项

(1)穿刺部位必须固定确实，以免术中骚动或伤及其他组织。

(2)在穿刺前需制订穿刺后的治疗处理方案，如脓肿的清创。

(3)要注意脓肿与血肿、淋巴外渗穿刺液的鉴别诊断：脓肿穿刺液为脓汁；血肿穿刺液为稀薄的血液；淋巴外渗液为透明的橙红色液体。必须在确定穿刺液的性质后，再采取相应措施(如手术切开等)，避免因诊断不明而采取不当措施。

技能六　颈椎及腰椎穿刺

＊理论知识

颈椎及腰椎穿刺的应用范围：①采取脑脊髓液做理化检验和病理检查；②测定颅内压或排除脑脊髓腔内积液来降低颅内压；③向脊髓腔内注入药液，进行特殊的治疗。

＊技能操作

一、材料与设备

脑脊髓穿刺针(配以针芯的长的封闭针头)，灭菌试管等。

二、穿刺部位

颈椎穿刺在后头骨与第 1 颈椎或第 1、第 2 颈椎之间的脊上孔。腰椎穿刺在腰荐十字部，最后腰椎棘突与第 1 荐椎棘突之间的凹陷处。各种动物的穿刺部位基本相同，如图 18-2、图 18-3 所示。

三、操作内容与方法

大动物站立保定，确实保定后躯，防止跳动；小动物横卧保定，并使其腰部稍向腹侧弯曲。颈椎穿刺时，应尽量使其头部向前下方屈曲，以充分暴露术部。

术部剪毛、消毒后，用拇指和中指握住针头，食指压住针尾，对准术部，按垂直方向缓缓刺入，待针穿通棘间韧带及硬膜进入脊髓腔时，手感阻力突然消失(如同穿透牛皮纸样的感觉)，拔出针芯，脑脊液流出。穿刺完毕，插入针芯并用酒精棉压住穿刺孔周围的皮肤，然后拔出穿刺针，术部涂以碘酊。

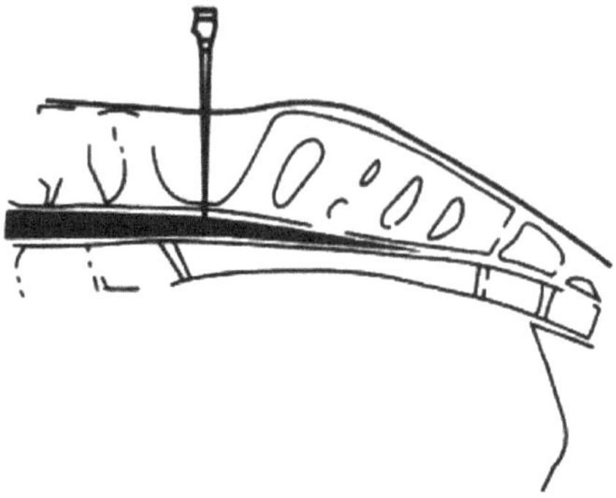

图 18-2　腰椎穿刺位置示意

图 18-3　颈椎穿刺位置示意

四、注意事项

(1)确实保定动物。穿刺过程中，如遇动物骚动不安时，应暂缓进针。

(2)操作中所用器械均要经过严格消毒，以免感染。

(3)穿刺不宜过深并切忌捻转穿刺针，以免损伤脊髓组织。

(4)对颅内压增高的病畜，排液速度不宜过快，排液量不宜过多，以免因椎管内压力骤减而发生脑疝。

技能七　喉囊穿刺

＊理论知识

喉囊穿刺的应用范围：采取喉囊内积液供作进一步检验；排除喉囊内蓄脓并进行冲洗治疗。

＊技能操作

一、材料与设备

穿刺针或长的针头。

二、穿刺部位

喉囊穿刺点在第 1 颈椎横突中央向前移一指处，触诊该部有波动感。

三、操作内容与方法

马、骡站立保定，使其头部向前下方伸展。术部剪毛、消毒后，术者持针头先垂直刺穿术部皮肤，再转向对侧眼角的方向，缓缓刺入喉囊内，然后固定好针头，连接注射器，吸出其内液体。如果喉囊蓄脓，在排出脓汁后，进行冲洗，再注入所需药液。术后涂以碘酊消毒。

四、注意事项

(1)将动物确实保定，防止其骚动。

(2)穿刺过程中，如穿刺针孔被堵塞，应先疏通针孔，再抽液。

技能八　马、骡盲肠穿刺

＊理论知识

马、骡盲肠穿刺的应用范围：马、骡急性盲肠臌气时急救放气和向肠腔内注入防腐制酵药液，用于治疗马、骡肠臌胀。

＊技能操作

一、材料与设备

肠管穿刺套管针或16～18号静脉注射针头，长的封闭针头。

二、穿刺部位

盲肠穿刺点在右肷窝的中心处，即距腰椎横突7～9cm处，或选在右肷窝最明显的臌胀处。若在右侧大结肠臌气，结肠穿刺点在左侧腹壁臌胀最明显处。马盲肠穿刺部位如图18-4所示。

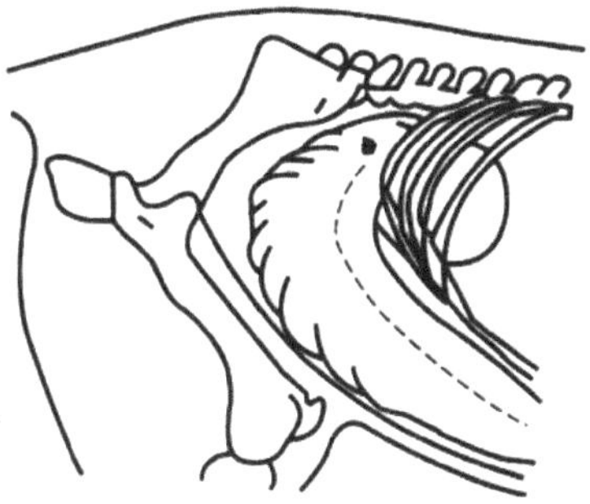

图 18-4　马盲肠穿刺部位

三、操作内容与方法

马骡站立保定，穿刺部位剪毛消毒。盲肠穿刺时，可将皮肤纵向切开0.5～1.0cm的小口，若用封闭针头时，则不用切口；右手持肠管穿刺套管针(或封闭针头)，由后方向前下方，对准对侧肘头迅速穿透腹壁刺入盲肠内，深6～10cm。然后左手固定套管，拔出针芯，气体即可自行排出。在排气之后，为了制止肠内继续发酵产气可经套管向肠腔内注入防腐制酵剂。拔出套管前，应将针芯插入套管内，同时用左手紧压术部皮肤，使腹膜紧贴肠壁，然后将套管针拔出。术部涂以碘酊，并用火棉胶绷带覆盖(术部切口时)。

有些时候，当马骡左侧大结肠臌气极其明显时，也可进行结肠穿刺排气。结肠穿刺时，可用封闭针头或16号长针头，垂直于腹部臌气最明显处刺入，深达3～5cm即可。

四、注意事项

同瘤胃穿刺术。

＊项目小结

穿刺技术是兽医临床上比较常用的一项诊疗技术，对辅助诊断或局部治疗具有重要意义，是临床兽医应该熟练掌握的一项基本技术。通过穿刺不仅可以获取病畜体内特定的病理材料，以供实验室检查，为疾病的确诊提供有力证据；而且也可以对某些因急性肠、胃臌气导致的危急病例，通过穿刺放气，迅速缓解症状，为进一步诊断及治疗提供条件。本项目介绍了瘤胃、腹膜腔、胸腔、关节、颈椎及腰椎、喉囊、马和骡盲肠、脓肿等穿刺技术，从应用范围、穿刺部位、操作方法、注意事项等方面进行了详细的介绍。

＊目标检测题

1. 怎样确定瘤胃穿刺的部位？穿刺有何临床意义？穿刺时应注意哪些事项？
2. 如何确定腹腔穿刺的部位？穿刺有何临床意义？穿刺时应注意什么？
3. 简述胸腔穿刺、关节穿刺、脓肿穿刺等的操作方法及注意事项。

项目十九
输液疗法

【知识目标】

掌握输液疗法。

【技能目标】

能够熟练进行输液治疗。

技能一　水盐代谢紊乱及处理

*理论知识

脱水及电解质代谢紊乱是临床上常见的病理状态，许多疾病伴有脱水及电解质代谢紊乱；及时、恰当的液体疗法是救治危症病畜有效的治疗手段。认识和诊断脱水的目的，在于补充已丢失的水分和电解质，调整血液电解质和渗透压，以恢复脱水动物的水、盐代谢功能。

一、水和钠代谢紊乱

脱水是临床上最常见的水代谢紊乱，常与缺钠同时存在。由于缺水与缺钠可能有所偏重，故脱水可分为以下三种。

(一)等渗性脱水(急性缺水或混合性缺水)

1. 特点

丢失的水和钠比例相当，细胞外液渗透压保持正常。

2. 原因

在腹泻、呕吐、肠变位、急性肠梗阻、弥漫性腹膜炎以及大出汗后饮水不足等情况下，大量消化液急性丧失，使病畜体液在短期内大量丢失。其特点是缺水和缺钠接近体液中水与钠的正常比例。

3. 诊断要点

临床表现尿少、乏力、眼球下陷和皮肤干燥，但无口渴。较重的病畜表现脉搏加速，血压下降，并常伴有代谢性酸中毒。

(二)低渗性脱水

1. 特点

缺钠大于缺水。按缺钠程度可分为轻度、中度和重度三种情况。

2. 原因

大量失血、出汗、呕吐和腹泻引起体液丢失以及长期使用利尿剂，抑制肾小管对钠的重吸收，导致大量钠自尿中丢失。

3. 诊断要点

(1)轻度缺钠　临床表现为精神沉郁，食欲减少，四肢无力。病畜每千克体重缺钠为0.25～0.5g。

(2)中度缺钠　临床表现血压下降，全身症状明显，症状除上述表现外尚有恶心、呕吐、脉搏加速、尿少。病畜每千克体重缺钠为0.6～0.75g。

(3)重度缺钠　常有昏睡或处于昏迷状态，并可有休克。病畜每千克体重缺钠量为0.75～1.25g。

根据病史，结合临床症状和实验室检查可以诊断，初期测定血清钠接近正常，后期测定血清钠可见下降。

(三)高渗性脱水

1. 特点

缺水大于缺钠。

2. 原因

水摄入不足，可见于给水不足、饮食欲减少或废绝、昏迷、口腔或咽喉炎症、食管炎症、肿瘤或阻塞等病症。排尿量过多，可见于中暑、各种原因引起的皮肤大量流汗、高温或大剂量使用利尿剂等。

3. 诊断要点

(1)轻度脱水　缺水量为体重的2%～4%，其主要症状为口渴，精神沉郁，尿量减少，血色稍暗。

(2)中度脱水　缺水量为体重的4%～6%，其主要症状除口渴、舌干、乏力外，尿量减少极为明显，血液黏稠、色暗，脉搏增速。

(3)重度脱水　缺水量大于体重的6%，病畜除有上述症状外，大多有血压下降和神志障碍，可视黏膜发绀，高度口渴，眼球凹陷，耳、鼻端发凉。心音及脉搏均减弱，脉搏不易用手感知，有时出现神经症状。

二、钾代谢紊乱

钾能维持细胞新陈代谢，调节体液的渗透压和酸碱平衡，并保持细胞的应激功能。机体每天钾的摄入均从饮食中获得，由小肠吸收。钾的排出主要由肾调节，尿中每天排钾约为摄入量的 90%，其余 10%在粪便中排出。

(一)低钾血症

1. 原因

(1)长期钾摄入不足　常见于术后长期禁食或食欲不振的病畜或长期饲喂含钾少的饲料。

(2)钾的排出增加　常见于严重腹泻、呕吐，长期应用肾上腺皮质激素、创伤和大面积烧伤等及病畜应用利尿药物。

2. 诊断要点

(1)病畜有上述可能引起缺钾的原因。

(2)病畜有厌食、恶心、呕吐和腹胀(肠蠕动明显减弱)、肌肉无力、腱反射减退、血压降低、嗜睡等症状。

(3)血清钾测得值明显降低。

(4)心电图有典型的低钾血症表现，T 波降低、双相或倒置，ST 段压低或 U 波出现。

(二)高钾血症

1. 原因

口服或静脉输入氯化钾过多，酸中毒以及大面积软组织挤压伤、重度烧伤或其他有严重组织破坏致使大量细胞内钾能短期内移至细胞外液的创伤，或急性或慢性肾功能衰竭而使肾脏排钾减少。

2. 诊断要点

(1)病畜有上述可能引起血钾过高的原因。

(2)病畜有软弱无力、虚弱和血压降低等症状，严重者出现呼吸困难，心搏动骤停，以至突然死亡。

(3)血清钾测得值明显升高。

(4)心电图有典型的高钾血症表现，T 波高而尖，QT 时间延长，以后 QRS 时间也延长。

*技能操作

一、水和钠代谢紊乱的处理

(一)等渗性脱水(急性缺水或混合性缺水)的处理

此类脱水补液以补充复方氯化钠液或 5%葡萄糖生理盐水为宜，也可将生理盐水与 5%葡萄糖按 1∶1 比例输入。

(二)低渗性脱水的处理

对低渗性脱水，应以补充盐类为主，盐和水的比例为 2∶1(即 2 份生理盐水，1 份 5%葡萄糖液)。

(三)高渗性脱水的处理

高渗性脱水应以补水为主，盐和水的比例为1∶2(即1份生理盐水，2份5%葡萄糖液)。

二、钾代谢紊乱的处理

(一)低钾血症的处理

迅速查出缺钾原因，进行病因治疗，同时迅速补充氯化钾。

注意事项：①补氯化钾时，如病畜能口服则不予静脉输液，需静脉输液的，应以10%氯化钾溶液稀释后经静脉缓慢滴入，其浓度不应大于3mg/mL，严格控制滴速，绝对禁止以氯化钾在静脉内直接推注，以免血钾突然增高导致严重心律不齐和停搏。②补钾时须注意尿量的变化，尿少时补钾将使钾积滞体内，引起高钾血症。③应同时纠正可能存在的酸中毒。

(二)高钾血症的处理

迅速查出原因，进行对因治疗。具体措施如下：

(1)应停给一切含钾的溶液或药物；静脉输入5%碳酸氢钠溶液以降低血钾并同时纠正可能存在的酸中毒。

(2)给予高渗葡萄糖和胰岛素，使血钾浓度暂时降低。一般用25%的葡萄糖液200mL，以(3～4)(g)∶1(单位)的比例加入胰岛素，静脉滴入，可每3～4h重复1次。

(3)给予10%葡萄糖酸钙溶液以对抗高钾血症引起的心律失常，需要时可重复使用。

技能二　酸碱平衡紊乱及纠正

＊理论知识

各种疾病可以引起代谢性酸、碱中毒和呼吸性酸、碱中毒四种原发性的酸碱平衡失调；在复杂的疾病情况下，还可引起两种或两种以上原发性酸碱失衡，同时存在混合性酸碱平衡失调。

一、代谢性酸中毒

1. 原因

(1)病畜长期禁食、脂肪分解过多，并有酮体积聚，均可消耗HCO_3^-；急性肾功能减退，H^+排出有障碍，机体内H^+增加。

(2)严重腹泻病畜、患吞咽障碍的病畜，由于大量消化液丧失，带走大量HCO_3^-，病畜脱水后可引起酸性产物积聚。

(3)严重感染、大面积创伤或烧伤、大手术，休克、机械性肠阻塞等，由于组织缺血缺氧，糖代谢不全，产生丙酮酸、乳酸等中间产物，导致酸中毒。

(4)酮病、骨软症、佝偻病等，当营养中的磷过多时，血液中的H_3PO_4含量增多，HCO_3^-含量减少，而导致血液酸中毒。

2. 诊断要点

临床有上述可以引起酸中毒的原因存在。症状表现为病畜呼吸深而快，黏膜发绀，体温升高，出现不同程度的脱水现象，血液浓稠。实验室检查红细胞压积增高，血气分析pH值和HCO_3^-明显下降，二氧化碳结合力(CO_2CP)降低。

二、代谢性碱中毒

1. 原因

(1)治疗中长期投给过量的碱性药物，使血液内的HCO_3^-浓度升高。

(2)牛的许多胃肠疾病(如肠套叠、皱胃扭转或变位、皱胃阻塞等)以及马的继发性胃扩张。

(3)缺钾可导致代谢性碱中毒。

2. 诊断要点

首先是根据有无引起酸碱失衡情况的原因存在；临床表现则为呼吸浅而慢，并可有嗜睡甚至昏迷等神志障碍；实验室检查，血pH值、HCO_3^-和CO_2CP均升高。

三、呼吸性酸中毒

1. 原因

当病畜通气功能减弱，体内生成的CO_2不能充分排出时，则CO_2分压增高，引起呼吸性酸中毒。

2. 诊断要点

病畜有上述各种原因引起的通气减弱情况存在；临床上有呼吸困难和气促、紫绀等症状，甚至有昏迷等神志障碍；血气分析显示血pH值明显下降，CO_2分压增高，而HCO_3^-正常或增加，CO_2CP增高。

四、呼吸性碱中毒

1. 原因

当病畜肺泡通气过度，体内生成的CO_2排出过量，则CO_2分压降低，引起呼吸性碱中毒。

2. 诊断要点

有上述各种原因引起的通气过度情况存在；症状为四肢麻木，肌肉震颤，四肢抽搐，心率过快；血气分析显示血pH值增高，CO_2分压和CO_2CP降低。

＊技能操作

一、代谢性酸中毒的纠正

在针对病因治疗并处理水、电解质失衡的同时，应用碱剂(最常用的是碳酸氢钠)治疗。具体用法，可以 HCO_3^- 测得值计算碳酸氢钠用量。

HCO_3^- 需要量(mmol)＝(HCO_3^- 正常值－HCO_3^- 测得值)(mmol/L)×体重(kg)×0.4

或以 CO_2CP 测得值计算碳酸氢钠用量

5%碳酸氢钠需要量(mL)＝(CO_2CP 正常值－CO_2CP 测得值)×0.449×体重(kg)×0.6

二、代谢性碱中毒的纠正

在对因治疗的同时，治疗血氯过低并予以补钾，因这类病畜多半同时有低氯低钾情况，而补钾有助于碱中毒的纠正。一般轻度代谢性碱中毒呕吐不剧烈的，只需静脉滴注等渗盐水即可；重度代谢性碱中毒，可用 2%氯化铵溶液加入 5%葡萄糖等渗盐水中，由静脉内缓慢滴注。

三、呼吸性酸中毒的纠正

首先应致力于改善病畜的通气功能，可考虑气管切开，气管内插管；同时要控制肺部感染，扩张小支气管，促进痰液排出。

四、呼吸性碱中毒的纠正

积极处理原发病，减少 CO_2的呼出，吸入含 5%CO_2的氧，补给钙剂。

【链接】输液原则

(1)输液量和输液成分的确定，在很大程度上是推算出来的，所以输液过程中应不断地监视临床症状，定期检查尿量、尿比重及血液等，至少每天一次评价液体治疗的效果，随着症状的变化，相应修正输液方案。治疗性诊断时，临床表现的意义比实验室检查更为重要，尤其是纠正酸碱中毒和补钾时，为了慎重起见，先投予半量，注意观察疗效如何，然后再决定是否投予剩余量；钾的补充还应注意是否尿畅和肾功能正常，否则不能补钾。

(2)体液紊乱常为其他疾病的继发表现。在治疗程序上应首先迅速纠正血容量不足，维持有效的循环血量，然后纠正体液电解质和酸碱平衡失调，一并治疗原发病。多数情况下，添加维生素、保肝药、抗生素是有益的。

(3)慢性脱水治疗应注意记录尿量和尿比重。

①对 30kg 重的病犬，每天输入 0.5L 平衡盐溶液(林格氏液)或 1L 0.45%氯化钠溶液，此外要输入足量的 5%葡萄糖溶液。

②如果 1d 内数次测定尿比重均增高，则表明输入的 5%葡萄糖量不足，应该加量。尿比重减低或尿量超过估计量时，则应减少 5%葡萄糖的输入量。

③维持治疗超过 5d 仍不食的患犬，适当补充镁和磷。

(4)输液疗法中的能量补充，以每日 29.3J/kg 体重供给，可防止机体蛋白的分解代谢；以每日 10.5J/kg 体重供给，能防止蛋白和脂肪的分解代谢。5%葡萄糖每毫升能供给 0.8J 能量，大量输入葡萄糖溶液时，应适当初充维生素 B_1，以促进糖代谢。

(5)输液速度　当心脏功能正常时，静脉输入等渗溶液的最大速度为每小时 88mL/kg 体重，初生仔犬为每小时 4mL/kg 体重，同时注意观察尿量的变化。通常，静脉输液速度以每小时 10～16mL/kg 体重为宜。

(6)输液途径　当脱水程度为8%以下时，宜于皮下输液；脱水程度为8%以上时，可1/3量静脉输液，剩余量同时皮下输液或间隔8h皮下输液，这对仔犬、幼犬尤为适用。皮下输液可用等渗或低渗溶液，但不能单纯输入葡萄糖溶液。皮下输液要避开四肢，以背上部最适宜。

此外，尚可腹腔内输液，且较皮下输液吸收快，但要注意注射时不能损伤肠管及腹腔感染。

冬季输液时，溶液应温热到38℃为宜。

*项目小结

水、电解质和酸碱平衡是机体维持内环境稳定所必须具备的条件。机体患有各种急，慢性疾病或经受损伤、手术时，常有水、电解质或酸碱代谢紊乱。输液疗法具有调节体内电解质平衡，补充循环血量，维持血压，中和毒素，补充营养物质等作用，对机体疾病的恢复起重要作用。本项目介绍了等渗性脱水、高渗性脱水、低渗性脱水、钾代谢紊乱、代谢(呼吸)性酸(碱)中毒的原因、诊断要点、处理和纠正方法。

*目标检测题

1. 输液疗法的临床应用有哪些？临床上如何正确选择各种常用输液用的药品？
2. 临床上酸碱平衡紊乱常见类型及其病因有哪些？

项目二十 封闭疗法

【知识目标】

掌握常用封闭疗法。

【技能目标】

能通过封闭疗法治疗相关疾病。

*理论知识

常用的封闭疗法包括病灶周围封闭、盆神经封闭、尾骶封闭、静脉封闭。

(1)病灶周围封闭　用于治疗创伤、溃疡、局部炎症等。

(2)盆神经封闭　将普鲁卡因溶液直接注入骨盆部的结缔组织间隙内，对盆腔器官的急、慢性炎症有较好的治疗作用。尤其用于治疗急性期阴道脱、子宫脱和直肠脱效果较好。

(3)尾骶封闭　将盐酸普鲁卡因溶液直接注入直肠与荐椎之间的尾骶处，通过药物作用于该部位的腰荐神经丛、阴部神经和直肠后神经以治疗盆腔器官的急、慢性炎症。临床上用于子宫脱、阴道脱、直肠脱或上述各器官的急、慢性炎症的治疗及其脱垂时的整复手术。

(4)静脉封闭　将普鲁卡因溶液注入静脉内，使药物作用于血管内壁感受器以达到封闭目的。适用于治疗马急性胃扩张、蹄叶炎、风湿病、牛乳房炎、创伤、烧伤、化脓性炎症和过敏性疾病等。

*技能操作

一、病灶周围封闭

1. 操作方法

将0.25%～0.5%盐酸普鲁卡因溶液分几点注射于病灶周围约2cm处的皮下与肌肉深

部，用药量以能达到浸润麻醉的程度即可，每天或隔天 1 次，马、牛一般用 10～50mL；为提高疗效，药液内可加入 50 万～100 万单位青霉素。

2. 注意事项

对于化脓创，注射点应在距病灶一定距离的健康组织上，防止注射引起病灶扩展。

二、盆神经封闭

1. 操作方法

病畜取站立保定。在第三荐椎棘突(荐椎最高点)顶点，两侧旁 5～8cm 处(大动物)，剪毛、消毒后，用长 12cm 的封闭针垂直刺入皮肤后，以 55°角由外上方向内下方进针，当针尖达荐椎横突边缘后，将针头角度稍加大，针尖向外移，沿荐椎横突侧面穿过荐坐韧带(常有类似刺破硬纸感觉)1～2cm，即达骨盆神经丛附近，0.25%～0.5%盐酸普鲁卡因溶液，按每千克体重 1mL 计算用量，将总量分左、右两侧注射，每隔 2～3d 一次。为了预防感染，可在普鲁卡因溶液中加入青霉素 40 万～80 万单位。

2. 注意事项

注射部位和浓度必须准确，针刺部位过浅未穿透荐坐韧带时，药液必然下沉而波及坐骨大神经，易引起两后肢麻痹；针刺入过深时，可穿透腹膜而进入腹腔，达不到预期治疗效果。

三、尾骶封闭

操作方法：病畜站立保定，将尾部提起。刺入部位在尾根与肛门之间形成的三角区中央(中兽医中的后海穴)。局部消毒后，用长 15～20cm 的针垂直刺入皮下，将针头稍向上翘并与荐椎呈平行方向刺入，先沿正中方向边注边拔针，然后再分别向左右方向各注入一次，使药液成扇形分布。所用药液的量，大动物一般为 0.25%普鲁卡因液 150～200mL，猪、羊为 50～100mL。

四、静脉封闭

1. 操作方法

与一般静脉注射法相同，但注射过程必须缓慢。有些动物于注射后，出现暂时性脉搏加速，呈现兴奋状态，如耳做倾听状、刨地、不安或惊恐等，但经过一段时间后即可消失。多数动物在静脉注射后，表现沉郁，常站立不动，垂头，眼半闭，不久即恢复。一般用 0.1%普鲁卡因生理盐水，中等体型的牛、马每次用量为 100～200mL。

2. 注意事项

静脉注射要缓慢，每分钟 50～60 滴为宜。个别动物可出现呼吸抑制、呕吐、出汗、发绀、瞳孔散大或惊厥等过敏反应。为防止发生反应，可于每 100mL 的 0.1%普鲁卡因溶液中加入 0.1g 维生素 C，如发生反应，可立即皮下注射盐酸麻黄素或静脉注射硫喷妥钠溶液进行救治。

★项目小结

封闭疗法是指应用不同浓度和剂量的普鲁卡因溶液，注射于畜体的一定部位的组织或血管内，可调节神经的兴奋和抑制，减少或消灭致病因子的作用；改变疾病过程中神经的反射兴奋状态，使已经受到刺激的神经恢复其机能，发挥对器官和组织的正常调节作用。本项目介绍了病灶周围、盆神经、尾骶、静脉封闭法的范围、穿刺部位、操作方法、注意事项等。

★目标检测题

简述常见普鲁卡因封闭疗法的原理及临床应用。

项目二十一
氧气疗法

【知识目标】

了解缺氧对机体，特别是大脑的危害。

【技能目标】

能够熟练气管插管法、鼻腔插管法、密闭式呼吸装置等输氧操作。

*理论知识

当犬处于缺氧状态时，在短时间内就会使大脑产生不可恢复的组织病理变化。外科麻醉引起的氧不足，可产生肉眼可见的损害和精神异常。严重缺氧则可危及生命，必须尽快输氧。

氧气疗法常用于：①使用麻醉药过量而引起的呼吸抑制；②呼吸道阻塞所致的呼吸困难；③心力衰竭及各种危症时的抢救。

*技能操作

输氧方法：有气管插管法、鼻腔插管法、密闭式呼吸装置等。

气管内插管时，可用胶管与氧气筒和流量计连接输氧。在危急时刻，可把氧气管直接插入鼻腔达咽喉部进行输氧。输氧应控制其浓度。使用剂量过大可产生毒性作用。在大多数缺氧情况下，输入30％～60％氧浓度即可。但输入纯氧的时间不能超过12h，否则可引起氧中毒或“氧烧伤”，使肺泡膜受刺激和变厚。

输氧的疗效可根据犬的变化来判断。若输氧后，呼吸困难缓解，心率减慢，紫绀减轻，则表示纠正缺氧有效。若呼吸过缓，则应进行辅助呼吸和使用呼吸兴奋剂。

项目二十二
危症急救方法

【知识目标】

了解危急病症发生的原因与处置方法。

【技能目标】

基本掌握休克、心跳停止、肺水肿等常见危急病症的处置方法与操作技术。

⋆理论知识

由于原发性或继发性的原因在短时间内突然陷入病危状态，若不及时采取妥善的处置办法，多以死亡转归。常见的原因如下。

一、休克

1. 概念

休克是急性循环功能不全综合征，常为临床各种严重疾病的并发症。其发生的基本原因是有效循环血量不足，引起组织和器官的微循环灌流不良。

2. 分类

(1)低血容量性休克　体内或血管内大量丢失血液、血浆或体液，引起有效血容量急剧减少所致的血压降低和微循环障碍。

(2)败血性休克　常见于各种休克的后期。主要表现为重度酸中毒、低氧分压、红细胞压积值增高和弥散性血管内凝血。

(3)过敏性休克　主要表现为衰弱，昏睡，速脉和弱脉，血管抵抗降低，血管容积增大 3～4 倍。皮肤呈异常的桃色，皮温增高。

3. 临床表现

四肢厥冷、口腔黏膜苍白或发绀、血压下降、脉搏快而弱、尿量减少或无尿、衰弱、昏睡。

4. 常见病因

出血、脱水、创伤等血液量减少，药物性、中枢性、过敏性的末梢血管抵抗异常，败血症、心源性等。

二、其他原因

(1)交通事故、外伤等造成中枢神经和内脏器官的损伤或骨折、大出血、气胸、血胸等。

(2)原发性心脏疾病，如心肌病、心肌梗塞、二尖瓣闭锁不全，急性瘀血性心功能不全等。

(3)严重的贫血、酸碱平衡失调及电解质紊乱。

(4)气管麻痹、急性肺出血。

(5)急性胰腺炎、胃扩张、胃捻转等急性腹部疾病。

(6)排尿障碍或急性肾功能不全。

(7)烫伤、败血症、中毒、过敏反应。

(8)麻醉及手术失宜等。

(9)心跳停止。

* 技能操作

一、通常抢救处置的顺序

(1)保证呼吸道畅通(拉出舌头、清理呼吸道、气管切开、气管内插管等)。

(2)进行人工呼吸、输氧。

(3)止血、输血、输液，以维持血容量与血压。

(4)外伤的应急处置，使用镇痛剂解除疼痛。

二、心跳停止的抢救

具体实施步骤：

(1)气管插管　开人工气道。使呼气与吸气各占 1∶1 的时间，速度为每分钟 20～40 次呼吸。

(2)胸外按压心脏　使动物仰卧保定，从上部按压胸骨，按压和放松时间各占 2/3 和 1/3，即按压时间为放松时间的 1 倍。每分钟要按压 60 次，按压到助手触摸股动脉出现明显的脉搏为止。

(3)胸外按压心脏无效而心脏尚存在不全收缩时，可心脏内注射 1∶10 000 肾上腺素 0.1～5mL，继续按压。同时静脉点滴加碳酸氢钠的乳酸林格氏液。

(4)心脏内注入肾上腺素无效时，用 10%氯化钙或葡萄糖酸钙注入心脏内，继续按压。如果心搏动恢复，则可静脉点滴异丙肾上腺素，使心搏动维持在每分钟 80～140 次。

(5)如果心脏出现纤颤，有条件的可用除颤器除颤，或反复注射肾上腺素，同时心脏内注射5%的碳酸氢钠。

(6)胸外按压心脏，股动脉仍触不到脉搏，可迅速开胸直接按压心脏。在左侧第6肋间打开胸腔，抓住心脏以每分钟70～90次压迫心脏。

三、休克的抢救

1. 低血容量性休克

脱水、出血、创伤等原因，急救方法如下。

(1)保证呼吸道畅通，必要时输氧，止血处置。

(2)颈静脉装置14～16号针头的输液管，迅速注入乳酸林格氏液90mL/kg体重，同时静脉注射地塞米松0.01mg/kg体重、氯丙嗪0.55mg/kg体重。

(3)放置导尿管，监测尿量。正常尿量为每小时1.1～2.2mL/kg体重。

(4)注意保暖，使体温维持在34.4℃以上。注意观察末梢循环。每隔20～30min监测1次尿量、脉搏、血压、呼吸数、体温等，有条件的可测定红细胞压积、血液pH值、二氧化碳分压和氧分压。

(5)疑似心源性休克时，可考虑使用肾上腺素，以1∶250稀释度静脉输液，使心率维持在80～140次。

(6)重度休克时，可给予碳酸氢钠，每小时2.2 mg/kg体重静脉输入。根据病情反复使用上述药物。

2. 败血性休克

治疗可按上述方法进行，但禁止输血，应注射抗菌作用强的抗生素。若出现弥散性血管内凝血的征候时，可静脉注射肝素1.1mg/kg体重。

3. 过敏性休克

治疗按如下方法进行：

(1)直接静注1∶1000稀释度的盐酸肾上腺素0.5～1.0mL，根据情况，20～30min后可重复使用。

(2)保证呼吸畅通或输氧。

(3)静脉注射苯海拉明(1.1～2.2mg/kg体重)。

(4)按照上述方法处置后，注意观察病犬，若5～10min内征候缓解，则预后良好。

四、肺水肿急救措施

(1)输氧　减少静脉回心血量。

(2)镇静　用盐酸吗啡0.2～0.5mg/kg体重静脉注射、肌肉注射或皮下注射，或乙酰丙嗪0.1～0.5mg/kg体重肌肉注射或皮下注射，或安定5～10mg静脉注射。

(3)改善气体交换　采用40%乙醇溶液喷雾或氨基膘呤6～10mg/kg体重，每隔6h静脉注射、皮下注射或口服。也可气管内吸引或气管内插管加压呼吸。

(4)减少肺毛细血管压　呋喃苯胺酸2～4mg/kg体重，每隔6～8h肌肉注射或静脉注射。出现瘀血性心脏功能不全时注射洋地黄。

(5)大量使用皮质类固醇药物　强的松龙 2mg/kg 体重，每隔 12h 重复使用。

五、头部外伤

(1)镇静　用安定 5～10mg 静脉注射，或苯巴比妥 2.2～4.4mg/kg 体重静脉注射。
(2)低氧血症时，应输氧。
(3)注意止血，防止脑出血。
(4)脑水肿时，用 20%甘露醇或地塞米松每隔 6h 重复注射。
(5)保持周围环境的安静。

项目二十三
安乐死方法

【知识目标】

了解安乐死的临床意义，掌握其原理。

【技能目标】

基本掌握饱和硫酸镁法、戊巴比妥钠法、氯化钾法、一氧化碳法等安乐死的操作技术。

＊理论知识

对无治疗价值或预后不良的严重病畜可采取简便而无痛苦的方法致死，以减少治疗上的消费和人力、物力的不必要消耗。

＊技能操作

其常用的药物和方法有如下几种：

1. 饱和硫酸镁法

硫酸镁的使用浓度约为 400mg/mL，以每千克体重 1mL 的剂量快速静脉注射，可不出现挣扎而迅速死亡。

这是因为镁离子具有抑制中枢神经系统使意识丧失和直接抑制延髓的呼吸及血管运动中枢的作用，同时还有阻断末梢神经与骨骼肌接合部的传导使骨骼肌弛缓的作用。

本品可用作泻剂和寄生虫卵检查的漂浮液，是临床常备药品。

2. 戊巴比妥钠法

以 1.5mg/kg 体重或 75mg/kg 体重的剂量快速静脉注射即可。幼犬静脉注射困难时，可用同等剂量施以腹腔内注射。

本品投予上述剂量，因深麻醉而引起意识丧失，呼吸中枢抑制及呼吸停止，导致心脏马上停止跳动。这期间，犬由兴奋而变为嗜眠、死亡，术者及犬主人无慌张和不快感。

3. 氯化钾法

用10%氯化钾以0.3～0.5mL/kg体重剂量快速静脉注射，即刻死亡。钾离子在血中浓度增高，可导致心动过缓、传导阻滞及心肌收缩力减弱，最后抑制心肌使心脏突然停搏而致死。

4. 一氧化碳法

可用于群体扑杀。把欲扑杀的动物集中到一个房间里，放入一氧化碳使动物窒息死亡。

项目二十四 外科手术基本操作技术

【知识目标】

掌握常用的外科消毒方法与麻醉方法及其注意事项；掌握常用缝合法和止血法；了解绷带和手术后护理。

【技能目标】

1. 熟练常用的麻醉方法的操作。
2. 熟练常用的缝合法和外科打结的操作。
3. 熟练常用的止血法的操作。

技能一 消毒

★理论知识

在兽医临床上应用适宜的化学方法来杀灭微生物或抑制微生物生命活动的措施，称为消毒；而用适宜的物理方法来消灭微生物称为灭菌。广义的消毒实际包括灭菌和消毒。

★技能操作

一、手术器械的消毒与灭菌

1. 器械消毒前的准备

消毒前，应检查所用器械的实用性，以保证刀、剪锋利、转轴灵活，各种钳和镊子闭合紧密、锁扣开闭可靠，对需消毒的器械洗涤干净，用纱布擦拭干净，再用纱布包好刀刃，缝合针及注射针头应穿在纱布上，或用纱布包好，以备消毒。

2. 手术器械消毒灭菌方法

外科常用的消毒灭菌的方法有高温灭菌法和化学消毒法，高温灭菌法分为煮沸灭菌法、高压蒸汽灭菌法和火焰灭菌法，化学消毒法是使用化学药品进行消毒。

(1)煮沸灭菌法　先在煮沸灭菌器内的器械盘上铺好纱布，按顺序放入器械，其上再覆盖一块纱布，然后再把镊子或器械钳子放入，最后加水至淹没全部器械，加热煮沸后维持 30min。灭菌完毕待冷却后打开锅盖，用镊子或器械钳子取出覆盖的纱布铺在消毒过的器械盘内，再取出器械依次摆在该盘内，将锅内盘底的纱布取出盖在器械上面(图 24-1)。

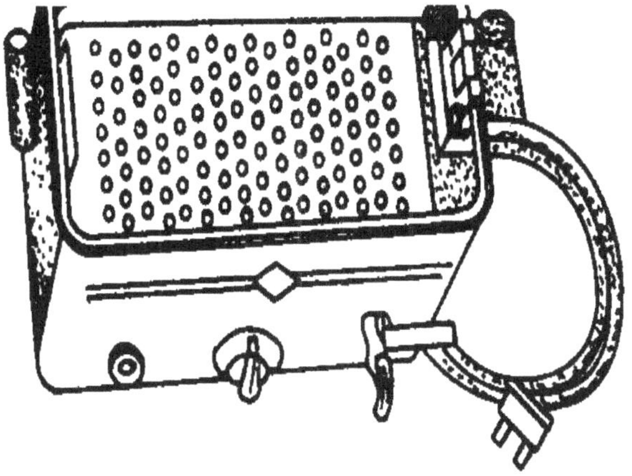

图 24-1　电热煮沸消毒器

(2)高压蒸汽灭菌法　将准备好的手术器械用消毒巾包好，放入高压灭菌器的盛物桶内，按规定加入清水，再盖好上盖，旋紧螺丝，加热至 121.3℃，维持 30min。然后停止加热，待气压下降后，开启上盖，取出灭菌物品备用。这种方法需要的条件比煮沸消毒法要高，容易操作，是条件较好的动物医院常用的消毒方法。

(3)火焰灭菌法　主要用于搪瓷盘的灭菌。将搪瓷盘擦净后，倒入适量 95%酒精，点燃后转动使其均匀燃烧即可。

(4)化学消毒法　将擦拭干净的手术器械放于 0.1%新洁尔灭或 1%～2%煤酚皂或 10%甲醛等溶液中，浸泡 30min 即可。使用前必须用灭菌生理盐水冲洗一次。

二、敷料及其他物品的消毒灭菌

1. 敷料的制备与消毒灭菌

(1)棉球　把医用脱脂棉展开，将其一片撕成 3～4cm^2 的小块，团揉成球或逐个塞入拳内压紧成球后，放入广口瓶或搪瓷缸内，倒入 2%～5%碘酊溶液或 75%酒精中，即分别成为碘酊棉球和酒精棉球。也可用医用棉签代替棉球，使用时把棉签插入 2%～5%碘酊溶液或 75%酒精中即可。

(2)纱布棉垫　用一层纱布铺平，放上一层脱脂棉，再覆盖一层纱布压平，制成适当大小并重叠在一起，用纸包好或放入贮槽内。

(3)止血纱布　大的 40cm×40cm，小的 15cm×20cm，折叠起来用纸包好放入贮槽内。

(4)创巾(手术巾或创布)　即用白色或淡蓝色布制成的大于手术区域的棉布块，中间开以适当长度的窗洞，主要用于隔离术部。将装有敷料的贮槽，打开周围及底部窗孔，放入高压灭菌器内灭菌。灭菌结束，取出贮槽及时关闭所有窗孔，保存备用。

2. 注射器的灭菌

常用煮沸灭菌法，灭菌前，应注意检查针筒与活塞是否已经拧松，再分别包好。灭菌时，将消毒巾包好的注射器包放入煮沸灭菌器内，加水煮沸并维持15～20min即可。灭菌后，用灭菌的敷料钳或镊子取出，配套安装好备用。

三、手术场地的选择与消毒

1. 手术室及其消毒

手术室的消毒可用0.1%新洁尔灭、3%石炭酸、2%煤酚皂等溶液。对保定栏、手术台、地面和墙壁及空间进行喷洒或喷雾消毒。

2. 室外手术场地的消毒

在晴朗无风天气进行手术，选择避风平坦的空地或草地，最好是水泥地面，彻底清扫干净，用清水洒湿后，再用3%石炭酸、2%煤酚皂、2%烧碱喷雾或泼洒消毒。

四、手术区的准备与消毒

1. 手术区的准备

手术区应先剪毛，然后将剪不到的毛剃干净或用脱毛剂脱毛，对大动物剃毛或脱毛的范围应超过切口周围10～20cm，小动物剃毛或脱毛的范围应超过切口周围5～10cm。常用的脱毛化学药品有8%硫化钠。剪毛后，用棉球沾上脱毛剂涂成薄层，经2～3min即可用温水洗去脱下的被毛。

2. 手术区消毒法

(1)注射及穿刺术部的消毒　剪毛→75%酒精脱脂→5%碘酊涂擦→75%酒精脱碘。

(2)手术区的消毒法　临床上常用消毒方法有两种，术者可任选一种。

①5%碘酊两次涂擦术部消毒法：剪毛→剃毛或脱毛→1%～2%来苏儿洗刷手术区及其周围皮肤→纱布擦干→涂擦75%酒精脱脂→第一次涂5%碘酊→局部麻醉→第二次涂5%碘酊→术部隔离→75%酒精脱碘→手术。

②新洁尔灭或洗必泰等溶液消毒法：剪毛→剃毛或脱毛→温水洗刷→纱布擦干→用0.5%新洁尔灭或洗必泰溶液涂擦两次即可手术。

手术区的消毒，均从手术区中心开始逐渐向周围涂擦(图24-2)，但在感染创或肛门等处手术时，则应先从周围清洁区开始，再涂擦到感染创或肛门处。

口腔、直肠、阴道黏膜消毒时，宜用刺激性小的化学消毒剂，如0.1%高锰酸钾溶液、0.1%雷夫奴尔溶液、0.1%新洁尔灭溶液或洗必泰溶液等。

眼结膜的消毒常用3%～4%硼酸溶液、2%蛋白银溶液、2%红汞液等。一般用3%～4%硼酸溶液较多。

3. 手术区隔离法

手术区皮肤消毒后，即铺盖无菌手术巾。显露切口部位，手术区一般应铺盖二层手术巾，其他部位至少有一层大的无菌手术巾遮盖，用巾钳固定于皮肤上(图24-3)。

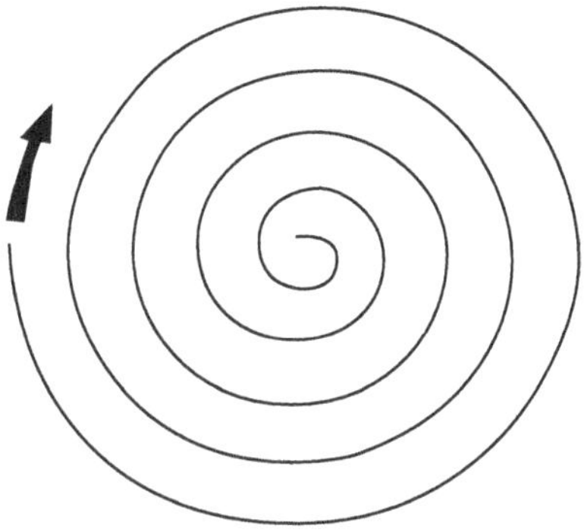

图 24-2　无菌手术区消毒示意图

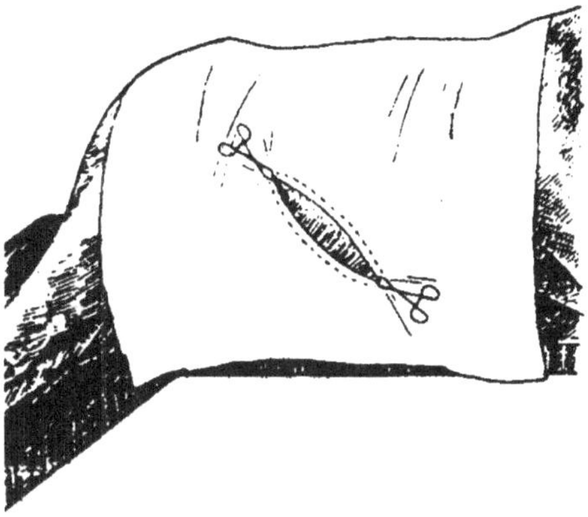

图 24-3　术部隔离

五、手术人员手臂的消毒

1. 新洁尔灭消毒法

用肥皂水彻底刷洗手臂、清除污垢，用流水将肥皂冲净后，0.1%新洁尔灭溶液中浸泡、擦洗 3～5min。

2. 酒精消毒法

用肥皂水彻底刷洗手臂清除污垢后，用流水冲洗干净后，75%酒精的溶液中浸泡、擦洗 3～5min。

3. 简易消毒法

用肥皂水彻底刷洗手臂后，流水冲洗并擦干，用 3%～5%碘酊涂擦手臂一遍；再用 75%的酒精脱碘即可进行手术。

遇有特殊情况、不戴手套施术时，应每隔一定时间，重复用消毒液洗手，以洗去手臂上的血液和清除、杀灭从皮脂腺、汗腺排出的细菌。

手臂消毒后，双手举于胸前，盖上灭菌纱布等待施术，不能接触任何未经消毒的物品，否则应重新消毒。

六、手术后器械物品的处理及保管

1. 金属器械

金属器械使用后，在清水中洗净，对器械的齿纹及关节转轴部分要仔细刷洗，然后用纱布擦干，将关节转轴部分打开，摆在器械盘内烘干后保存。不常用的器械涂油后保存。

2. 注射器

注射器用过后，用清水洗净，按针筒与活塞号码依次放入搪瓷盘内烘干后再安装好。金属注射器，洗净烘干后，放松活塞安装好保存。注射针头用清水反复冲洗干净(针孔要通畅，针尖保持锋利)，烘干后保存。

3. 敷料

敷料用过后，先用冷水浸泡并洗去血迹，再用清水漂洗干净，晒干后重新包好灭菌，备用。被脓汁污染的敷料不能回收利用。

技能二　麻醉

＊理论知识

一、麻醉的概念

麻醉就是在施行手术时，应用物理的或化学药物的方法，使动物全身或局部痛觉暂时迟钝或消失，以便顺利地进行手术的方法。

麻醉的目的是使动物失去痛觉，保持大脑正常的活动机能，防止剧烈疼痛而引起休克；简化保定方法，避免人和动物发生意外伤害；使动物保持安静，以利于安全和细致地进行手术，减少动物骚动，便于无菌操作，以防止感染。

二、麻醉的分类

兽医外科以药物麻醉应用最为广泛，药物麻醉可分为全身麻醉、局部麻醉和复合麻醉。

(1)全身麻醉　麻醉药经呼吸道吸入、静脉或肌肉注射进入体内，产生中枢神经系统的抑制，临床表现为神志消失、全身疼觉丧失、遗忘、反射抑制和骨骼肌松弛，称为全身麻醉。

(2)局部麻醉　使用局部麻醉剂，使机体某一区域内的神经干或神经末梢的感受器暂时受到抑制而失去感受与传导刺激的作用，从而使手术区失去痛觉，以便于施行手术的一种措施。

兽医临床上常用的局部麻醉方法有：表面麻醉、浸润麻醉、传导麻醉和脊髓麻醉。

①表面麻醉：局麻药液直接作用于组织表面的神经末梢，使该局部痛觉消失，多用于麻醉黏膜、滑膜和浆膜。

②浸润麻醉：将局部麻醉剂注射于皮下、黏膜下及深部组织以麻醉感觉神经末梢或神经干，使之失去感觉和传导刺激能力的方法。使用药物为0.5%～1%的普鲁卡因溶液，犬较敏感，应特别注意。

③传导麻醉：是将局部麻醉剂注射到神经干的周围，使该神经失去接受和传导刺激的能力，进而使所支配的区域失去感觉。临床上最常用的是腰旁神经干传导麻醉，简称腰旁麻醉。

④脊髓麻醉：常用于腹腔、乳房及生殖器官等手术。它包括硬膜外腔麻醉和蜘蛛膜下腔麻醉两种方法，前者常用。硬膜外腔麻醉是将麻醉剂注入硬膜外腔内，使经由此腔的脊

神经(包括腰神经、荐神经及尾神经)失去传导能力。

(3)复合麻醉　是指应用两种以上的麻醉药物或麻醉方法彼此配合，借以达到所需要的麻醉程度。

根据麻醉程度，将全身麻醉分为浅麻醉、中麻醉和深麻醉。

(1)浅麻醉　是动物呈欲睡状态，各种反射活动降低或部分消失，茫然站立，头颈下垂，肌肉轻微松弛。

(2)深麻醉　是动物进入昏睡状态，各种反射活动消失，将舌拉出口腔不能自行收回，肌肉松弛，心跳变慢，雄性动物阴茎脱出。

(3)中麻醉　介于浅麻醉与深麻醉之间的称为中麻醉。

临床上可利用不同的药物剂量来控制麻醉的深度。一般来说，小手术多用浅麻醉，大手术常用中麻醉或深麻醉。

*技能操作

一、全身麻醉、局部麻醉及复合麻醉

(一)全身麻醉

1. 马的麻醉方法

最常用于马的全身麻醉方法是保定宁(二甲苯胺噻唑与 EDTA 的合剂)麻醉法。用药方法与剂量：骡、马按 0.8～1.2mg/kg 体重，驴按 2～3mg/kg 体重，肌肉注射。中等体型的家畜肌肉注射量 2.5～3.0mL，可麻醉 30～40min；注射 4mL，大约可麻醉 2h，以后根据麻醉表现可按半量(2mL)进行追加麻醉。此外，还可单用二甲苯胺噻唑(静松灵)麻醉。

2. 牛的麻醉方法

(1)846 合剂麻醉法　国产麻醉复合剂速眠新(简称 846 合剂)，具有用法简便、剂量小、适用范围广等优点。用药剂量、方法及麻醉效果：按每 100kg 体重 0.6mL 肌肉注射，5～10min 即平稳进入麻醉状态，持续 40～80min；剂量增至每 100kg 体重 4mL，除麻醉时间延长外，无明显不良反应。

(2)二甲苯胺噻唑麻醉法　按 0.6mg/kg 体重肌肉注射，5min 后牛可自行倒卧，进入麻醉状态，可维持 1～2h。可以安全地进行手术。还可用保定宁麻醉。

3. 羊的麻醉方法

846 合剂麻醉法：羊使用 846 合剂麻醉时，可按 0.02～0.1mL/kg 体重，肌肉注射，经 3～10min 即平稳进入麻醉状态，持续时间为 2～3h。

4. 猪的麻醉方法

(1)二甲苯胺噻唑与氯胺酮复合麻醉法　用二甲苯胺噻唑，按 2mg/kg 体重，氯胺酮按 7mg/kg 体重，混合，肌肉注射。

(2)保定宁与氯丙嗪复合麻醉法　保定宁按 0.38mL/kg 体重时，氯丙嗪按 0.25mL/

kg 体重，使用前两药混合并加 1 倍量的生理盐水，猪耳静脉注射，麻醉可持续 1h。

5. 犬的麻醉方法

846 合剂麻醉法：846 合剂用于犬的剂量是 0.04～0.3mL/kg 体重，肌肉注射，给药 3～10min 即平稳进入麻醉状态，可维持 90min。麻醉期内犬的声反射和角膜反射不消失，饱食犬有呕吐和排便现象。二甲苯胺噻嗪与氯胺酮合剂对犬的麻醉效果良好。

6. 猫的麻醉方法

846 合剂麻醉法：846 合剂用于猫的剂量，按 0.194～0.33mL/kg 体重，给药 3～10min 即平稳进入麻醉状态，可维持 90～120min，个别猫有呕吐和排便现象。氯胺酮合剂对猫的麻醉效果良好。

(二)局部麻醉

1. 表面麻醉

(1)眼结膜、角膜的麻醉　应用 0.5%～1%丁卡因溶液，滴入结膜囊内 5～6 滴后经 2～5min 开始麻醉，可持续麻醉 10～15min。

(2)口、鼻、直肠及阴道黏膜的麻醉　用 1%～2%丁卡因溶液在口、鼻、直肠及阴道黏膜表面涂布或喷雾即可。

(3)膀胱黏膜的麻醉　将 0.5%～1%普鲁卡因溶液，用注射器和导尿管注入膀胱内。关节腱鞘及滑液囊的滑膜，可用穿刺法将 4%～6%普鲁卡因溶液注入。在实施体腔手术时，常用 3%～5%普鲁卡因溶液喷洒以麻醉浆膜。

2. 浸润麻醉

使用药物为 0.5%～1%的普鲁卡因溶液，犬较敏感，应特别注意。浸润麻醉常用的方法有：

(1)皮肤及皮下结缔组织的麻醉法

①直线麻醉法：在欲行切口的一端将针头刺入皮下沿切口方向推进到所需深度，边退针边注入药液，拔出针头在切口另端做同样操作。一般用 0.5%～1%的普鲁卡因溶液，药量依切口长度而定。本法适于切开皮肤或体表手术。

②菱形麻醉法：适用于手术范围较小的手术，如圆锯术、食管切开术等，在手术切开部位的两侧各定一个刺入点，在切口的两端各定一个点，形成一个菱形，麻醉药由两侧的刺入点刺向切口一端，边进针边注药或边退边注，然后刺入另一端，边进针边注药，用同样的方法注射另一侧。每侧进针数依切口长度而定。

③扇形麻醉法：适用于手术范围较大，切口较长的手术，如开腹术，在欲做切口的两侧各选一刺针点，针刺入皮下并推向切口的一端，边退针边注药，针退至刺入点后再改变角度刺向切口边缘，退针注药，直到切口另一端。以同法麻醉切口另一侧。每侧进针数依切口长度而定。

④多角形麻醉法：用于横径较宽的术野，如肿瘤切除术等。先在病灶周围选定数个刺针点，使针刺的深度要达到病灶基部，再以扇形麻醉法将药液注于切口周围的皮下组织内，使手术区域形成一个多角形，或一个环形封锁区，故也称封锁浸润麻醉法。

(2)深部组织麻醉法 开腹术等深部组织手术时，为使皮下、肌肉、筋膜及其间的结缔组织都达到麻醉，可采取锥形或分层注射法将药液注射于各层组织之间(图24-4)。具体的操作方法同于上述各种麻醉法。根据具体情况选用。

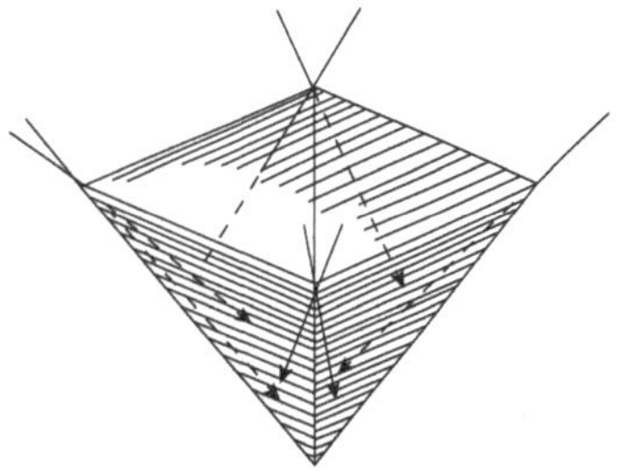

图 24-4 锥形麻醉法

3. 传导麻醉

临床上最常用的是腰旁神经干传导麻醉，简称腰旁麻醉。

(1)马腰旁神经干麻醉 是在欲施行手术的体侧分三点注射。第一点是麻醉第18肋间神经，部位是在第一腰椎横突游离端前角下方，先垂直进针达腰椎横突游离端前角骨面，再将针头移向横突前缘向下刺入0.5～0.7cm(图24-5)；第二点是麻醉髂腹下神经，部位在第二腰椎横突游离端后角下方，先垂直进针达该处骨面，再将针头移向横突后缘向下刺入0.7～1cm；第三点是麻醉髂腹股沟神经，部位在第三腰椎横突游离端后角下方，先垂直进针至该处骨面，再将针头移向横突后缘向下刺入0.7～1cm。腰旁麻醉均使用3%盐酸普鲁卡因溶液，三个注射点都是在进针部位注入药液10mL，再将针头退至皮下注入药液10mL。

(2)牛腰旁神经干麻醉 牛腰旁麻醉的方法，除第三点注射部位在第四腰椎横突游离端前角下方之外，其余两个注射点及用药、剂量、注射方法等均与马相同(图24-6)。

腰旁麻醉，注射药液15min后发生作用，可维持1～2h，此麻醉法常用于腹腔手术，能使家畜呈站立姿势。

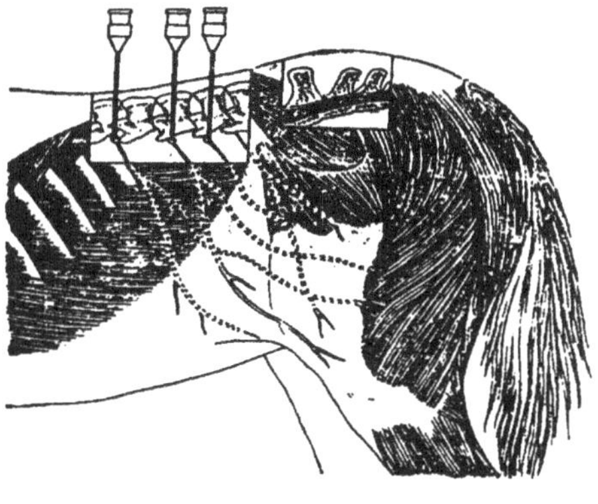

图 24-5 马腰旁神经干传导麻醉

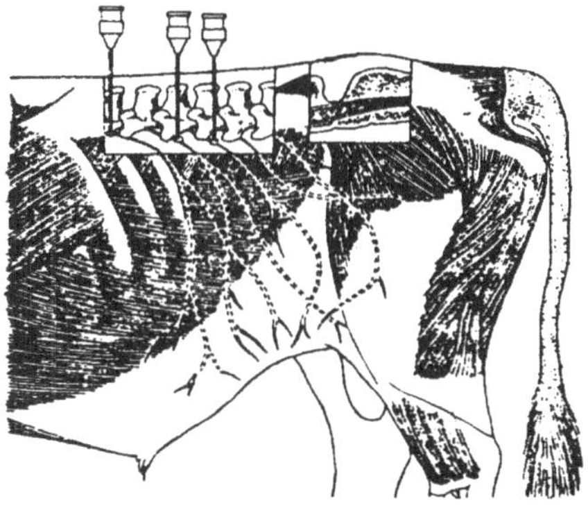

图 24-6 牛腰旁神经干传导麻醉法

4. 脊髓麻醉(图24-7)

(1)腰荐部硬膜外腔麻醉法

①马的腰荐部硬膜外腔麻醉适用于包皮、阴茎、臀部、阴道、直肠及后肢的手术。注射部位在两髂骨内角的连线与背中线的交点上、即第六腰椎与第一荐椎之间的间隙内(图24-8)。

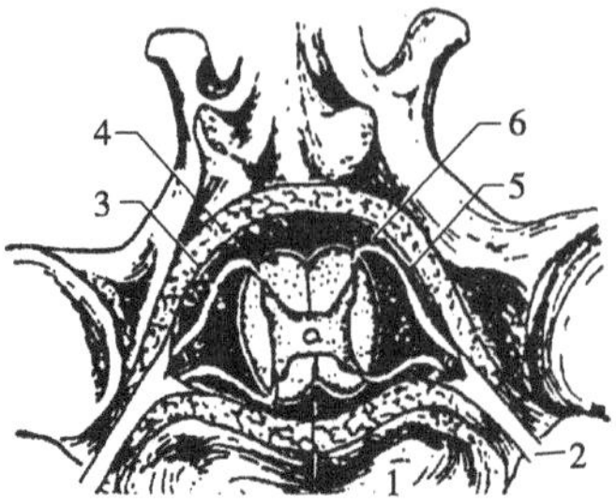

图 24-7 马腰荐间脊髓横断面

1-脊髓 2-脊神经 3-硬膜 4-硬膜外腔 5-蛛网膜 6-蛛网膜下腔

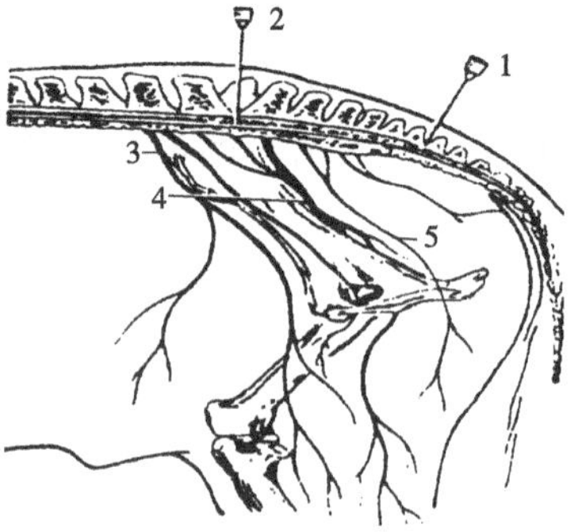

图 24-8 腰荐、荐尾间隙硬膜外腔麻醉部位

1-荐尾间隙硬膜外腔麻醉部位 2-腰荐间隙硬膜外腔麻醉部位 3-股神经 4-坐骨神经 5-阴神经

将马保定柱栏内，局部消毒后，用 18 号麻醉针于注射部垂直刺入(进针深度，一般马、骡 7cm，驴约 5cm)，当刺穿椎间韧带时，有刺破窗纸样感觉，阻力随之减少或无阻力，即达到注射部位。接上装有药液的注射器，按下活塞，若阻力很少或无阻力，表示部位正确，将药液注入，否则重新矫正针头的位置。用药量根据马的大小而定，可用 3%盐酸普鲁卡因溶液 20～30mL。注完药后 3～5min 呈现麻醉状态。剂量在 25mL 以下时马尚能站立，超过 25mL，则后肢站立不稳而倒地。麻醉可维持 1～3h。

②牛的腰荐间隙硬膜外腔麻醉主要用于腹腔手术、难产的助产手术、直肠、阴道或子宫脱出的整复术、乳房及后肢手术等。注射部位在两髂骨外角连线与背中线交点后方 2～3cm 处，较瘦的牛，其注射点在腰荐间隙凹陷内的正中点。牛皮厚而坚韧，需先用粗针头或手术刀尖刺穿，再用 18 号麻醉针沿该孔刺入，进针深度一般为 4～7cm。进针正确与否的判断、用药及剂量与马相同。

(2)荐尾部硬膜外腔麻醉法　目的是麻醉荐神经，以便站立时施行手术。马和牛常用第一、二尾椎间隙进行麻醉，牛是位于尾中线与两坐骨结节前缘水平处同尾根部所作横线交点的凹陷处；马是举起马尾，在屈曲的背侧出现的横沟与尾背中线的交点即为注射点。操作时，术者站在畜体后方，稍抬尾巴，将针垂直刺入皮肤后，再以 45°～65°角向前刺入，当穿破椎间韧带时，略向左右移动，使针头保持在硬膜外腔内。刺入深度牛为 2～4cm，马为 2～5cm，注射 2%盐酸普鲁卡因溶液 15～20mL，3～15min 后产生麻醉作用，可维持 60～90min。

(三)复合麻醉

(1)局部麻醉的复合　在神经传导麻醉或脊髓麻醉时为了增强麻醉效果，可复合局部浸润麻醉。

(2)局部麻醉与全身麻醉的复合　是目前常用的方法，通常在全身浅、中麻后再配合某一种局部麻醉，如在全麻下进行手术时，对敏感部位再行局部浸润麻醉或神经传导麻醉。

(3)全身麻醉的复合　吸入麻醉与非吸入麻醉的复合，如先注射硫喷妥钠再吸入乙醚；两种以上非吸入麻醉的复合较多，如保定宁与氯丙嗪的复合、二甲苯胺噻唑与氯胺酮的复合等。

二、麻醉的注意事项

(1)麻醉前，应进行健康检查，了解整体状态，以便选择适宜的麻醉方法。全身麻醉要禁食，牛应禁食24～36h，停止饮水12h，以防麻醉后发生瘤胃胀气，甚至误咽和窒息。

(2)麻醉操作要正确，严格控制药量。麻醉过程中要随时观察，监测动物的呼吸、心率、反射功能及脉搏、体温变化，发现不良反应，要立即停药，以防中毒。

(3)麻醉过程中脉搏细弱而节律不齐，药量过大，出现呼吸、循环系统机能紊乱，如呼吸浅表、瞳孔散大等症状时，要及时抢救。可注射苯甲酸钠咖啡因、樟脑磺酸钠、氧化樟脑、苏醒灵等中枢兴奋剂。

(4)麻醉后，动物开始苏醒时，其头部常先抬起，护理员应注意保护，以防摔伤或致脑震荡。开始挣扎站立时，应及时扶持头颈并提尾抬起后躯，至自行保持站立时为止，以免发生骨折等损伤。寒冷季节，当麻醉伴有出汗或体温降低时，应注意保温，防止动物发生感冒。

技能三　组织分离

＊理论知识

组织分离就是用机械方法把原来完整的组织分离开，以完成手术目的。

一、常用外科器械

1. 手术刀

手术刀主要用于切割组织。

常用手术刀的刀柄有活动刀柄和固定刀柄两种，活动刀柄较为常用(图24-9)。

①活动刀柄式手术刀　由刀柄和刀片两部分组成，刀片可拆卸和更换。手术刀片有不同的大小和形状，可根据不同手术的需要来选择。如用4、6和8号刀柄可安装19～24号刀片；用3、5、7号刀柄可安装10～13号小刀片。

②固定刀柄式手术刀　手术刀(连柄手术刀)刀柄和刀片为一体，刀的形状有圆刃、尖刃、弯刃和球头(钝头)等数种。此种刀坚固、耐用。刀刃用钝后，须磨锋利再用。

2. 手术剪

手术剪主要用于剪开或剪断组织，剪有钝头、尖头之分，钝头剪用于剪开腱膜、腹膜等组织，以防误伤深部组织或脏器，尖头剪用于剪断和分离细微组织。

3. 止血钳

止血钳主要用于夹住出血部的血管或组织，以达到止血的目的，或夹住较大血管后便于用线结扎止血。

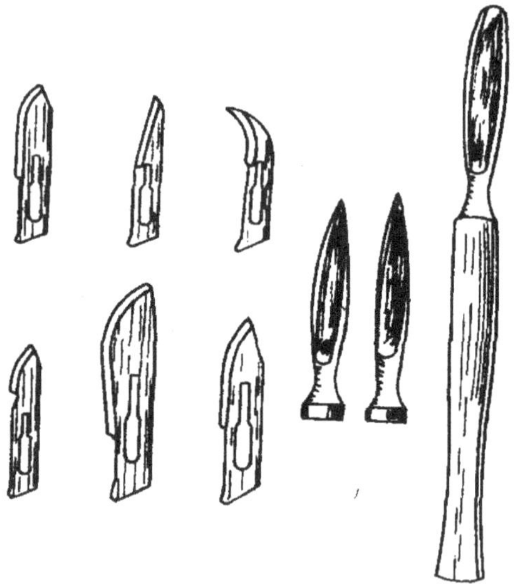

图 24-9 外科手术刀

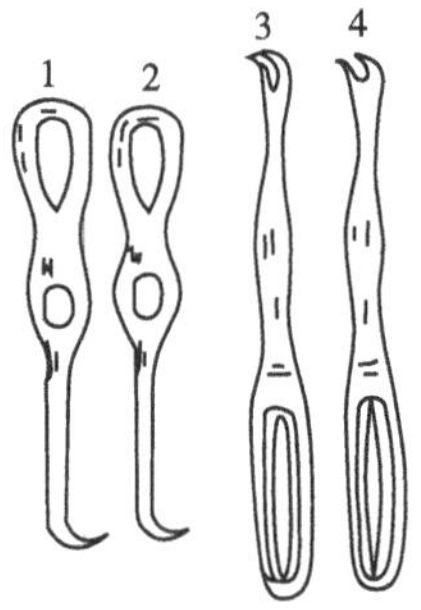

图 24-10 手持拉钩

1，2-单齿锐钩 3，4-二齿锐钩

4. 手术镊子

手术镊子用于夹持或提起组织以利分离或缝合，也用于夹取敷料。

5. 巾钳

巾钳又称创布钳，用于固定手术巾。扣紧锁止牙即可。

6. 扩创钩

扩创钩用于扩开创口充分显露术部及深部组织，依用途不同其形状和规格各异。有齿创钩用于牵拉皮肤切口有单齿锐钩、二齿锐钩(图 24-10)；无齿钝钩使用较多，不损伤组织，常用于扩开深部创口及脆弱组织。

7. 其他器械

除上述常规器械外，还有组织钳、舌钳、肠钳、海绵钳、器械钳、锐匙和锐环及探针等。

二、组织切开法

1. 组织切开的形状

组织切开应根据手术部位的解剖生理学特点和手术目的而定。切开形状有直线形、菱形、T 字形、十字形、V 字形、U 字形及圆形等数种。直线切开是最常用的一种方法，损伤组织小，易于愈合。

2. 组织切开的原则

(1)组织切开大小要适度，以便于显露或除去某些组织、器官为宜。

(2)组织切开时，应根据组织张力选择切口方向，以免术部张力过大而难于缝合或延迟创伤的愈合过程。

(3)组织切开时要避免损伤大血管、神经和腺体的输出管，以免影响术部机能。

(4)切口要有利于创液排出。创缘要整齐，两侧创缘、创壁应能密切接触，以利缝合和愈合。

(5)切开部位应选在健康组织，坏死组织及已被感染的组织要切除干净。二次手术时应避免在伤疤处切开，以免影响愈合。

(6)应采取分层切开法，以便认清组织构造，避免损伤血管和神经，有利于止血与缝合。

＊技能操作

一、常用外科器械使用方法

1. 手术刀

手术刀的持刀法有多种，不论用哪种方法均应持刀稳妥有力，并能准确掌握切割深度和运刀距离(图 24-11)。

(1)反挑式执刀法　如执钢笔一样，刀刃向上，这种方法比较灵活，操作精细，常用于腹膜切开。

(2)全握式执刀法　是以全手握住刀柄的一种方式，用于切断坚韧组织。

(3)执笔式执刀法　即如执钢笔的方法，刀刃向下。本法用力轻而灵活，操作精细，常用于切割短、小的切口，分离血管、神经、切开腹膜等较细微的手术操作。

(4)弹琴式执刀法　如弹琴弓式的方法，用于较轻力量、较快地切开松软组织时，如黏膜、浆膜等组织切开。

(5)餐刀式执刀法　即指压式执刀法，是用食指按在刀背上，其余四指和掌后部握住刀柄，如拿餐刀切取食物方法一样，此法下刀有力，一般用于比较坚韧的较长距离组织切开，如皮肤的切口。

2. 手术剪

正确的持剪法是拇指与无名指伸入柄环内，食指压在关节部，中指固定无名指侧的剪柄，以利于手术剪的张开和咬合的操作。

3. 止血钳

持止血钳的方法与持剪刀法相同。

4. 手术镊子

执镊子的方法有两种：一种是拳握式，用来夹持

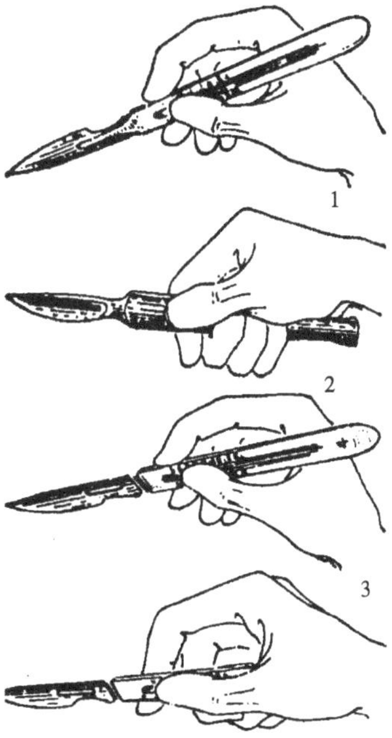

图 24-11　执刀法

1-反挑式　2-全握式　3-执笔式　4-弹琴式

棉球涂擦消毒或夹持皮肤等硬的组织；另一种是以拇指与食指、中指相对捏执镊子中段的执镊，用力稳定而灵活。

5. 巾钳

使用时将手术巾连同皮肤一起用巾钳夹住。

二、各种软组织的切开法

图 24-12 紧张切开法

1. 紧张切开法

在预定切口的两侧，术者用拇指和食指将皮肤撑紧固定或由术者及助手各用一手分别压住切口的一侧，使皮肤撑紧。对阴囊皮肤及较松软的组织，可用手紧握或撑紧后，在预定切口位置切开。下刀时先用刀尖在切口上方垂直刺透皮肤，然后将刀刃倾斜约 45°角按预定切口的方向、长度，一次切透并运刀至切口下角，最后使刀刃与皮肤垂直而提出(图 24-12)，防止切口两端呈斜坡或多次重复运刀使切口呈锯齿状，造成不必要的组织损伤，影响愈合。

2. 皱襞切开法

以手指或镊子在预定切口的两侧，提起一个与切口垂直的皱襞后，再行切开。避免损伤切口下面的大血管、大神经、分泌管和重要器官。避免将皮肤与深部筋膜或筋膜与肌肉分离，以防造成不必要的组织损伤。

3. 筋膜切开法

为防止筋膜下的血管和神经受损伤，应先用镊子将筋膜提起切一小口，用弯剪或止血钳伸入切口，分离筋膜下组织与筋膜的联系，然后用手术剪剪开。

4. 肌肉切开法

原则上应按肌肉纤维的方向分离，分离前需先切开肌膜，即沿肌纤维方向切一小口，再用刀柄或止血钳、手指伸入切口，按肌纤维的方向钝性分离至所需长度。

5. 腹膜切开法

先用皱襞切开法将腹膜切一小口，再用手术剪剪开腹膜，也可伸入食、中二指，用反挑式运刀或用手术剪沿二指之间剪开(图 24-13)。切口长度应小于腹壁切口，以利于缝合。

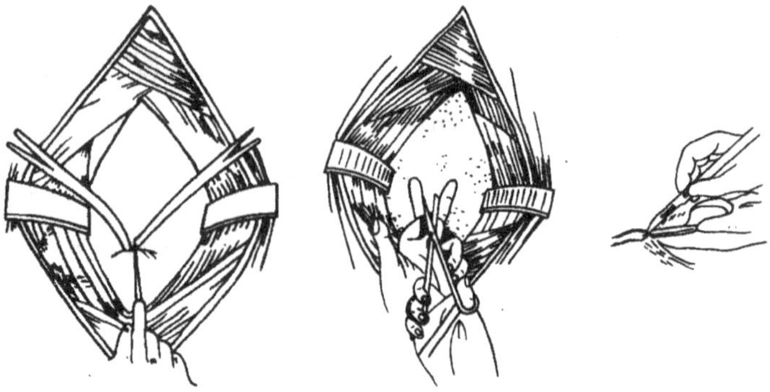

图 24-13 腹膜切开法

技能四　止血

★理论知识

止血是手术和急救、治疗损伤过程中采取的防止血液流失的基本操作技术。

施行手术时，为避免手术中出血过多，宜采取有效的预防措施。

1. 输血

手术前输入同种血型血液，马、牛可输入500～1000mL。输血有增加血液凝固性、反射地引起血管痉挛性收缩、增加抗体和血量等作用。

2. 注射止血药物

手术前可注射止血药物，如肌肉注射0.3%凝血质注射液，马、牛10～20mL；肌肉注射止血敏注射液，马、牛1.25～2.5g，猪、羊0.25～0.5g；肌肉注射安络血注射液，马、牛100～400mg，猪、羊2～10mg。

3. 绞压法

用止血带、绞压器、绷带、胶皮管等，紧紧缠于术部的近心端，暂时阻止血液循环，达到止血目的。这种止血方法常用于四肢下部、尾及阴茎的手术。

★技能操作

一、常用的止血法

1. 压迫止血法

用消毒的纱布或药棉压迫出血部位，以使毛细血管和小静脉停止出血，血管出血经压迫可暂时止血，有利于其他止血措施。深部位出血，可用钳子夹纱布止血。操作时，只要按压出血部位，不能来回擦拭，以免损伤组织或擦掉血管断端的血栓而发生再次出血。

2. 止血钳止血法

较大的血管出血，在分清血管断端后，可以用无钩止血钳端夹住断端并扣紧止血钳压迫或捻转，能使血管断端闭合。小静脉钳夹数分钟后取下止血钳；较大血管断端钳夹时间应稍长或予以结扎；急救性的钳夹止血，止血钳可留存数小时。

3. 结扎止血法

结扎止血效果确实、可靠，是手术中重要的止血方法。适用于明显可见的血管断端止血，先用止血钳夹住血管断端，用适当粗细的缝线结扎打好第一道结后，取下止血钳，将线稍拉紧，无出血时再打第二道结并剪去多余的缝线。血管缝合结扎可按图24-14所示进行。对于横过切口的完整大血管，可先于切口两侧1cm处分别结扎，再从中间切断。若遇较大神

图 24-14 双结扎止血

经，切勿结扎、切断，可将其剥离至切口一侧即可。

4. 填塞止血法

用灭菌纱布块填塞于出血的腔洞内，以达到压迫止血的目的。对较深的部位出血，如摘除某组织后形成的空腔出血，鼻腔、阴道手术后及拔牙后的出血等，常用此法止血。所用纱布可浸止血药物。填塞纱布可保留数小时或1～3d。

5. 缝合止血法

利用缝合使创缘、创壁紧密接触产生压力而止血的方法。常用于弥漫性出血和实质器官出血的止血。

6. 烧烙止血法

用烧红的烙铁或电烧烙器直接烫烙手术创面，使血管断端收缩封闭而止血，多用于大面积的毛细血管出血。

二、急性失血的急救

1. 输血

按输血操作规程输入适量同种相合血液，这是大失血后急救效果最好的措施。

2. 补充血容量

失血量较少时，可静脉注射5%葡萄糖与2%氯化钠等量混合液，马、牛1000～2000mL；也可用10%生理盐水，马、牛2000～2500mL；应用6%右旋糖酐(中分子)生理盐水1000～2000mL静脉滴注也可。

3. 应用止血药物

(1)局部止血药　3%三氯化铁、3%明矾、0.1%肾上腺素、3%醋酸铅等溶液，有促进血液凝固和使局部血管收缩的作用，将纱布浸透上述某一药液后填塞创腔即可。

(2)全身止血药　常用10%枸橼酸钠100mL，10%氯化钙100～200mL静脉注射，也可用凝血质、维生素K等肌肉注射，均能增强血液的凝固性，促进血管收缩而止血。

技能五　缝合

★理论知识

缝合是将被分离的组织予以对合和固定的方法，其目的在于促进止血，减少组织紧张，防止创口裂开，保护创伤免受感染，为组织再生创造良好条件，以期加速创伤的愈合。

一、缝合器材

1. 持针器

持针器用于夹针、拔针与打结。兽医用持针器有两种，一种是人医用的纹式持针器，另一种是全握式持针器(图 24-15)。

图 24-15　持针器

2. 缝针

缝针可分为直针和弯针，直针一般较长，可用手直接操作，动作较快，适合于肠壁和筋膜的缝合。弯针又可分为全弯针和半弯针，全弯针和半弯针均要用持针钳夹持操作，半弯针适合于皮肤缝合，全弯针适合于腹膜和肌肉的缝合。

缝针的尖端有圆形和三角形两种，三角形的针有锐利的刃缘，能穿过较坚韧的组织如皮肤、腱、骨膜、软骨以及疤痕较多的组织等。圆形针尖端呈圆锥形，尖部细、体部渐粗，穿过组织时损伤较轻，适合于大多数软组织(如筋膜、肌肉、腹膜、神经)的缝合。

3. 缝线

(1)羊肠线　由羊的肠黏膜下层制成的缝线。缝合后在组织中被吸收，不留异物，但组织反应大，价格昂贵。

(2)丝线　丝线质软不滑，便于打结，不易滑脱，故外科广泛使用。丝线的拉力较好，组织反应小。

目前应用效果较好的是蚕丝线。

二、打结与剪线

利用打结技术做成线结，以固定缝线，防止缝线松脱。正确的打结是结扎止血和组织缝合的重要环节。熟练的打结还可缩短手术时间。

结的种类有如下几种：

(1)单结　即结扎线仅交叉一次。此结易于滑脱，用于欲切除组织的结扎和临时结扎小血管。

(2)方结(平结)　是外科手术的基本线结。因为这种结的线圈内张力越大，打结越紧，不易滑脱，用于结扎血管和各种缝合的打结。

(3)三叠结　又称加强结，是在平结基础上加一单结，共三道结。比平结更牢固，三叠结用于结扎大血管、张力大的组织缝合和肠线缝合等。

(4)外科结　即打第一道结时多绕一次，增大摩擦面，第二道结如同平结只交叉一次。此结不易滑脱，多用于结扎大血管和张力较大的组织，如疮孔闭锁、皮肤缝合等。

(5)假结(十字结、妇女结、死结)　为两道动作相同的结所成，此结易滑脱不能采用。

(6)滑结　是打结时两手用力不均匀，只拉紧一线而形成，易滑脱，应注意避免发生。

三、缝合原则、种类

1. 缝合原则

(1)缝合用的持针器、缝针、缝线要准备充分并应与被缝合组织相适应。

(2)无菌手术创和非感染的新鲜创，经无菌处理后，均可做密闭缝合。而化脓、坏死和渗出液较多的创伤，不能缝合或仅能部分缝合。

(3)缝合前应彻底止血并用灭菌生理盐水冲洗，以清除创内的尘埃、凝血块、组织碎块等，再撒入磺胺粉或防腐剂。对创缘不整齐、干燥创口，必须修整成新鲜创面再行缝合。

(4)缝合时，缝针尽可能刺得深些，每针的刺入与穿出点同创缘的距离应相等并在同一水平线上，针距也应相等，以使创缘、创壁均匀接触，防止产生皱襞和裂隙。

(5)打结时不得过度牵拉组织，结扎要松紧适度，过紧会使创缘内翻或外翻；过松不利创缘密切接触，均将影响愈合。所有线结必须置于创缘的一侧。

(6)缝合时必须严格遵守无菌操作规则。

2. 缝合种类

缝合方法可分为间断缝合、连续缝合和特殊缝合三大类。

*技能操作

一、缝合器材使用方法

持针器持针时均应将缝针前1/3处夹在钳嘴的前1/3处(图24-16)，持三角针时，不能夹在三角处，否则针易变钝。

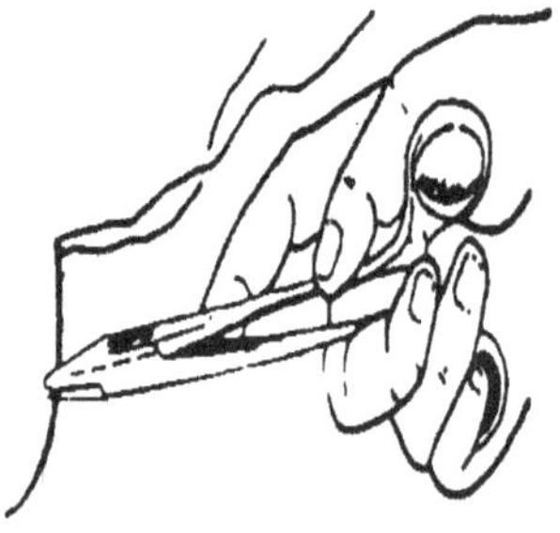

图24-16 持针器持针

二、打结方法

打结法有徒手打结和器械打结两类。

1. 徒手打结

(1)单手打结法(图24-17) 常用左手操作，线结在右手配合下由左手单独完成打结操作的全过程。用右手操作也可。

(2)双手打结法 此种打结法由双手操作完成，结扣较稳固，多用于间断缝合的打结。

(3)外科结打结法 用打平结的方法绕好第一道结，随即右手食指由结圈内挑过右手拇指与中指所持缝线并拉紧，则成为绕两圈的结扣，再打好第二道平结，并且拉紧。

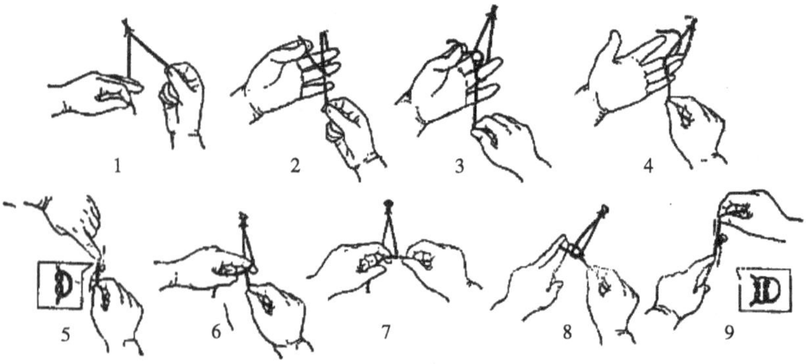

图24-17 单手打结法

2. 器械打结法

当线头短，徒手打结不便或深部组织缝合结扎时，可用持针器或止血钳操作系结。

三、缝合技术

缝合操作一般是由右向左或由上向下进行。

1. 间断缝合法

即每缝一针打一次结。多用于张力大的组织的缝合。

(1)结节缝合法　是手术中最常用、最基本的缝合形式。缝合时，可每缝一针即打结，用于皮肤、肌肉、腱膜和筋膜等组织的缝合。

(2)减张缝合法　适用于张力大的组织缝合，可减少组织张力，以免缝线拉断针孔之间的组织或将缝线拉断。减张缝合常与结节缝合一起应用。操作时，先在距创缘较远处缝合。

(3)钮孔状缝合法　其作用与减张缝合相同。缝合外部组织时可将钮扣、橡胶管或纱布卷缝上，以免因张力过大而拉伤组织。

2. 连续缝合法

缝合中不剪断缝线结扎，仅在缝合开始和结束时打结的方法。常用于肌肉、黏膜、腹膜等张力小的组织的缝合。

(1)螺旋缝合法　由创口一端开始缝合，第一针打结后，以螺旋状继续缝合至创口另一端，最后一针将缝线折转，线头留在带缝针的缝线的对侧创缘，打结并剪断线头(图 24-18)。此法常用于肌肉、子宫黏膜、腹膜等的缝合。

(2)锁扣缝合法　如锁衣服扣眼式的缝合，缝线均压在创缘一侧。多用于缝合张力小的皮肤直线形切口(图 24-19)。

(3)袋口缝合法(荷包缝合)　用于暂时缝合肛门和阴门，以防脱出，缝合时，距缝合孔 3～4cm，沿其周围依次进针，最后适当拉紧缝线打结。肛门、阴门假缝合时，应留有空隙，以便排粪(图 24-20)。

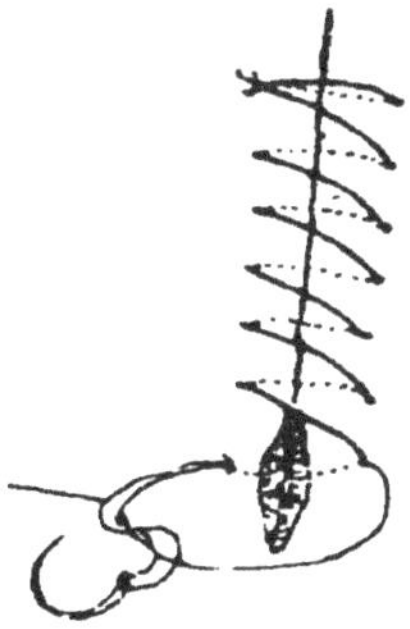

图 24-18　螺旋缝合

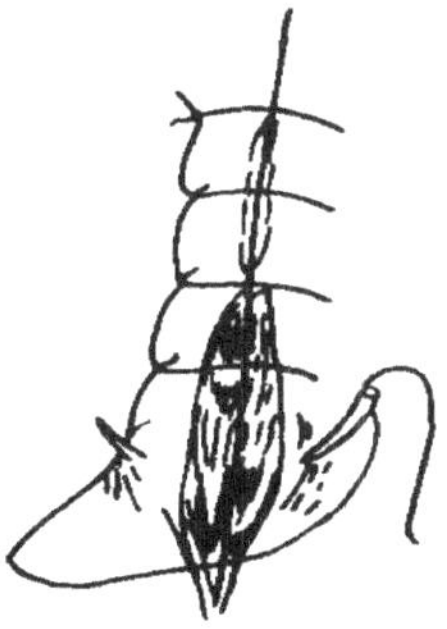

图 24-19　锁扣缝合

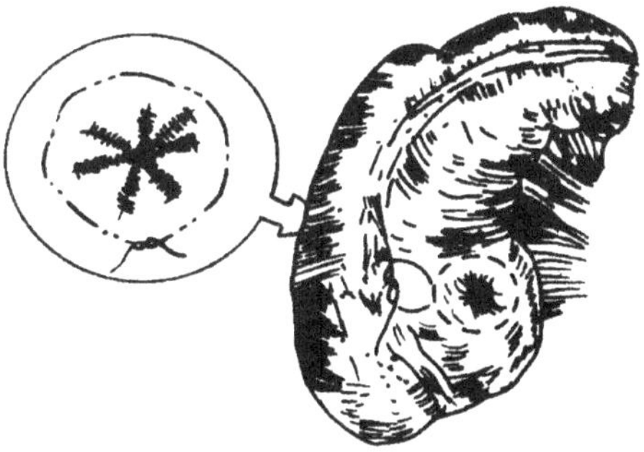

图 24-20　袋口缝合

(4)褥缝合法　连续水平钮扣状缝合。用于肌肉、腱膜、筋膜及阴门的缝合，但创缘不易密闭，易哆开(图 24-21)。

3. 特殊缝合

(1)定位缝合法　较长的直线切口或形状复杂的创口，为避免创缘闭合不良或发生皱

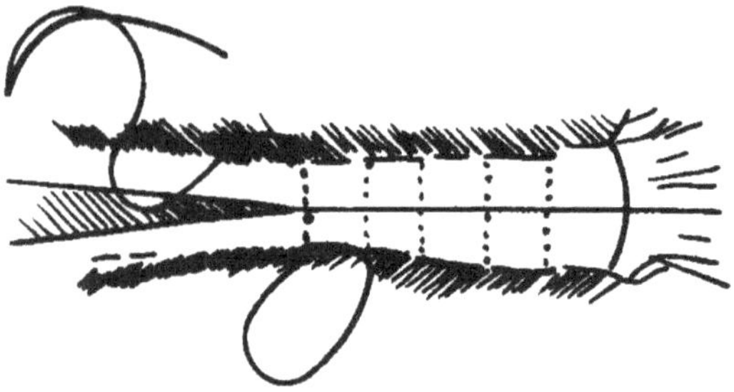

图 24-21　褥缝合

褶，可用此法。实质是结节缝合的特殊应用。缝合时按进针顺序将缝线穿好正确对合创缘，再分别打结。

(2)内翻缝合法(胃肠缝合)

①水平内翻法：用于胃肠及子宫缝合。缝合进针是沿创缘两侧水平方向进行，只刺穿浆膜肌层，距创缘 0.2～0.5cm，针穿出后越过创口至对侧以同样方法操作。每缝一针应拉紧缝线，保证创缘密闭，达到不漏粪、不漏液、不漏气(图 24-22)。

②垂直内翻法：由创缘一侧，距创缘 0.5cm 处进针，至距创缘 0.2cm 处出针，缝线跨越创缘，在距对侧创缘 0.2cm 处进针，至距创缘 0.5cm 处出针，只刺穿浆膜肌层，依此连续或间断缝合。打结时创缘内翻，浆膜密接(图 24-23)。

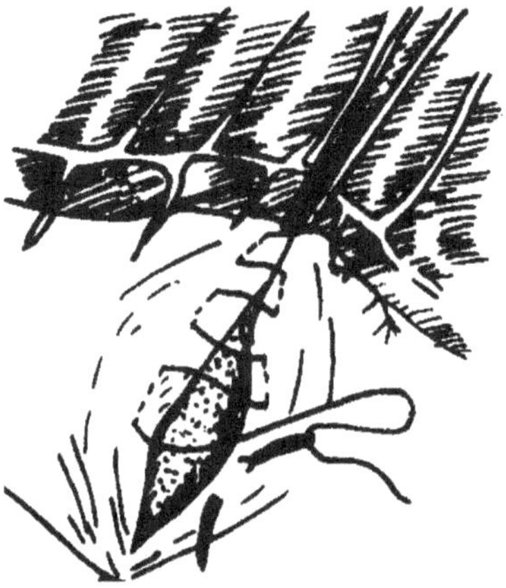

图 24-22　水平内翻缝合

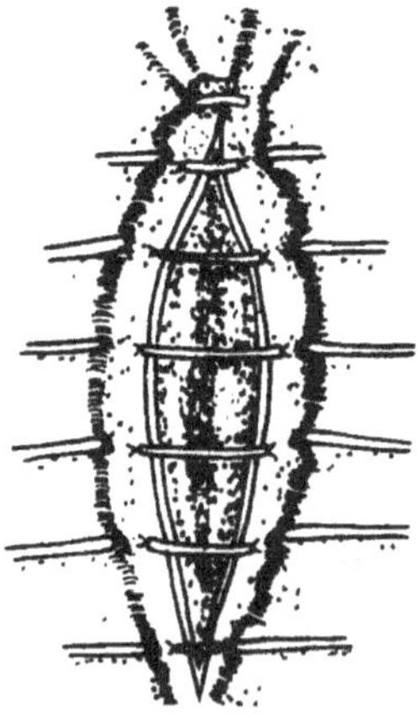

图 24-23　垂直内翻缝合

四、缝合的注意事项与拆线

1. 缝合的注意事项

(1)单层缝合时，缝针应穿过创底，以免留有空腔影响愈合。

(2)针的刺入孔、穿出孔与创缘的距离应相等对称，缝合皮肤、肌肉、浆膜肌层时针孔距离创缘分别为 1～2cm、1.5～2cm。针距以保持创缘相互紧密吻合为准，针数越少越好。

(3)缝合时两侧创缘应平整接合，每针缝线松紧要一致，防止内翻、外翻或产生皱褶。

(4)皮肤缝合后，应矫正创缘，防止内翻或外翻，使其均匀紧密接触，以利愈合。

(5)化脓或创液过多的创口，一般不做密闭缝合，以保证创液顺利排出。

2. 拆线

拆线是指拆除皮肤缝线。拆线时间多在术后 7～8d，个别可延至 10～14d。拆线过早或过迟，均会影响愈合过程。

拆线时先除去绷带，用生理盐水洗净创围，尤其是针孔附近；再以 5%碘酊消毒创口和缝线，75%酒精脱碘后，用镊子提起线结紧贴针眼，将线剪断并随即抽出缝线(图 24-24)。创口大或张力大的部位，可隔一针拆除一针，待愈合良好后再将缝线全部拆除。拆线后要更换敷料，保护创口。

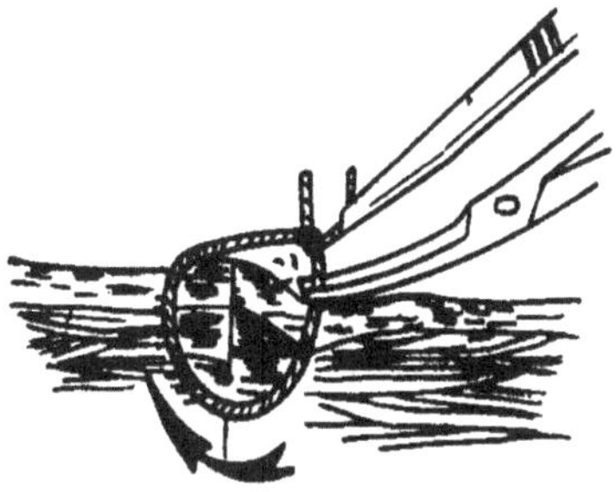

图 24-24 拆线

技能六 引流

★理论知识

一、适应征

(1)用于预防的适应征 一是切口内渗血未能彻底控制，有继续渗血可能，尤其有形成残腔可能时，在切口内放置引流纱布条或胶管，可排除渗血、渗液，以免形成血肿、积液或继发感染，一般需要引流 24～48h；二是愈合缓慢的创伤手术要用引流；三是吻合部位有内容物漏出的可能时(如胆囊、胆管、输尿管等器官手术)，需要引流。

(2)用于治疗的适应征 皮肤和皮下组织切口严重污染，经过清创处理后，仍不能控制感染时，在切口内置引流纱布条或胶管，使切口内渗出液排出，以免蓄留发生感染，一般需要引流 24～72h；脓肿切开排脓后，放置引流纱布条或胶管，可使继续形成的脓液或分泌物不断排出，使脓腔渐缩小而治愈。

二、引流种类

(1)纱布条引流 应用防腐灭菌的干纱布条涂布软膏，放置在腔内，排出腔内液体。

(2)胶管引流 应用乳胶管在插入创腔前用剪刀将引流管剪成小孔，引流管小孔能引流出其周围的创液，应用这种引流能减少术后血液、创液的蓄留。

★技能操作

一、引流的应用

创伤缝合时，引流管插入创内深部，创口缝合，引流管的外部一端缝合到皮肤上。在创内深处一端，由缝线固定。引流管不要由原来切口处通出，而要在其下方单独切开一个小口通出引流管。如果引流纱布条或胶管已经失去引流作用时，应该尽快取出。

二、引流的护理

应在无菌状态下引流，出口应该尽可能向下，有利于排液。切口下部皮肤涂有软膏，防止创液、脓汁等腐蚀周围被毛和皮肤。每天应更换引流纱布条或胶管，如果引流排出量较多，更换次数要多些。因为引流纱布条或胶管的外部已被污染，不应直接从引流管外部向创内冲洗，否则会使引流纱布条或胶管外部细菌和异物进入创内。

三、引流的注意事项

(1)使用引流的类型和大小一定要适宜。

(2)放置引流的位置要正确，脓腔和体腔内引流出口尽可能放在低位，不要直接压迫血管、神经和脏器，防止发生出血、麻痹或瘘管等并发症。手术切口内引流应放在创腔最低位。

(3)引流管要妥善固定。

(4)引流管必须保持畅通。

(5)引流必须详细记录。

技能七　绷带包扎

＊理论知识

绷带是用于动物体表的包扎材料，是辅助治疗或主要治疗的一种措施。其作用是固定敷料，患部保温，吸收创液，保护创口，防止感染，压迫患部，使创缘接近，以促进创伤愈合。

绷带有以下几种：

(1)卷轴绷带　是用脱脂纱布制成，市售的长度均为6m，宽度有3cm、4cm、4.8cm、6cm、7cm、8cm等数种。

(2)纱布　用脱脂纱布剪成适当的方形，折叠成5～10cm大小方块，每10块一包，灭菌后用于覆盖创口、止血、填塞创腔及吸收创液等。

(3)棉花　多用脱脂棉，常作绷带的衬垫材料。若直接接触创面，须包以纱布。若衬垫低凹处以保温为目的时，可用普通棉花。

(4)其他材料　如白布、油布、塑料布、橡胶布、麻绳、铁丝、夹板、石膏等，主要是用于保护绷带、防水或加强固定作用等。

＊技能操作

了解绷带的种类与操作技术。

一、卷轴绷带

1. 环形用卷轴绷带

在患部重叠缠绕 4～6 圈后，将绷带端剪开打结。主要用于粗细一致和较小的患部，以及用于系部、掌部、跖部等的包扎。卷轴绷带的所有包扎法，均以环行带为起始和结束（图 24-25）。

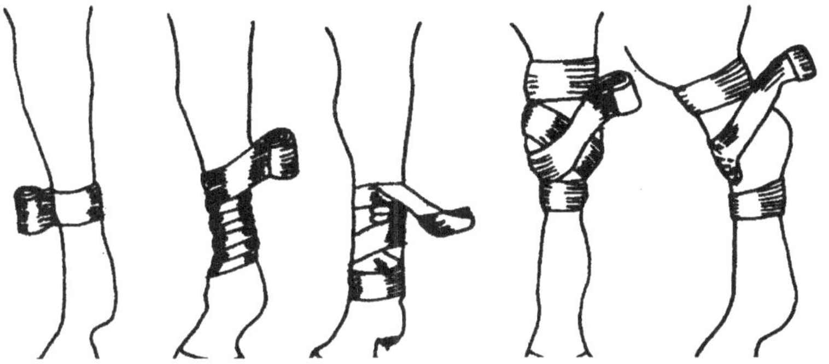

图 24-25　卷轴绷带包扎法

2. 螺旋带

先从环形带开始，再由下向上螺旋形缠绕，每圈均压住前一圈的 1/3 或 1/2，最后以环形带结束。螺旋带多用于掌部、跖部及尾部等。

3. 折转带

类似螺旋带，但圈缠到腿部外侧时均向下回折，再向上缠，最后以环形带结束。常用于腿部粗细不一处。

4. 交叉带

交叉带用于关节部位的包扎。先在关节下方做一环形带，再向关节上部做一环形带，后向下到关节下方做一环形带，如此反复缠，直至患部被斜向交叉的绷带包扎好为止，最后做一环形带结束。

5. 蹄和蹄冠的绷带

先将卷轴绷带的开端留交左手，左手持绷带卷并用绷带覆盖创部，缠一周与左手所持的短端相交结，再向反方向继续包扎，每次与相短端相交时，均扭缠一次，直到包扎结束，最后长端与短端打结固定。

6. 角绷带

用于牛、羊角壳脱落、角折、断角及角损伤等，先将健康角根做环形带，再缠至病角根并以螺旋带或折转带从角根缠至角尖，后折返回角根，最后将绷带引向健康角做环形固定结束。

7. 使用绷带的注意事项

(1)病畜必须妥善保定好，包扎要迅速，牢固，松紧适度，压迫均匀，包扎后要平整美观。

(2)四肢绷带须按静脉流向自下向上缠。

(3)绷带打结应在肢体外侧，避开创伤处。

(4)包好的绷带一般不要随意更换，化脓创一般2～3d更换一次。

(5)当包扎的绷带过紧引起患部肿胀、疼痛和患部血液循环障碍，或包扎后创伤继续出血以及体温升高，创伤发生感染等，应及时解除绷带。

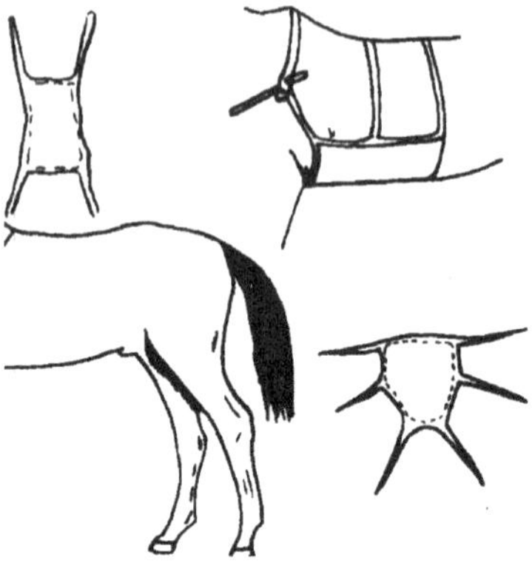

图 24-26　复绷带

二、复绷带

复绷带是根据患部形状，用棉布或纱布缝制的绷带，其四周缝有若干布带，以便打结固定。其常用的有眼绷带、顶头绷带、胸前绷带、鬐甲绷带、背腰绷带、腹绷带等(图24-26)。

三、结系绷带

结系绷带用于身体任何部位，以保护创口和减少张力。即在圆枕缝合基础上，用数根20cm长18号缝线分别固定在两侧圆枕基部下面，敷料盖于创口上，再把两侧固定线的游离端成对打成活结，固定好敷料。也可在缝合后，将创口分为3～5等份，于每等份的一侧，用带30cm长(18号)缝线的缝针，距创缘3～4cm刺入皮下，距刺入点0.5cm处穿出，越过创口至对侧做对称性的刺入、穿出，如此逐一穿好后，将敷料置缝线下盖于创口上，再拉紧缝线，打活结固定。

四、固定绷带

固定绷带是使患部保持安静、固定不动而装置的一种绷带。其主要用于骨折、脱臼、关节疾病及肌腱断裂等的治疗。

1. 夹板绷带

常用竹板、木板、胶合板、金属丝或金属板等材料，制成与患部大小、形状适宜的夹板。使用时，先擦净患部被毛，涂以滑石粉；用棉花垫平(骨骼突出部要垫厚些，应超过夹板上下两端)，再用蛇形带固定；最后将选用的夹板放于棉花外围(夹板应长于两个关节，间距以0.5～2cm为宜)，用绷带缠紧固定。

2. 石膏绷带

(1)准备　先将病畜横卧保定并使之镇静或浅麻，以利整复和包扎；刷拭干净患部及周围皮肤，涂碘酊或酒精，有创伤时应先行外科处理，备足棉花、卷轴带、夹板、石膏绷带、石膏粉及40℃的温水。

(2)装置方法

①患部先用棉花包好(方法同夹板绷带)，再以螺旋带固定。

②将一石膏绷带卷浸于40℃水中，到不冒气泡时取出，用两手握住绷带卷两端挤出多余水分，同时浸入第二卷备用。

③用已浸好的石膏绷带螺旋式缠绕患部，边缠边均匀涂抹石膏泥，缠至骨折上方关节后，再折向下缠，如此缠绕7～8层，最后一层要将两端超出的棉花折向绷带压住，并涂

石膏泥抹光。待石膏硬固后使患畜起立，保定于六柱栏内。开放性骨折时，创伤处理并覆盖纱布后，以大于创口的杯子放于纱布上，再用石膏绷带在杯子周围缠好后，取下杯子修整边缘、即成窗形石膏绷带。

(3)装置石膏绷带的注意事项

①操作要迅速，以防石膏硬固。浸泡时间不宜过长，随用随浸，保持水温，确保硬化效果。

②装置完毕后，应随时检查，若病畜不安、体温升高或肢体末端浮肿严重，有组织坏死可能，或装置松弛固定不佳时，应及时拆除，重新装置。

③长骨骨折石膏绷带应固定上下两个关节，以达制动目的。后期应适当运动，促进康复。

④病畜如无异常，石膏绷带可于骨折愈合后拆除，一般需6～10周。

⑤拆除石膏绷带使用石膏锯、石膏剪、石膏刀及板锯等时，应注意防止伤及皮肤。

技能八　术前准备与术后护理

⋆理论知识

一、术前准备

1. 施术动物的准备

(1)术前检查　对病畜的全面检查，可提供诊断资料，并能决定保定及麻醉的方法，是否可以施行手术，如何施行手术以及预后的估计。

(2)预防注射　术前一周应给病畜皮下注射破伤风类毒素0.5～1mL，在紧急手术时可于术前给病畜注射破伤风抗毒素，大家畜1万～2万U，小家畜用3000～4000U。

(3)禁食　术前应禁食半天或1d，仅给予饮水。倒卧保定及腹腔手术时，禁食更为重要。

(4)预防　给予抗生素以预防手术创感染，给予止血剂以防手术中出血过多，给予止酵剂以免术中发生臌气，也可强心补液以加强机体的抵抗力。

(5)畜体准备　术前刷拭动物体表，清除污物，然后向被毛喷洒1%煤酚皂溶液或0.1%新洁尔灭。在动物的腹部、后躯、肛门、会阴等处施行手术时，术前包扎尾绷带。会阴部的手术，术前应灌肠导尿，以免术中动物排粪尿，污染术部。

2. 确定手术计划

手术计划的内容有：

(1)手术的名称、目的、日期及手术人员的分工。

(2)手术前必须采取的防制措施，如禁食、胃肠减压、灌肠、导尿、给药的种类与方法，给动物注射破伤风类毒素或破伤风抗毒素等。

(3)所需用的手术器械、药品、敷料，其他用品的种类、数量及消毒的方法，保定及麻醉的方法；手术操作过程中应注意的问题。

(4)手术过程中可能出现的问题(如大出血、休克、窒息等)，应如何预防及急救。

(5)术后护理及治疗措施。

3. 进行手术的工作组织

手术人员分工如下：

(1)术者　是手术的负责人，手术的主要操作者。

(2)第一助手　配合术者做切开、止血、清理术野、缝合及术后处理等工作。必要时可代替术者进行手术。手术过程中第一助手站在术者对面。

(3)第二助手　协助术者及第一助手完成手术工作。手术过程中第二助手应该站在术者的左侧。

(4)第三助手(器械助手)　熟悉及准备所用的器械、敷料、药品及消毒工作。手术过程中器械助手应将器械及时、准确地传递给术者，及时清理器械上的血迹、污物及线头。手术过程中，器械助手应站在术者的对面或右侧。

在施行较大的手术时(如肠吻合术、瘤胃切开术、腹股沟阴囊疝修补术)，还需要增加辅助人员负责保定、麻醉、供应药品及敷料。

4. 手术记录

其主要内容见手术记录表(表 24-1)。

表 24-1　手术记录表

手术号　　　　　　　　　　　　　　手术日期

畜主姓名		畜别		年龄		品种	
初诊日期				术前诊断			
病史摘要							
术前检查							
手术名称		手术时间	时　　分			术后诊断	
手术者		助手					
保定方法							
麻醉方法、剂量及效果							
手术方法							
术后处理							
医嘱							

二、术后治疗与护理

1. 术后治疗措施

(1)预防术后感染　术后抗感染常用的药物有磺胺类药物及抗生素类药物。常用的磺胺类药物有氨苯磺胺、磺胺嘧啶钠、磺胺甲基嘧啶、磺胺二甲基嘧啶、磺胺异噁唑、磺胺甲基异噁唑及磺胺甲氧嗪等。用抗生素类作抗感染药物时，首选药物是青霉素 G、氨苄青霉素等。

(2)输液　通常是给患畜静脉注射复方氯化钠注射液、5%葡萄糖生理盐水。当手术过程中动物失血过多时，给动物输血或静注6%中分子右旋糖酐注射液，大家畜一次1000～2000mL，小家畜一次500～1000mL。当动物出现酸中毒时，静注5%碳酸氢钠注射液，大家畜一次300～1000mL，小家畜50～150mL。患畜体质较弱时，还要适量静脉注射10%～25%葡萄糖注射液。

(3)补充维生素　为促进上皮生长，可给患畜补给维生素A；为促进骨骼的愈合，可给患畜补给维生素D；为纠正手术后的胃肠机能紊乱，给动物补充维生素B_1；为促进创伤的愈合，给动物补充维生素C。

2. 术后护理

注意患畜的保暖，防止感冒及呼吸道感染。要防止动物摔伤及骨折。在苏醒以后的半天内，不宜让其饮水及采食，以防误咽。术后每日检查体温、呼吸、脉搏，以便及时掌握患畜的状况。要防止动物啃、舐伤口。

*项目小结

外科手术主要是应用手术的方法治疗家畜疾病，在进行手术治疗之前，先要进行疾病的诊断，经检查认为有进行手术治疗的必要时，并且病畜情况适合进行手术时，方可进行手术治疗。本项目介绍了外科手术基本操作技术，包括消毒、麻醉、组织分离、止血、缝合、引流、绷带包扎、术前准备与术后处理等内容。

*目标检测题

一、问答题

1. 简述手术区的消毒方法。
2. 简述常用局部麻醉的方法。
3. 简述组织分离的原则。
4. 简述常用止血的方法。
5. 简述缝合的注意事项。

二、病例分析题

现有一病犬表现为排尿困难、疼痛、频尿血尿，膀胱敏感性增高，现初步诊断为膀胱结石。请你制订一套完整的手术计划取出结石。

模块四

兽医临床常见症状的诊断与处理

【知识目标】

了解发热、腹泻、便秘、便血、腹痛、尿闭、贫血、呼吸障碍、繁殖障碍、中毒十大症状的诊断思路、临床表现，掌握其临床意义和治疗要点。

【技能目标】

基本掌握发热、腹泻、便秘、便血、腹痛、尿闭、贫血、呼吸障碍、繁殖障碍、中毒等症状的诊断和治疗技术。

技能一　发热的诊断与处理

★理论知识

发热是指动物机体在致热原作用下或体温中枢的功能障碍时，使产热过程增加，而散热不能相应增加或散热减少，体温升高超过正常范围并且有热候的病理状态的总称。发热时常伴有寒战，多汗，皮温不均，心率、呼吸加快及各组织器官机能和物质代谢异常等症状，称为热候。

一、病因诊断

根据其致热原的性质和来源不同，常将其分为感染性发热和非感染性发热两大类。

1. 感染性发热

各种病原体如细菌、病毒、立克次氏体、支原体、真菌、螺旋体及寄生虫等侵入动物机体后，均可引起相应的疾病，不论急性还是慢性、局限性还是全身性均可引起发热，通常称为感染性发热。

2. 非感染性发热

病原体以外的各种物质引起的发热属非感染性发热。其病因包括以下几点：

(1)无菌性坏死组织的吸收　如大面积烧伤、内出血、创伤或手术后组织损伤；恶性肿瘤、白血病、急性溶血反应；血管栓塞或血栓形成等引起的组织坏死。

(2)变态反应时形成的抗原抗体复合物，激活了致热原细胞，使其产生并释放内源性致热原，如风湿热、血清病、药物热、某些恶性肿瘤等。

(3)内分泌和代谢性疾病　当神经内分泌系统功能紊乱而导致物质分解代谢增强、产热增多时，出现发热，如甲状腺功能亢进时产热增多。

(4)体温中枢功能失常　如中暑、脑震荡、颅骨骨折、脑出血及颅内压升高等。

二、症状诊断

1. 发热的一般症状

发热不是一种独立的疾病，而是许多疾病尤其是炎性疾病时最常见的症状，表现为食欲不振或厌食，消化不良，精神沉郁，群体动物怕冷扎堆，不愿活动，机体消瘦和抵抗力下降。尤其是当引起心肌变性而出现心功能不全时，病情常迅速恶化。动物发热时往往还伴随全身发红，结膜充血，皮疹以及肝脾、淋巴结肿大，关节肿痛等症状。

2. 常见发热性疾病的诊断思路

(1)患病动物发热时主要表现消化道症状，出现腹泻、腹痛、粪中混有黏液或血液，可能是大肠杆菌病、沙门菌病、巴氏杆菌病、空肠弯曲杆菌病、炭疽病、胃肠炎等。此外还要特别注意牛瘟、成年奶牛肠毒血症、奶牛冬季痢疾；猪瘟、坏死性肠炎、仔猪红痢；犬瘟热、犬细小病毒病；猫泛白细胞减少症；鸡新城疫、鸡传染性法氏囊病等。

(2)患病动物发热时主要表现呼吸道症状，出现流鼻液、打喷嚏、咳嗽、喘气、呼吸困难；猪还出现全身发红、耳朵发紫、母猪返情、流产、产木乃伊胎等；肺腔听诊有啰音，胸膜摩擦音的，则可能是流感、急性鼻卡他、急性喉卡他、急性支气管炎、支气管肺炎、肺坏疽、肺脓肿、肺充血与肺水肿、胸膜炎、支原体肺炎、霉菌性肺炎等。此外，还应注意马传染性胸膜肺炎、传染性鼻气管炎、牛羊传染性胸膜肺炎、猪肺疫、呼吸与繁殖障碍综合征、副嗜血杆菌病、放线杆菌病、犬瘟热、鸡传染性鼻炎、传染性喉气管炎、传染性支气管炎、慢性呼吸道病等。

(3)患病动物发热时主要表现为神经症状时，应注意狂犬病、伪狂犬病、李氏杆菌病、日射病、热射病等。此外，还应注意马(美洲马)传染性脑脊髓炎；猪乙型脑炎、传染性脑脊髓炎、血细胞凝集性脑脊髓炎；牛恶性卡他热、牛衣原体病；鸡传染性脑脊髓炎病等。

(4)患病动物发热伴有明显皮肤病变时，应注意恶性水肿、坏死杆菌病、金黄色葡萄球菌病、巴氏杆菌病、口蹄疫、水疱性口炎等。此外，还应注意猪圆环病毒病、水疱病、猪水疱疹；羊传染性脓疱、羊溃疡性皮炎；马鼻疽、马腺疫；牛流行性淋巴管炎、牛淋巴结核等。

(5)患病动物发热时伴有红尿时，应注意钩端螺旋体病、肾棒状杆菌病、泌尿道的出血性炎症等，此外还应注意羊、猪链球菌病。

另外，当动物出现发热性疾病，还应考虑动物的寄生虫(如弓形虫、附红细胞体、血吸虫、锥虫、梨形虫)的感染。

⋆技能操作

防治措施：

(1)除去病因和诱因　患病动物呈群发性发热性疾病时，应按照《中华人民共和国动物防疫法》的要求，进行隔离，并对被污染的环境进行彻底消毒。对源于输液的应更换液体。

(2)退热　针对病因选用解热药退热(但在没有弄清病因前，且不是高热时，一般不要随意使用退热药，最好根据药敏试验的结果选用抗菌消炎药退热)。在退热期，为防止虚脱，要注意保护心脏、肝脏的功能。

(3)辅助治疗　注意补充营养物质，调节患病动物的水、盐、电解质及酸碱平衡。对患病动物出现的伴随症状应进行对症处理，如动物兴奋不安时，应选用镇静剂。

(4)加强护理　避免各种应激，特别要注意环境温度、湿度和通风三要素。喂以易消化吸收和可口的青绿饲料或糖类丰富的饲料。

技能二　腹泻的诊断与处理

＊理论知识

腹泻是指排便次数增加，粪便稀薄并带有黏液、脓血或未消化的食物。腹泻按其病程可分为急性与慢性腹泻两种。

一、病因诊断

(1)管理因素　养殖环境温度过低，潮湿受寒；应激(心理应激、营养应激、环境应激)；仔畜没有早期补饲、断奶后突然过食；饲喂不定时定量；喂食习惯的改变，饲料突然变更；久渴失饮或饮水不洁，饲料饮水过冷过热；长途运输等。

(2)饲料因素　饲料品质不良(霉变、原料质量差)；植物蛋白过高；饲料加工调制不当，如生喂豆类；长期添加抗生素使肠胃菌群结构和机能发生紊乱；饲料颗粒过粗或过细，混杂大量泥沙等。

(3)机体因素　初生动物消化器官发育不全(如胃底腺)，缺乏游离盐酸；消化酶不足等。

(4)病原因素

①细菌感染：大肠杆菌病、沙门菌病、B型或C型魏氏梭菌病、多杀性巴氏杆菌病、链球菌病、耶尔森菌病、空肠弯曲杆菌病、白色念珠球菌病、原藻病等。

②病毒感染：牛瘟、牛恶性卡他热、轮状病毒病、冠状病毒病、腺病毒病、牛病毒性腹泻、传染性胃肠炎、流行性腹泻、伪狂犬病、慢性猪瘟、新城疫、传染性法氏囊病、犬瘟热、犬细小病毒病、猫泛白细胞减少症、猫免疫缺陷病毒病等。

③寄生虫感染：线虫病、孢子虫病、小袋纤毛虫病、球虫病、结节虫病、附红细胞体病、住白细胞原虫病、棘口吸虫病、肉孢子虫病等。

④中毒病：有机磷、有机氟、砷、铜、氯化钠、汞、钼、氟、硝酸盐、有毒植物、真菌毒素中毒等。

⑤其他无乳症：铁缺乏，犬、猫的食物过敏、急性胰腺炎、肾上腺机能低下、甲状腺功能亢进、肠道肿瘤、充血性心力衰竭、肉芽肿性肠炎等。

二、症状诊断

(1)分析其流行特点　暴发性发生，迅速传播的腹泻一般与病毒性因素有关；隐性发生，缓慢传播，随时间逐渐加重的病例往往与细菌病或寄生虫病有关。

(2)观察粪便的性状、颜色　黄色粪便见于仔猪腹泻；灰白色粪便，含有凝乳团，多为仔猪白痢；腹泻似水，色泽不一，或黄绿色，常见于传染性胃肠炎；新鲜粪便(通过挤压腹腔获得)pH值呈酸性，多为传染性胃肠炎和轮状病毒性肠炎，其他肠病引起的腹泻粪便多呈碱性；粪便中混有血液或呈黑色，则为出血性炎症，如猪的血痢或魏氏梭菌性肠炎、鸡球虫病、犬的细小病毒病；如血液只附于粪球外部表面，并呈鲜红色时，为后部肠管出血的特征，而血液均匀混于粪便中并呈黑色时，说明出血部位在胃及前段肠道；粪便中混有脓液是化脓性炎症的标志；如粪便中混有脱落的肠黏膜，则为伪膜性与坏死性炎症的特征等。

(3)了解患病动物的主要伴随症状　伴发热者可见于猪瘟、附红细胞体病、急性细菌性痢疾、肠结核、败血症等；伴里急后重者见于急性痢疾、直肠炎和其他顽固性腹泻性疾病等；伴明显消瘦者可见于胃肠道恶性肿瘤及吸收不良综合征；伴皮疹或皮下出血者见于猪瘟、伤寒或副伤寒、过敏性紫癜等；伴重度失水者常见于分泌性腹泻，如霍乱及细菌性食物中毒等。

★技能操作

防治措施：

(1)去除病因，改善饲养管理　首先应查明和去除病因，针对病因实施治疗，对继发性胃肠疾病，重点治疗原发病，辅以对症处理。提供良好的饲养管理外界条件，如优质饲料、充足饮水、清新空气、适当运动等对于促进胃肠功能的恢复有重要意义。对有一定消化功能的病例宜给予适量易消化、柔软、含一定量蛋白质和碳水化合物的饲料，如青饲料、淀粉浆、麦麸粥、米汤等，但量不可太多，次数也不宜过于频繁。对消化机能高度障碍的病例，不宜急于考虑给胃肠补给营养，否则会增加胃肠负担，加重病情。

(2)抗菌消炎或预防炎症　对胃肠疾病，尤其是胃肠炎症，应及时选用抗菌消炎药，常用药物：呋喃类，如痢特灵；磺胺类，如磺胺脒、磺胺嘧啶、磺胺增效剂；喹诺酮类，如沙拉沙星、环丙沙星、恩诺沙星；土霉素、多西环素、阿莫西林、泰妙菌素、氟苯尼考等；抗菌中草药，如黄连素、白头翁、大蒜等。

(3)清理胃肠，适时止泻　为减少胃肠内容物分解产物对胃肠道黏膜的刺激。对细菌性、病毒性、中毒性胃肠炎的早期病例，粪便恶臭或腥臭时，可以考虑适当使用泻剂。常用泻剂有硫酸钠、硫酸镁、菜籽油、液体石蜡，但是中毒病例时，勿用油类泻剂。此外，当胃内容物过度充满或中毒的初期，可使用催吐剂。常用的措施是皮下注射阿扑吗啡。当胃肠道已基本排空，粪便不再恶臭，或机体严重脱水时，宜收敛止泻，常用药物有鞣酸蛋白、次硝酸铋、活性炭。重点要把握好缓泻与止泻的用药时机。

(4)避免内毒素中毒与脱水　胃肠炎的经过中，在机体脱水的同时，炎性产物、腐败产物及细菌毒性产物，尤其是内毒素被大量吸收而发生中毒。因此，在使用抗生素时应配合使用糖皮质激素。常用的糖皮质激素包括地塞米松、氢化可的松、醋酸可的松等。同时要补充有效血液循环量，解除微循环障碍，可选用5%～10%葡萄糖注射液、5%葡萄糖盐水、低分子右旋糖酐和5%碳酸氢钠注射液等，当静脉注射困难时，可改为腹腔注射。对心动减弱、静脉瘀血、脉弱不感手的病例，在补液时常用安钠咖或樟脑以增强心肌收缩力。

(5)镇痛止血　有严重腹痛和出血时，可用水合氯醛或颠茄酊口服或灌肠，同时给予仙鹤草、止血敏、安络血、云南白药、维生素 K_3 等。

(6)调整胃肠　对口腔润湿、舌体绵软、肠音高朗、粪便稀薄色淡的病例，可选用B族维生素、健胃散等，同时喂食一定量蛋白质的饲料。对口腔干燥、舌体短肿、肠音减弱、排粪迟滞、粪色深黑的病例，可使用10%稀盐酸或食醋、1%～3%乳酸等。可同时使用苦味健胃药。对腹围膨大的病例，宜选用芳香味或辛辣健胃剂，如陈皮酊、小茴香酊等。

技能三　便秘的诊断与处理

⋆理论知识

便秘是指由于肠内容物停滞、变干、变硬而使某段或某几段肠管发生完全或不完全阻塞的一组腹痛病。按积粪部位可分为小肠便秘和大肠便秘。

一、病因诊断

1. 引起功能性便秘的原因

(1)采食量少或日粮中缺乏纤维素，对肠运动的刺激减少。

(2)由各种原因(如时间、地点、应激因素等)造成排粪受干扰或抑制。

(3)滥用泻药造成对泻药的依赖，不用泻药则不易排便。

(4)全身性疾病造成消化机能紊乱、肠运动机能障碍，如猪的蓝耳病、应激综合征。

(5)肠道肌肉、腹肌及盆肌张力不足和胃肠蠕动减弱，排便动力不足，难于把粪便排出体外。

(6)饮水不足或发热性疾病时水分吸收过多。

(7)应用吗啡类药、抗胆碱药、神经阻滞药等使肠肌松弛引起便秘。

(8)脊髓损伤、脑炎等使肠排便过程的神经及肌肉活动障碍，如排便反射减弱或消失、肛门括约肌痉挛、腹肌收缩力减弱等。

2. 引起器质性便秘的原因

(1)直肠与肛门病变引起肛门括约肌痉挛，排便带痛造成惧怕排便，如肛裂、肛周脓肿和溃疡、直肠炎。

(2)腹腔、盆腔和结肠良性或恶性肿瘤压迫。

(3)各种原因的前段消化道炎症、肠梗阻、肠粘连、先天性巨结肠症等。

(4)全身性疾病使肠肌松弛，如尿毒症、黏液性水肿，此外血卟啉病及铅中毒引起肠肌痉挛也可导致便秘。

二、症状诊断

肠便秘的临床症状因秘结的程度和部位不同而异。但一般症状是患病动物排粪时用为努责，肛门突出，严重时可造成直肠脱，胃肠蠕动音减弱或消失。动物便秘时常反射性地引起厌食，完全阻塞时食欲很快废绝；由于积食、积气使肠管扩张，并受到结粪持久的刺激而出现肠管阵发性痉挛，导致腹胀与腹痛；当十二指肠便秘时，可引起呕吐和碱中毒；便秘可通过胃肠反射引起继发性胃扩张，严重时，由于粪便对肠壁神经和血管的机械性压迫，导致肠管麻痹、缺血、炎症和坏死；便秘时，粪便发酵和腐败分解产物大量被吸收，引起中毒，加之炎症感染，严重时导致休克；如果便秘肠管压迫膀胱颈，可引起膀胱麻痹和尿闭。

＊技能操作

防治措施：

治疗时应视病情运用以疏通为主，兼顾镇痛、减压、补液、强心的综合性治疗原则。

(1)镇痛常用安乃近、氯丙嗪溶液肌肉注射，或用水合氯醛酒精(5%)、硫酸镁(20%)溶液静脉注射。

(2)减压通过导胃排液和穿肠放气，减低胃肠内压。

(3)疏通软化积粪，疏通肠道。用硫酸钠或硫酸镁加水适量，口服。也可用温盐水、肥皂水、温水或2%小苏打水进行深部反复灌肠(妊娠动物禁用)。也可用直肠按压法、剖腹按压法等消除结粪。对马属动物不完全阻塞性大肠便秘和草食动物胃肠弛缓形成阻塞的疏通，可内服碳酸盐缓冲合剂(碳酸钠 50g，碳酸氢钠 420g，氯化钠 100g，氯化钾 20g)，加温水 10L；醋酸盐缓冲合剂(醋酸钠 130g，冰醋酸 25g，氯化钠 100g，氯化钾 20g)，加水 10L，每日 1 次。可有效地降低肠内过高的酸度和碱度，恢复肠肌自主运动性，解除肠弛缓，促进积粪的迅速排除。

(4)促进胃肠蠕动在投服泻药后数小时，肠音尚存在的情况下可皮下注射新斯的明或2%毛果芸香碱或口服大黄末，但妊娠畜禁用；注射 B 族维生素。

(5)排除积粪腹部按摩或手指涂油后掏出直肠积粪。

(6)补液强心，目的在纠正脱水失盐，调整酸碱平衡，维护心肾功能。

(7)改善饲养管理加强护理，即使病畜食欲尚好，也应少喂或暂时停喂饲料，给予大量温水，或代之以营养液灌肠或输液。

技能四　便血的诊断与处理

＊理论知识

消化道出血并由肛门排出称为便血。便血颜色可呈鲜红、暗红或黑色(柏油便)，少量出血不造成粪便颜色改变，须经潜血试验才能确定的，称为潜血便。

一、病因诊断

引起消化道出血的原因甚多，较常见的有以下几种：

(1)感染性因素　如梭菌性肠炎、球虫病、钩端螺旋体病。

(2)全身性疾病　如血小板减少性紫癜。

(3)消化系统疾病　如胃及十二指肠溃疡、直肠损伤、肛裂等。

二、症状诊断

1. 便血的一般症状

主要是粪便带血，若出血量不多则全身症状不显著，如短期内出血量多，则可出现贫血及外周循环衰竭症状。便血颜色可因出血部位不同、出血量的多少及血液在肠腔内停留时间的长短而异。

(1)上消化道或小肠出血，血液在肠内停留时间较长，则因红细胞破坏后，血红蛋白在肠道内与硫化物结合形成硫化亚铁，故粪便呈黑色，由于附有黏液而发亮，类似柏油，故又称柏油便。

(2)下段消化道出血，如出血量多则呈鲜红，若停留时间较长，则可为暗红色，粪便可混有血液。

(3)血色鲜红不与粪便混合，仅黏附于粪便表面或于排便前后有鲜血滴出或喷射出者，提示为肛门出血或肛管疾病。

2. 便血的诊断思路

(1)便血伴有腹痛　动物腹痛或黄疸伴有便血时，应考虑肝、胆道出血；还见于急性出血性坏死性肠炎、肠套叠、肠系膜血栓形成或栓塞。腹痛时排血便或脓血便，便后腹痛减轻者，见于细菌性痢疾，也见于溃疡性结肠炎。排血便后腹痛不减轻者，常为小肠疾病。

(2)便血伴有里急后重　排便频繁，但每次排血便量甚少，提示肛门、直肠疾病，见于痢疾、直肠炎及直肠癌。

(3)便血伴有发热　便血伴发热常见于传染性疾病，如败血症、流行性出血热、钩端螺旋体病等。

(4)便血伴有全身出血倾向　便血伴皮肤黏膜出血者，可见于急性传染性疾病及血液疾病，如白血病等。

(5)观察血性粪便的颜色、性状及气味　阿米巴性痢疾的粪便多为暗红色果酱样的脓血便；急性细菌性痢疾为黏液脓性鲜血便；急性出血性坏死性肠炎可排出血性水样粪便，并有特殊的臭味。

(6)食用动物血、肝脏等可使粪便呈黑色，服用铁剂及中药等药物也可使粪便变黑，用潜血试验可以鉴别。

3. 常见便血性疾病的诊断思路

(1)感染性出血性疾病　有沙门菌性肠炎、肠炭疽、肠结核病、急性细菌性痢疾、钩端螺旋体病、流行性出血热、血吸虫病、钩虫病、鞭虫病、败血症，此外还应注意猪痢疾、非洲猪瘟、C型产气荚膜梭菌病；猫泛白细胞减少症；禽球虫病、禽坏死性肠炎、禽溃疡性肠炎等。

(2)全身性疾病　白血病、血小板减少性紫癜、过敏性紫癜、血友病、遗传性毛细血管扩张症、维生素C及维生素K缺乏症、肝脏疾病等。

(3)消化系统疾病　胃溃疡、十二指肠溃疡、慢性胃炎、急性出血性坏死性肠炎、肠套叠等。

(4)中毒性疾病　有机磷、有机氯、磷化锌、灭鼠灵、马杜霉素；蓖麻及蓖麻饼、菜籽饼、毒芹、马铃薯苗、斑蝥等都可引起便血。

★技能操作

防治措施：

(1)去除病因　首先查明原因，针对病因实施防治。

(2)止血镇痛　可选用止血敏、安络血、云南白药、维生素 K_3、仙鹤草等止血药进行止血。伴有严重腹痛时，可用水合氯醛或颠茄片口服。

(3)抗菌消炎和对症治疗　参见“技能二　腹泻的诊断与处理”。

技能五　腹痛的诊断与处理

★理论知识

腹痛是兽医临床常见的一种症状，是由于腹部脏器功能障碍而表现出腹痛症状的一类疾病的总称，又称为疝痛，中兽医称为“起卧证”，多发生于马属动物，其他动物较少发生。因此，本症状的描述以马为主。

由胃肠疾病所引起的腹痛为真性腹痛；除胃肠疾病以外的某些脏器(如泌尿生殖器官、肝、胆、脾、腹膜)引起的腹痛为假性腹痛；真性和假性腹痛以外的，由传染病、寄生虫、中毒病、疝引起的腹痛统称为症候性腹痛。

一、病史调查

(1)发病时间与病的经过　在采食后1～4h发生腹痛者，多为急性胃扩张、肠臌胀；发病缓慢、时间在数天甚至更长者，多为肠阻塞；发病急剧并在1～2d内死亡的应怀疑为胃肠破裂等。

(2)腹痛表现　问明腹痛的表现，如仅表现轻度不安、前肢刨地等症状还是严重不安、起卧打滚。借此可判定是轻度、中度还是重度腹痛。病马的异常姿势如犬坐势则为胃扩张的特有症状。

(3)排粪情况　排粪干、量少多为大肠阻塞。肠痉挛时常排稀粪，粪中无恶臭和异物。急性肠胃炎时排出恶臭带有脓血和其他异物的稀粪。

二、临床特征

(1)体温、呼吸、脉搏测定　体温升高可提示由炎性疾病如腹膜炎、胃肠炎等，便秘疝、肠痉挛、肠臌气、胃扩张等体温基本在正常范围之内；脉搏、呼吸数与体温变化基本一致，脉搏数的增加对脱水程度的判断有一定的参考价值，马发生疝痛且脉搏超过 150 次/min 者，为预后不良之症。

(2)腹痛的观察　在临床上按腹痛的轻重分为三种。

①轻度腹痛：病马轻度不安，前肢刨地，后肢踢腹，伸展背腰，有时卧地但不打滚，腹痛间隔时间长，一般在 30min 以上，多为大肠的不全阻塞。

②中度腹痛：除刨地、踢腹，伸腰，卧地等表现外，病马步态紧张、有时打滚，疼痛间隙时间较短，一般多在 10min 左右，见于胃扩张、骨盆曲阻塞、胃状膨大部阻塞、肠臌胀和肠痉挛。

③重度腹痛：腹痛剧烈，频频起卧或急起急卧，或猛然摔倒，左右滚转或倒地急呈卧姿，腹痛间隙极短，一般为几分钟甚至无间隙。见于小肠阻塞、严重的胃扩张、肠臌胀、肠扭转、肠套叠等。

(3)血液学变化　血沉缓慢，红细胞压积明显升高，白细胞分类计数嗜中性粒细胞明显增高，多数病例血糖明显升高，如果血糖在 11.10mmol/L 以上，是重剧性腹痛症的指征。

(4)呕吐　出现呕吐的病马，常是胃破裂的先兆，预后多不良。

(5)镇痛效应　应用镇痛药疼痛不减轻的，提示肠管受到严重损害，是预后不良的表征。

(6)腹腔穿刺结果　腹腔液含食糜颗粒或粪渣，表明为胃或肠破裂。腹腔液为血样液体，则可能为肠变位或肠坏死。腹腔液为炎性渗出液，细菌总数超标，且嗜中性粒细胞增多的，可疑为腹膜炎。腹腔液的这些变化，常提示预后不良。

(7)休克危象　腹痛动物结膜暗红乃至发绀，或黏膜苍白，毛细血管再充盈时间延长，体表冷黏而湿润，体温低下，心率超过百次，全身肌肉震颤，步样蹒跚，是休克危象，常提示预后不良。

(8)胃破裂危象　在剧烈滚转或突然摔倒后腹痛症状减轻或消失，而全身症状迅速加重，动物表现为目光呆滞，全身大汗淋漓，汗冷、黏腻，口唇松弛下垂，四肢集于腹下，呆立不动，或四肢叉开站立，不愿走动，若强使行走，则体躯摇晃，运步不稳，有的卧地不起。体温低下，心动急速，脉搏细弱。腹腔穿刺液呈酸性或中性反应，内混饲料碎片和淀粉颗粒。但应当注意，若胃破裂而大网膜未破裂，食糜颗粒往往堆积在大网膜中，而腹腔液中却无食糜颗粒。

(9)肠破裂危象　基本上与胃破裂相同，所不同的是腹腔穿刺腹腔液混有粪渣，呈弱酸性或弱碱性反应。

★技能操作

防治措施：

腹痛的基本治疗原则是：镇静解痉、减压消胀、导滞通便、补液强心、精心护理。

(1)镇静解痉　镇静解痉是治疗腹痛动物的一种对因疗法，可减轻疼痛对大脑皮层的刺激，调整神经系统功能，适用于各种腹痛病，特别是痉挛性腹痛病；也可防止因剧烈滚转所致的并发症。临床常用针灸分水、姜牙、三江、耳尖等穴位来缓解肠痉挛引起的腹痛。同时视病情可酌选安乃近、水合氯醛、水合氯醛酒精液等镇静剂。

(2)减压消胀　旨在排除胃肠内积气、积液，缓解对膈、心脏和腹腔血管的压迫，改善氧和血液的供应。常用的措施有导胃、盲肠穿刺和瘤胃穿刺。

①导胃：旨在排除胃内积食、积气、积液，降低胃内压力，促进胃排空机能恢复，适用于急性胃扩张、瘤胃积食、瘤胃过食谷物中毒。为增强排除胃内容物效果，多采用洗胃法，灌入一定量的水或碳酸氢钠液(瘤胃过食谷物中毒用2%石灰水，不用碳酸氢钠液)，把胃内积食洗出来。

②盲肠穿刺：旨在排除盲肠内积气，在马急性肠臌胀，腹围高度膨大，有窒息危象时应用。实施盲肠穿刺，必须注意两点：一是排气不要过猛，应间歇性排气；二是排气完毕，最好经穿刺针灌入一定量的制酵剂。轻度肠积气时，在马还可针刺后海、大肠俞等穴。

③瘤胃穿刺：旨在排除瘤胃内积气、瘤胃臌气时使用。注意事项同盲肠穿刺，为制止瘤胃内继续产气，尤其是泡沫性瘤胃臌气，最好经穿刺针灌入消沫药，如2%二甲基硅油或植物油等。

(3)导滞通便　疏通瘤胃和肠管是治疗瘤胃积食和便秘性腹痛病的根本措施，可酌情选用新针疗法、直肠按压和缓泻等治疗方法。

①直肠按压：按压法、捶结法适用于小结肠和骨盆曲的便秘；握压法适用于十二指肠和回肠的便秘；切压法适用于盲肠及胃状膨大部的便秘；直取法只用于直肠便秘。

②缓泻：常用硫酸钠(牛用硫酸镁较好)、食盐、液状石蜡、碳酸钠或碳酸盐缓冲合剂。犬、猫还常用灌服香油或蜂蜜缓泻。

(4)补液强心　腹痛动物脱水均比较严重，脱水严重者，其脱水量可达体重的16%。适时补足体液，选用适当的强心剂，对维护和改善动物全身状态，具有十分重要的意义。

(5)精心护理　对腹痛动物的护理，最重要的是专人护理，防止动物滚转，引致肠变位、胃或肠破裂等继发症；腹痛动物治愈后应适当禁食，以防疾病复发；严密监护腹痛危象的发生，并及时采取急救措施。

技能六　呼吸障碍的诊断与处理

★理论知识

呼吸障碍，即呼吸运动、呼吸类型、呼吸频率改变和呼吸节律发生改变，呈现一种复杂的病理性呼吸障碍，临床上以呼吸困难、气喘、咳嗽、流涕为主症，伴随循环、消化等系统的功能紊乱的一种综合征。近几年来，猪的呼吸障碍综合征发病率和死亡率尤显突出。因此，本技能以猪为例叙述呼吸障碍的诊断和处理。

一、病因诊断

(1)传染病因素　并发感染2～4种甚至更多种疾病病原，最重要、最常见的疾病有蓝耳病、猪流感、伪狂犬病、猪瘟、链球菌病、猪副嗜血杆菌病、放线杆菌病、巴氏杆菌病、沙门菌病、萎缩性鼻炎、支原体、霉菌性肺炎等。疾病感染开始于保育期或哺乳期，甚至年轻母猪携带病原而在猪场传播。

(2)猪养殖场管理及硬件　猪群拥挤，环境条件不良，空气流动及空气质量不佳，猪群来源不同，用药计划及免疫计划没有克服存在的问题；摄入了污染了霉菌毒素的饲料，致使猪群健康状况及抵抗力下降。

(3)心血管系统疾病、血原性疾病、中毒性疾病、免疫抑制性疾病、应激等都是猪的呼吸障碍综合征的重要病因。

二、症状诊断

病猪精神沉郁，摄食量减少，咳嗽，呼吸困难，急性期体温升高，可发生急性死亡。某些病例由急性变为慢性或从一猪舍变为地方性流行，各阶段畜群生长不均匀，个体大小参差不齐，表现消瘦毛长，皮肤苍白，拱背收腹，腹式呼吸，咳嗽声嘶哑无力。如出现混合性感染则死亡率明显升高，猪的呼吸障碍综合征发病猪场还有可能出现流产，早产，死胎，木乃伊胎；母猪配种后返情率高；生长猪群患猪体弱，消瘦，打喷嚏，泪斑，结膜炎，喘气，腹泻等症状。

* 技能操作

治疗原则：强化管理、免疫、抗菌消炎和对症治疗。

1. 强化管理

(1)加强猪场消毒　一年四季选用有针对性的消毒药水对猪场的圈舍、外围进行定期消毒，对饲料、车辆、行人进行控制、消毒。

(2)对饲料的质量特别是霉菌毒素的含量要进行监控，从源头上控制霉菌毒素对猪的危害。

2. 加强免疫和监测

对猪场及周边区域出现的一些引起呼吸障碍综合征的重大传染病(如蓝耳病、伪狂犬病、猪副嗜血杆菌、链球菌等)要制订切实可行的免疫、监测计划并付诸实施。

3. 抗菌消炎

选用对呼吸道敏感的药物如氟苯尼考、泰妙菌素、泰乐菌素、替米考星、林可霉素、大观霉素、头孢类药物，进行注射或拌料饲喂，在拌料喂饲时适当配合使用一些清热解毒、清肺止咳平喘的中药及霉菌毒素吸附剂等。

4. 对症治疗

止咳可选用复方甘草合剂；平喘可用氨茶碱注射液；祛痰可选用氯化铵、远志酊等。也可在饲料中添加枇杷叶、贝母、杏仁、甘草、桔梗等中药。

技能七　尿闭的诊断与处理

★理论知识

尿闭是指泌尿机能正常而膀胱充满尿液不能排出的一种临床症状，又称尿潴留，见于尿道阻塞、膀胱麻痹、膀胱括约肌痉挛、腰荐部脊髓受伤等。患畜多有尿意且伴有腹痛症状。剧烈疼痛可引起暂时性尿闭。

尿闭的诊断：

(1)膀胱麻痹　膀胱内充满大量尿液，病畜表现疼痛不安，屡做排尿姿势，但无尿排出，或只呈现线状或滴状排出。直肠检查可发现膀胱膨胀，用手压迫，则有大量尿液排出，但停止压迫尿即停流。插入导尿管，尿液呈无力状流出。膀胱括约肌麻痹时，由于尿液不能停留，故无排尿动作，而尿液呈滴状或线状自流，致使膀胱空虚而无不安表现。当膀胱肌和括约肌同时麻痹时，膀胱常呈半充满状态，排尿失禁或淋漓。

(2)膀胱痉挛　是膀胱括约肌或平滑肌挛缩所引起的排尿障碍。膀胱括约肌痉挛时，病畜排尿动作频频、无尿排出。直检膀胱充盈，按压不能引起排尿。导尿管插入困难。腹痛明显。膀胱平滑肌痉挛时，尿液不断流出，膀胱空虚，导尿管可插入膀胱。

(3)尿道结石　不断出现排尿姿势，表现为尿频、尿痛、尿淋漓，直肠内或者体外触诊膀胱充满尿液；尿路探查，除龟头部可触知结石外，常见尿道可探查到结石阻塞部位，触诊病灶部敏感、疼痛。

(4)膀胱炎　急性膀胱炎主要是因膀胱肿胀、膀胱括约肌挛缩而引起尿潴留，其特征性症状是疼痛性频繁排尿，持续性尿淋漓。直肠内触诊，膀胱通常空虚，有剧痛感。由于膀胱括约肌的痉挛性收缩，或膀胱颈的黏膜肿胀，可引起尿闭。尿液检查主要表现为终末血尿，严重时可呈全程血尿。慢性膀胱炎的症状与急性的略同，但因病程很长，使病畜消瘦，若伴有尿路梗阻，则出现排尿困难，但疼痛现象较轻微。

(5)尿道炎　病畜频频排尿，排尿时，由于炎性疼痛致尿液呈断续状流出。尿液浑浊，其中含有黏液、血液或脓液，甚至混有坏死、脱落的尿道黏膜。触诊或导尿检查时，病畜表现疼痛不安，并抗拒或躲避检查。严重时，尿道黏膜糜烂、溃疡、坏死，或形成瘢痕组织而引起尿道狭窄或阻塞时，尿道肿胀、敏感，导尿管插入受阻及疼痛不安，直肠检查，膀胱充满。

★技能操作

治疗原则：查清病因、对症处理、抗菌消炎、促进尿液排出。

(1)膀胱炎在治疗时，常服用氯化铵使尿液酸化然后再用青链霉素。
(2)在确诊为尿道炎后，应禁止使用尿道插管。
(3)导尿时，应遵守操作规程，严禁粗暴，避免损伤尿道及膀胱黏膜。

技能八　繁殖障碍的诊断与处理

*理论知识

繁殖障碍是指妊娠期发生流产、死胎、木乃伊胎，产出无活力的弱仔、畸形儿、少仔和公母畜的不孕、不育症为其主要特征。繁殖障碍以猪最为多见，随着养殖业规模化的不断发展，猪繁殖疾病已成为大中型饲养场最重要疾病之一，本技能重点介绍猪的繁殖障碍。

一、病因诊断

(1)传染性因素　有细菌病，如布氏杆菌病；病毒病，如蓝耳病、乙型脑炎、细小病毒病、伪狂犬病、猪瘟、圆环病毒病等；衣原体病；钩端螺旋体病；弓形体和附红细胞体病等。
(2)非传染性因素　子宫内的细菌感染，如化脓杆菌、葡萄球菌、大肠杆菌等。
(3)环境因素　猪舍卫生条件差，氨气浓度高，夏季和冬季无防暑和防寒措施(如妊娠母猪适宜的温度为14～24℃)。
(4)饲料营养的因素　饲料营养配合不科学，引起营养缺乏或过剩，使孕猪过瘦或过肥以及矿物质元素钙、磷、铜、碘、锌、锰、硒、铬及维生素E的缺乏。
(5)管理因素　饲喂变质或霉变饲料；对怀孕母猪特别是妊娠中、后期没有采取良好的保护措施，如孕猪移动频繁、多头孕猪同圈饲养，相互抢食，相互攻击。
(6)遗传因素　近亲繁殖和遗传性疾病。

二、症状诊断

(1)发情不明显，发情期短，假发情或发情不愿接受交配，返情；断奶后不发情或发情时隔延长。
(2)母猪流产，早产，晚产。
(3)产死胎、木乃伊胎或畸形胎，产出活的仔猪弱小，也可产出肉眼观察正常的仔猪。
(4)急性病例持续高热，厌食，流产后体温、食欲恢复正常。
(5)产仔后少奶无奶，缺乏母性。
(6)乳房炎，阴唇水肿，阴道炎，阴道流出脓性黏液或似石灰膏样的分泌物等。

*技能操作

一、繁殖障碍的预防

猪繁殖障碍性疾病的防制要树立共同协作的观念，应用全面的分析方法，对发病场猪繁殖障碍产生原因进行具体分析，从猪场所处的地理位置、栏舍布局和结构、种猪的引进、饲养管理、生产经营、营养结构、环境与生态、疾病控制措施和方法等方面进行剖析，具体应从以下几个方面入手。

(1)加强饲养管理　充分认识均衡营养、优质饲料在防制繁殖障碍疾病的重要性，在使用饲料过程中，必须根据种猪、肥猪的各阶段营养需要进行合理配置，确保矿物质元素钙、磷、铁、铜、锌、锰、碘、铬、硒和维生素 E 的正常供应，确保必需氨基酸特别是赖氨酸的平衡，确保饲料不发霉、不变质。

(2)加强环境控制，减少病原滴度　一是保证猪群正常生长所必需的生活条件。二是建立严格的消毒制度。定期对猪舍地面、墙壁、设施及用具进行消毒，保持舍内空气流通，加强冬季保温、夏季防暑降温。三是加强排泄物、病死猪管理。对正常猪的粪、尿进行发酵或做沼气处理，对患病猪的粪尿、乳、流产的胎儿、胎衣、羊水及病死猪进行焚烧等无害化处理。

(3)加强生物安全，严把引种检疫关　严防带毒带病猪进入猪场是防止疫病发生的重要措施。引种时应认真了解供种单位的免疫程序和疫情，严禁到疫区引种和取公猪的精液。引进后要在场外隔离观察检疫两周，并进行相关的监测，接种有关疫(菌)苗产生免疫力后，才可入场饲养。要消灭鼠、蝇、蚊传播媒介，严防狗、猫、飞鸟等其他动物进入栏舍。

(4)建立健全合理的免疫程序　猪繁殖障碍疾病的主要病因是病原性因素，因此制订一个切合本场实际的免疫程序是十分重要的。各个猪场要把对本场危害较重的繁殖障碍病原(如蓝耳病、伪狂犬病、细小病毒、乙型脑炎和布氏杆菌病等)纳入猪场整体免疫程序中。

(5)严格执行疫(菌)苗接种操作规程，确保其接种密度和质量　给猪接种疫(菌)苗，是提高其机体特异性抵抗力，降低易感性的有效措施。要提高防疫人员的操作技能和防疫意识，做到疫(菌)苗保管严格按标示的保管方法执行，接种严格按操作规程进行，防疫密度做到 100%，特别对本场出现新的疫情，做到高密度、高质量坚持连续 3～5 年的预防接种。

(6)加强母源抗体监测和检疫　仔猪体内母源抗体水平的高低直接影响和干扰抗体滴度，甚至完全抑制抗体的产生。为防止母源抗体对疫苗免疫效果的影响，对某些传染病定期进行母源抗体监测，选择无母源抗体或母源抗体滴度较低的时间接种疫苗，提高对疾病的抵抗能力。规模猪场应每年至少进行一次母源抗体监测，以便随时了解和掌握本场猪群母源抗体水平，确定初免时间，适时进行预防接种。同时坚持淘汰血清阳性猪，对控制疫病起着十分重要的作用。

(7)用中草药进行有效的早期预防　应用无残留、无抗药性和无毒副作用的中草药对防制猪的繁殖障碍性疾病有重要作用，用清热、解毒、保胎、健胃中草药粉碎成细末，按日粮总量的 1%添加到饲料中，既加强抑制和排斥病原体在体内增殖和生存，还有促进生长作用。

(8)发生可疑病猪应及时送检　规模猪场一旦发生可疑病猪，兽医人员不能确诊时，应迅速收集病料或将未经治疗的病猪，送兽医部门进行检验，待确诊后，对症按规定防制。

二、繁殖障碍的治疗

引起繁殖障碍的原因很多，必须找出具体病原后才能对症下药，如果是由病原微生物引起的按照相关的疾病进行处理；如果是附红细胞体引起的，可使用土霉素、强力霉素注射和口服等。如果是由环境、饲料、管理因素引起的，应从改善饲养管理入手，换用优质饲料。

技能九 贫血的诊断与处理

***理论知识**

贫血是指单位体积循环血液中的血红蛋白浓度、红细胞数、红细胞容积低于正常值。贫血常是很多疾病过程的一个症状，而不是一个独立的疾病。贫血包括出血性贫血、溶血性贫血、营养性贫血、再生障碍性贫血。

一、病因诊断

(1)出血性贫血　急性出血性贫血见于血管受损伤、内脏出血、肝脾破裂、某些中毒病(草木樨中毒、蕨类植物中毒及三氧乙烯脱脂的大豆饼中毒)等。

(2)溶血性贫血　发生于传染病、寄生虫病、中毒病及抗原抗体反应中，红细胞遭受溶血性细菌、钩端螺旋体、血液原虫及有毒物质的破坏，引起溶血。

(3)营养性贫血　由于造血物质不足所引起的贫血，见于微量元素、维生素及蛋白质的缺乏。一般发生于缺铁地区或饲料中铁供应不足，异嗜和消化机能紊乱的动物最易发生。

(4)再生障碍性贫血　指造血器官(主要是骨髓)由于植物中毒、磺胺类药物及氯霉素过敏、放射线及重金属等引起的损伤。贫血是指单位容积血液中红细胞数、血红蛋白量和红细胞容积值低于正常值。

二、症状诊断

1. 失血性贫血的诊断

(1)急性失血性贫血　起病急，可视黏膜迅速苍白，体温低下，四肢发凉，脉搏细弱，出冷黏汗，乃至出现低血容量性休克而迅速死亡。其血液学变化是在大出血后的24h内，血液稀薄，红细胞数、血红蛋白及红细胞比容平行减少。

(2)慢性失血性贫血　可视黏膜苍白，在后期常伴有四肢和胸腹下浮肿，乃至体腔积水。

2. 溶血性贫血的诊断

(1)急性溶血性贫血　骤然起病，寒战，高热，患畜并发狂躁、呕吐、腹痛、腹泻等胃肠道症状。由于溶血迅速，血红蛋白大幅下降；血红蛋白尿，发病12h后，出现黄疸。

(2)慢性溶血性贫血　起病缓慢，可有贫血、黄疸及脾肿大症候群，主要表现为皮肤苍白，气短。若溶血未超过骨髓代偿能力时不出现贫血症状。由于肝脏消除胆红素功能很强，黄疸转为轻度。长期持续溶血，可并发胆石症和肝功能损害，血液中出现大量的胆固醇、类脂质和脂肪。

3. 营养性贫血的诊断

营养性贫血在各种动物均可发生，但新生仔猪尤为常见。表现为起病徐缓，可视黏膜逐渐苍白，体温不高，病程较长。

*** 技能操作**

1. 失血性贫血的治疗

外出血时，可用结扎止血或敷以止血药。内出血时，马、牛可静脉注射氯化钙溶液或肌肉注射维生素 K 制剂或其他止血剂。静脉注射 5%葡萄糖生理盐水 1000～3000mL，其中加入 0.1%肾上腺素液 3～5mL。条件许可时，最好迅速输给全血或血浆 2000～3000mL，隔 1～2d 再输注一次。慢性失血性贫血应积极治疗原发病和全面补给造血物质。

2. 溶血性贫血的治疗

原则是消除原发病，给予易消化的营养丰富的饲料，输血并补充造血物质。重点是消除感染，排除毒物，输血换血。

3. 营养性贫血的治疗

新生猪生下来第 4 天注射铁剂注射液 1mL；采食的动物在饲料中添加硫酸亚铁散剂或制成丸剂投服。

技能十　中毒的诊断与处理

*** 理论知识**

凡在一定条件下，以一定数量进入动物体并呈现毒害作用，造成组织器官机能障碍、器质病变乃至死亡的物质，称为毒物。由毒物引起的疾病，称为中毒病。

按毒物的性质可分为农药中毒、饲料中毒、真菌毒素中毒、有毒植物中毒、矿物质中毒、药物中毒、有毒气体中毒和动物毒中毒病八类。

按起病特点和病程可分为急性中毒、亚急性中毒和慢性中毒。

一、共同特征

中毒病种类繁多，且是群发性疾病，应首先与其他群发性疾病区分开，进行大类鉴别诊断。动物中毒病应具备以下特征。

(1)多数动物同时或相继发病。在同一饲养管理条件下，同槽、同圈或同牧地的动物突然成群发病或相继发病。其中，健壮、采食量大、采食时间长的动物发病严重且死亡率高。

(2)患病动物出现共同的症状，如腹痛腹泻，兴奋不安，运动失调，流涎呕吐，呼吸困难，瞳孔缩小或散大，血粪血尿等一系列临床症状和心、肝、肾和消化道相似的剖检变化。

(3)患病动物往往有接触或摄入同一种毒物的生活史而可能不发生同群感染现象。

(4)患病动物体温多不升高，有的甚至体温低下，但并发重剧炎症或肌肉强烈痉挛的可能发热。

二、诊断

1. 病史调查

一要注意了解草料质量、种类、保管和加工调制情况；附近是否堆放或使用过农药、化肥及其种类；周围有无厂矿及环境污染情况；是发生在放牧中还是舍饲中；厩舍附近和牧地上有无可疑的包装物品或容器，以及有关的社会情况等。二要注意中毒的发生情况，在放牧中发生中毒的，可能是误食了有毒植物，或采食了喷洒过农药的作物，或误饮了化工厂附近的废水等；在舍饲中发生中毒的，则可能是吃了霉败草料或加工调制不当的饲料，或吃了拌过农药的种子，或误用配制农药的容器给动物饮水，或是人为的破坏放毒等。三要注意中毒发生的季节性，一般说来，农药中毒多发生在播种季节或使用农药的时期，有毒植物中毒多发生在植物幼嫩的春季或开花结实的秋季，霉败饲料中毒多发生在阴雨潮湿的季节。

2. 临床特征

对中毒的动物不但要进行全面的临床检查，还要注意可能出现的特有症状，并对所搜集到的症状，参照病因调查所提供的线索，进行综合分析，排除类症，逐渐缩小可疑毒物的范围。根据临床症状，有时可大致推断中毒的类型。

(1)以呼吸困难为主要症状的中毒病有亚硝酸盐中毒、氢氰酸中毒、一氧化碳中毒、黑斑病甘薯中毒、二氧化碳中毒。

(2)以神经系统机能障碍为主要症状的中毒病有有机磷农药中毒、有机氯农药中毒、食盐中毒、马铃薯中毒、醉马草中毒、氟乙酰胺中毒、尿素中毒、铅中毒、蛇毒中毒。

(3)以消化障碍为主要症状的中毒病有棉子饼中毒、酒糟中毒、蓖麻子中毒、砷中毒、汞中毒、钼中毒、铜中毒、磷化锌中毒、硒中毒、黄曲霉毒素中毒。

(4)以皮肤损害为主要症状的中毒病有光能效应植物中毒、蜂毒中毒、牛霉稻草中毒。

(5)以骨骼、牙齿损害为主要症状的中毒病有慢性氟中毒。

(6)以血液循环障碍为主要症状的中毒病有夹竹桃中毒、闹羊花中毒等。

3. 剖检变化

注意消化道内容物的气味、色泽和性状；血液的凝固性、色泽；注意内脏器官有无糜烂、坏死、出血、肿胀、变性等病变。注意与传染病和寄生虫病鉴别诊断。

4. 毒物检验

进行毒物检验时，可采集足够量的可疑饲料、呕吐物、胃肠内容物、粪尿以及血液、肝脏、肾脏等组织做检样。所采集的检样要用清洁的玻璃器皿或瓷罐盛装，绝不可用金属器皿或陶土容器。检样内不得加入任何防腐剂。被检样品必须加贴标签，注明检样名称、送检目的和采样日期。

5. 动物试验

给同种动物或试验动物饲喂或饮用怀疑染毒的饲料、牧草或饮水，看是否具有与自然病例相同或相似的症状和剖检变化。

*技能操作

治疗原则：切断毒源，促进毒物排出，药物解毒和维护全身机能。

一、切断毒源

对可疑的饲料、饮水、牧场、器具等应立即更换；对疑似有毒气体中毒的，要立即通风，呼吸新鲜空气；对疑似体表染毒的，立即用清水或弱碱性、弱酸性的溶液冲洗。眼睛染毒的，可用3%硼酸、2%碳酸氢钠或清水冲洗。

二、促进毒物排出

通常采用的方法有催吐法、洗胃法、吸附法、缓泻法、灌肠法、放血法、利尿法等方法。

1. 催吐法

本方法一般只适用于猪、犬、猫等中小动物，通常在中毒4～6h内进行。

常用的药物有：阿扑吗啡(去水吗啡)，0.05～0.10mg/kg，但要注意猫禁忌使用；吐根糖浆，10～20mL灌服；硫酸铜，猪0.1～1g，犬0.1～0.5g灌服。

催吐剂禁用症：摄入腐蚀性毒物，或胃肠、食道黏膜受损的动物；昏迷和半麻醉的动物；不具有咳嗽反射机能的动物；惊厥动物。

2. 洗胃法

对于从消化道进入的毒物，应尽早地实施洗胃。但本方法只适用于马、牛、骡等大动物。其操作步骤为首先抽出胃内容物，继而用洗胃液或洗胃剂反复冲洗，最后经胃管灌入解毒剂、泻剂或保护剂。

洗胃液最常用的是清水，也可根据毒物的种类和性质，选用不同的洗胃剂，通过吸附、沉淀、氧化、中和等作用，使其失去毒性，或阻止其吸收。常用的洗胃剂有以下几种。

(1)1%～2%食盐水　常用于毒物不明的急性中毒。砷化物中毒时，也可用生理盐水洗胃。一般解毒剂其配方为药用炭粉2份，鞣酸、氯化镁各1份混合而成。使用时，按50g加温水500mL的比例制成洗胃剂。它可吸收、沉淀和中和毒物，可用于各种经口进入的毒物中毒。洗胃后，要注意再用清水冲洗，但一般解毒剂不适用于硫磷中毒。

(2)高锰酸钾液　其配制浓度可为1∶(2000～5000)，常用于巴比妥类、士的宁、砷化物、氰化物、无机磷中毒等：但是，因为它能通过氧化作用增强1059、1605、3911、乐果等有机磷农药的毒性，故上述农药中毒时，不宜使用。

(3)0.3%过氧化氢溶液　常用于无机磷、士的宁、氰化物等的中毒。因它容易产生气体，所以腐蚀性毒物中毒时禁用。

(4)2%碳酸氢钠溶液　用于生物碱、汞、铁及有机磷中毒，但敌百虫除外。因敌百虫在碱性条件下，可转化成毒性更强的敌敌畏，故禁忌使用。

(5)浓茶液或1%～4%鞣酸溶液　可用于重金属、生物碱等的中毒。

(6)0.2%～0.5%硫酸铜溶液　主要用于无机磷中毒。

(7)1%葡萄糖酸钙或1%氯化钙溶液　主要用于氟化物或草酸盐中毒。

另外，对于反刍动物中毒，必要时可行瘤胃切开洗胃法。在禽中毒时，可采用嗉囊切开术，取出并冲洗毒物。

3. 吸附法

吸附法是先将毒物自然地黏合到一种不能吸收的吸附剂载体上，然后通过消化道排出毒物的一种方法。吸附剂能吸附胃肠道内各种有害物质，如重金属、细菌、有毒代谢产物、色素及有毒气体等。最常用的吸附剂是“万能解毒药”(配方为活性炭2份，氧化镁、白陶土、鞣酸各1份混合而成)或活性炭。该方法往往与缓泻同时进行。

值得注意的是吸附剂不能与其他药物同时配伍使用，否则既降低了它的功效，又减弱药物的作用。

4. 缓泻与灌肠法

中毒时间较长，大部分毒物已进入肠道时，为防止毒物吸收和引起肠道刺激症状，则需采取缓泻与灌肠法。除生物碱中毒外，缓泻法与吸附法联合应用，效果更佳。食盐中毒、砷汞中毒时，不能用盐类泻剂；磷化锌和有机氯农药中毒时，不能用油类泻剂；严重腹泻、脱水者也不能再用泻剂。硫酸镁在肠道中可因镁离子吸收过多引起高镁血症，对中枢神经和心肌起抑制作用。因此，对昏迷的中毒者，或中毒者心、肾功能不良时，硫酸钠比较安全。

对于马、牛、骡等大动物，用温水、肥皂水，1%食盐水深部灌肠，也能起到良好的效果。

5. 放血法

毒物被机体吸收入血后，对严重中毒的动物，可适当放血以减少血液内的毒素。放血后可适当输血或输入等量的生理盐水。

6. 利尿法

多数毒物尤其是水溶性毒物可经肾脏排出，因此，应用利尿剂可促进毒物由尿液排出，可内服利尿素。另外，静脉注射较大量的葡萄糖液与复方氯化钠溶液，既可稀释血中毒物，避免水、电解质代谢紊乱，又有利尿作用，也是促进毒物排出的好方法。应用利尿剂时，除应多饮水外，还要注意补充钠盐和钾盐。

三、药物解毒

临床上对于已经确诊，且有特异性解毒剂的中毒病要用特效解毒药迅速解毒。可选用特效解毒药救治的常见中毒病有以下几种。

(1)有机磷中毒　双复磷肌肉注射首次量为15～30mg/kg，以后每2～3h用药一次，剂量减半；硫酸阿托品，一次用量，牛为0.25mg/kg，马、羊、猪、犬为0.5～1mg/kg，皮下或肌肉注射。

(2)有机氟中毒　解氟灵，按0.1～0.39g/kg，以0.5%普鲁卡因稀释，分2～4次注射。

(3)亚硝酸盐中毒　通常用1%美蓝液，按照0.1～0.2mg/kg静脉注射。

(4)氰化物中毒　1%亚硝酸钠液，1mL/kg，静脉注射；同时10%硫代硫酸钠液1mL/kg，静脉注射。

(5)砷、汞中毒　二巯基丙醇注射液，首次剂量马、牛为5mg/kg，猪、羊、犬为2～3mg/kg，肌肉注射，以后每隔4h注射一次，剂量减半，直到痊愈。二巯基丙磺酸钠和二巯基丁二酸钠比二巯基丙醇作用强、疗效好。

(6)铜中毒　0.2%～0.3%亚铁氰化钾洗胃或0.1%亚铁氰化钾内服，也可用牛奶、豆浆或鸡蛋清加水内服。二巯基丙醇2.5～5mg/kg，肌注。

(7)铅中毒　依地酸钙钠，按110～220mg/kg，以5%葡萄糖液配成1%～2%溶液，缓慢静脉注射；二巯基丙醇，用量参照砷中毒。

(8)钼中毒　硫酸铜，牛每日内服30～60g，连用数日；皮下注射甘氨酸铜，犊牛60mg，成年牛120mg，每季度1次。

(9)蛇毒中毒　可选用抗蛇毒血清，用法及用量参见具体的说明书；或用中药治疗蛇毒中毒。

四、维护全身机能

(1)输液　为稀释毒物，促进毒物排出，增强肝脏解毒机能，可静脉注射大量复方氯化钠液和高渗葡萄糖液等。一般先静脉注射葡萄糖液500～1000mL，然后缓慢静脉注射复方氯化钠液2000～4000mL，每日3～4次。通常在静脉输液至不断排尿时，即改为点滴注射，一直持续到患病动物脱离危险期为止。为提高机体的一般解毒功能，可静脉注射20%硫代硫酸钠液100～300mL，大动物每日2次。

(2)强心　当心力衰竭时，可选用适当的强心剂，如强尔心等。

(3)镇静　当中毒动物兴奋不安时，可应用溴化钠、安溴注射液等镇静药物。

(4)制止渗出　肺水肿时，可注射氯化钙液。

(5)输氧　呼吸机能衰竭时，吸氧，或注射25%尼可刹米液。

(6)维持体温　体温低下时，应注意保温或用樟脑精涂擦四肢。

★项目小结

本项目介绍了发热、腹泻、便秘、便血、腹痛、尿闭、贫血、呼吸障碍、繁殖障碍、中毒十大症状的诊断思路、临床表现，提出了治疗原则和要点。

★目标检测题

简述发热、腹泻、便秘、便血、腹痛、尿闭、贫血、呼吸障碍、繁殖障碍、中毒的概念、原因、临床特征和治疗原则及方法。

参考文献

北京农业大学，1981. 家畜寄生虫病学[M]. 北京：农业出版社.
曹澍泽，1991. 兽医微生物学及免疫学技术[M]. 北京：北京农业大学出版社.
陈桂先，2011. 兽医临床用药速览[M]. 北京：化学工业出版社.
邓俊良，2007. 兽医临床实践技术[M]. 北京：农业大学出版社.
东北农学院，1985. 兽医临床诊断学[M]. 2 版. 北京：中国农业出版社.
东北农学院，1999. 临床诊疗基础[M]. 2 版. 北京：中国农业出版社.
东北农业大学，2001. 兽医临床诊断学实习指导[M]. 北京：中国农业出版社.
葛兆宏，2001. 动物微生物[M]. 北京：中国农业出版社.
耿永鑫，1990. 兽医临床诊断学[M]. 北京：中国农业出版社.
郭定宗，2006. 兽医临床检验技术[M]. 北京：化学工业出版社.
郭万柱，1997. 动物微生物学[M]. 成都：四川科学技术出版社.
何德肆，2007. 动物临床诊疗与内科病[M]. 重庆：重庆大学出版社.
贺永建，李前勇，2005. 兽医临床诊断学实习指导[M]. 重庆：西南师范大学出版社.
黄克和，2006. 兽医临床工作手册[M]. 北京：金盾出版社.
阚保东，1996. 实用动物检疫技术[M]. 北京：中国农业出版社.
李国江，2001. 动物普通病[M]. 北京：中国农业出版社.
李玉冰，2006. 兽医临床诊疗技术[M]. 北京：中国农业出版社.
李舟方，2006. 动物微生物[M]. 北京：中国农业出版社.
林德贵，2004. 动物医院临床技术[M]. 北京：中国农业大学出版社.
刘莉，2001. 动物生物化学[M]. 北京：中国农业出版社.
陆承平，2001. 兽医微生物学[M]. 3 版. 北京：中国农业出版社.
倪耀娣，2008. 兽医临床诊疗学[M]. 北京：中国农业科学技术出版社.
沈永恕，2006. 兽医临床诊疗技术[M]. 北京：中国农业大学出版社.
唐兆新，2002. 兽医临床治疗学[M]. 北京：中国农业出版社.
田文霞，2007. 兽医防疫消毒技术[M]. 北京：中国农业出版社.
王俊东，刘宗平，2004. 兽医临床诊断学[M]. 北京：中国农业出版社.
王民桢，2001. 兽医临床鉴别诊断学[M]. 北京：中国农业出版社.
王子轼，2006. 动物防疫与检疫技术[M]. 北京：中国农业出版社.
延边农学院，2000. 动物生物化学指导[M]. 延吉：延边大学出版社.
杨本升，1995. 动物微生物学[M]. 长春：吉林科学技术出版社.

杨汉春，1995. 动物免疫学[M]. 北京：中国农业大学出版社.
姚火春，2002. 兽医微生物实验指导[M]. 2版. 北京：中国农业出版社.
姚卫东，2014. 兽医临床基础[M]. 北京：化学工业出版社.
张德群，2004. 兽医专业实习指南[M]. 北京：中国农业大学出版社.
张宏伟，2001. 动物疫病[M]. 北京：中国农业出版社.
张宏伟，杨廷桂，2005. 动物寄生虫病[M]. 北京：中国农业出版社.